生命科学实验指南系列

微生物生物技术——细菌系统实验室指南

Microbial Biotechnology – A Laboratory Manual for Bacterial Systems

〔印〕S. 待仕　H.R. 达什　主编

朱必凤　廖　益　杨旭夫　许崇波　周　迪　柯　野　译

科 学 出 版 社

北　京

图字：01-217-1525 号

内 容 简 介

细菌是生命科学研究，特别是生物技术及其产业研发的重要材料。本指南介绍了微生物生物技术系列实验原理、反应试剂的作用、操作步骤、操作流程、操作要点，以及如何观察实验结果、如何记录结果和对结果进行分析对比、实验中出现问题的原因和解决问题的方法及注意事项，将复杂的生物技术研究方法，通俗易懂地介绍给读者，便于本科生、硕士研究生、博士研究生、科学工作者和技术人员理解和建立成功的信心。内容涉及细菌基础分子微生物学、克隆和转化、先进的分子微生物学、分子微生物学计算机辅助研究和分子微生物学的应用。本书既有常规的生物技术实验，也融入了先进生物技术实验；既有理论研究实验，又有应用型研究实验。

本指南可作为生命科学、农业、食品、环境工程、预防医学等专业学生的参考书，也可供相关专业科学研究人员和技术人员参考。

Translation from the English language edition:
Microbial Biotechnology - A Laboratory Manual for Bacterial Systems
by Surajit Das and Hirak Ranjan Dash

图书在版编目(CIP)数据

微生物生物技术：细菌系统实验室指南 / (印) S.待仕 (Surajit Das)，(印) H.R.达什 (Hirak Ranjan Dash) 主编；朱必凤等译. —北京：科学出版社，2018.8

(生命科学实验指南系列)

书名原文：Microbial Biotechnology – A Laboratory Manual for Bacterial Systems

ISBN 978-7-03-057656-9

Ⅰ. ①微… Ⅱ. ①S… ②H… ③朱… Ⅲ. ①微生物–生物工程–实验–指南 Ⅳ. ①TQ92-33

中国版本图书馆 CIP 数据核字(2018)第 121650 号

责任编辑：岳漫宇 侯彩霞 / 责任校对：王晓茜
责任印制：张 伟 / 封面设计：刘新新

科 学 出 版 社 出版
北京东黄城根北街 16 号
邮政编码：100717
http://www.sciencep.com

北京虎彩文化传播有限公司 印刷
科学出版社发行 各地新华书店经销
*
2018 年 8 月第 一 版 开本：787×1092 1/16
2023 年 1 月第四次印刷 印张：16 1/4
字数：385 000

定价：118.00 元

(如有印装质量问题，我社负责调换)

作 者 简 介

Surajit Das 于 2009 年以来在印度奥里萨邦鲁尔克拉市国家技术学院生命科学部任助理教授。此前，他曾在印度友好大学北方邦诺伊达友好生物技术研究所工作。他获得了印度泰米尔纳德邦阿米提大学海洋生物学高级研究中心海洋生物学（微生物学）博士学位。他作为澳大利亚政府博士后奖学金获得者在塔斯马尼亚大学进行海洋微生物技术研究，并对海洋微生物学与核心研究程序等多项研究感兴趣。目前他作为研究组组长正带领着环境微生物学实验室和生态学实验室（LEnME）开展基于生物膜的海洋细菌对多环芳烃和重金属的生物修复，将宏基因组方法应用于海洋微生物药物的发现，以及基于纳米颗粒的药物传递和生物修复研究，并用宏基因组方法探索研究印度主要鲤鱼的分解代谢基因和免疫球蛋白多样性，获得了印度政府科技部生物技术部（DBT）和农业研究印度理事会（ICAR）资助。新德里国家环境科学学院认可了他的工作，授予他 2007 年海洋微生物多样性青年科学家年度奖。他是 2009 年印度微生物学家协会环境微生物学青年科学家奖的获得者。Das 博士也是泰米尔纳德邦政府奖励安马来大学 2002～2003 年度 Ramasamy Padayatchiar 基金会优秀奖获得者。他还是世界自然保护联盟委员会南亚生态系统管理（CEM）委员会委员，印度微生物学家协会、印度科学大会协会、国家生物科学院和新德里国家环境科学学院委员，也是生态国际协会的成员，还是很多著名出版商出版的科学期刊的审稿人。他已经出版了 3 本书，在国家和国际期刊发表 40 多篇微生物学方面的论文。

Hirak Ranjan Dash 是印度奥里萨邦鲁尔克拉市国家技术学院生命科学部环境微生物学实验室和生态学实验室（LEnME）的高级研究员。他是印度奥里布巴内斯瓦尔奥里萨邦农业和技术大学微生物学的硕士（2010 年）。目前，他继续进行耐汞海洋细菌多样性和遗传方面的研究，可应用于增强汞的生物修复。他还曾在抗生素耐药与致病性弧菌和金黄色葡萄球菌基因分型领域进行过研究。期间他从孟加拉湾（奥里萨邦）分离了许多强有力的耐汞海洋细菌并应用于汞生物修复中；并开发了许多微生物技术用于监测海洋环境中汞污染的水平。他在海洋细菌分离株的研究中提出了耐汞新机制，即细胞内生物吸附，并构建了具有汞生物吸收和发散能力的转基因海洋细菌应用于汞生物修复。他发表科研论文 14 篇，参与了 7 本书部分章节和 10 篇会议论文集的编写。

原书前言

尽管细菌非常微小，但它对于维护地球上生态系统的可持续发展具有非常多的益处。在进化世系中，它们是第一个出现的，有足够的时间适应环境条件，随后增加了无数的后代形式。从热喷泉到冷渗泉，它们无处不在，数量巨大且多样。这些微小的单细胞生物有许多有用的功能，随着科学的进步，它们已大量应用于食品工业、农业、临床医学领域和许多其他领域。生物技术产业利用细菌细胞生产对人类有用的生物物质(包括食物、药物、激素、酶、蛋白质和核酸)。尽管人类从这些微生物中获得了巨大的利益，但却较少关注和研究这些微小的生物。虽然研究细菌实体有了一些动力，但据估计到目前为止发现的微生物只是自然界中的1%。然而，分子生物学的飞速发展彻底改变了对环境中细菌的研究，对于它们的构成、发展史和生理学提供了新的视野。生物技术的新发展和环境微生物学研究表明微生物未来仍将是一个激动人心和新兴的研究领域。

对细菌的研究可以追溯到公元1900年，当时已经出现方法学的实质性进步和实践应用。已有很多教材涉及微生物分子生物学技术发展水平各个方面的研究及各种评论文章。然而，用户通常由于缺乏简单合适的方案而在开始实验时就失去了信心。在这方面，各种实验室指南不仅激发了研究人员和学生的积极性，也强化了科学知识的获取及提高了需要时间积累的科学素养。《微生物生物技术——细菌系统实验室指南》是为了克服大多数实验室固有的烦琐实践，尽一切努力提供非常简单的实验方案，便于本科生、硕士研究生、博士研究生、活跃的科学家和研究人员理解。此外，也可作为大多数本科生和研究生的微生物学和生物技术教材，以便于他们在实验室开展实验。

研究人员和技术人员之间有较大的不同。技术人员可以添加适当的试剂获得合适的结果。然而，研究者应该关注“如何”和“为什么”。盲目地追随实验步骤而不知道试剂的原理和作用，从长远来说是无益的。因此，必须努力让初学者熟悉每个实验装置的原理和用于实验的每种试剂的有效作用。因此，本书将有利于读者修改方案及变更他们需要的试剂。无论读者的资历和研究技能如何，每个实验的说明性描述将使他们非常容易理解。在本指南的最后部分包含了环境微生物学领域一些先进的专一性实验，它将提高学生对这些微小微生物在生态系统中发挥可持续性巨大作用的认识。

我们一直努力把我们所有的经验和专业知识编入本指南。在本指南的整个写作过程中遇到了很多问题和障碍，但在周围人的帮助下我们克服了一切困难。我们非常感谢在这一过程中每一个人对我们的支持和鼓励。我们希望本指南能对读者在学术和研究工作中有所帮助。期望所有读者的研究取得优异成绩！

Surajit Das
Hirak R. Dash

目　　录

第 1 章　细菌分子微生物学基础

实验 1.1　基因组 DNA 的分离

目的：从细菌细胞中分离基因组 DNA。

导　　言

不同于真核生物，细菌具有紧密的基因组结构。基因组的大小和功能基因的数量之间显示了很强的相关性，基因由反映多顺反子转录的操纵子构成。在不同种类的细菌中，基因组大小有一些变化，但比许多真核生物小。

1869 年，Friedrich Miescher 首次从人白细胞中分离出 DNA，当时他称为核蛋白。由于细菌比真核细胞小得多，它们的基因组也更小。大部分的细菌基因组由单一 DNA 分子组成，在营养、pH 和温度有利的条件下，细菌复制 DNA。细菌细胞分裂的过程比真核细胞简单得多，因此，细菌能够快速地生长和分裂。各自的基因组大小在细菌的生活方式中扮演着不可或缺的角色，如游离的活细菌有最大的基因组，兼性病原菌基因组为中等大小，共生细菌或病原菌基因组最小。

游离生活的细菌有最大的基因组，兼性病原菌基因组为中等大小，共生菌或病原菌有最小的基因组。就此而论，对于确定选择什么细菌或其重组基因，从细菌中分离基因组 DNA 是有用的方法。通过测定大小和性质也可能揭示基因分型的多样性。

从细胞中分离和纯化 DNA 是当代分子生物学研究最常见的一个基础实验，反映了从细胞生物学到分子生物学，从体内到体外的变迁。

原　　理

许多不同的技术可用于分离细菌细胞基因组 DNA；然而，所有技术都有破碎细胞、去除蛋白质、释放遗传物质的共同步骤。本实验的主要目的是获得高质量的 DNA，在适当的条件下可储存多年。DNA 分离常见的步骤包括裂解细胞，随后去除蛋白质、糖类、RNA 等。细胞壁和细胞膜裂解通常是通过一个适当的结合酶(通常是溶菌酶)和洗涤剂消化细胞壁和破坏细胞膜。

在裂解步骤中最常见的离子洗涤剂是十二烷基硫酸钠(SDS)。RNA 通常是通过添加无脱氧核糖核酸酶(DNA 酶，DNase)的核糖核酸酶(RNA 酶，RNase)进行降解。利用它们在非极性溶剂(通常为乙醇/水)中的高溶解度，从高分子量 DNA 中分离出寡核苷酸。蛋白质通过化学变性和(或)添加蛋白酶 K 进行降解。最常见去除蛋白质的技术包括在有机相即苯酚和氯仿中变性和萃取(图 1.1)。

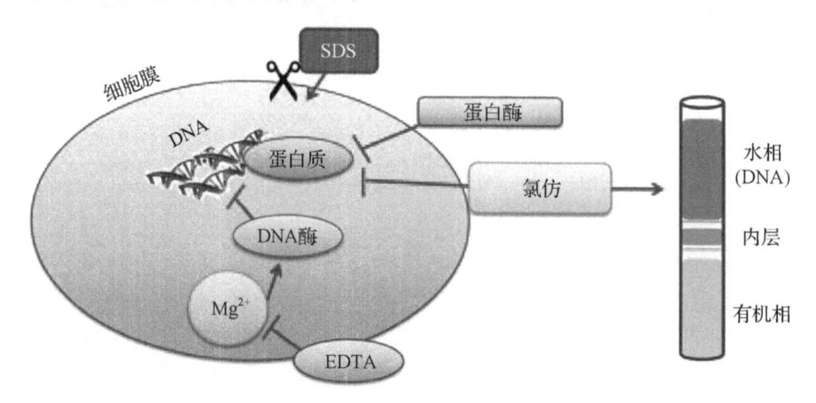

图 1.1　从细菌细胞分离基因组 DNA 的示意图(彩图请扫封底二维码)

所需试剂及其作用

LB 肉汤培养基

LB 肉汤培养基是一种营养丰富的培养基，它能使许多种类的细菌包括大肠杆菌(*Escherichia coli*)快速生长并获得良好的培养物。多数大肠杆菌菌株具有快速生长、容易获得和组分简单等优点，为 LB 肉汤培养基的普及做出了贡献。大肠杆菌在 LB 肉汤培养基摇瓶培养 24h，生长的光密度可达到 2～3 OD_{600}。

Tris EDTA 缓冲液

在水中加入 50mmol/L 三羟甲基氨基甲烷(Tris)和 50mmol/L 乙二胺四乙酸(EDTA)并保持 pH 8.0 制备缓冲液。Tris EDTA(TE)是缓冲液的主要成分，三羟甲基氨基甲烷的作用为缓冲控制常见酸碱，而 EDTA 螯合阳离子(如 Mg^{2+})。因此，TE 缓冲液有助于溶解 DNA 和保护 DNA 并避免其裂解。

十二烷基硫酸钠

10%的十二烷基硫酸钠(SDS)主要用于基因组 DNA 的分离。SDS 是溶解膜蛋白和脂质的一种强离子洗涤剂。它可以帮助细胞膜裂解并暴露染色体释放 DNA。

蛋白酶 K

20mg/ml 的蛋白酶 K 是溶解大部分杂蛋白而获得纯 DNA 产品的良好溶剂。同时它可能具有抑制核酸酶的活性，防止分离的 DNA 被破坏的作用。

氯化钠溶液

5mol/L 氯化钠(NaCl)溶液为封闭 DNA 磷酸负电荷提供 Na^+。DNA 中的磷酸负电荷引起分子间的互相排斥。Na^+与磷酸的负电荷形成离子键，中和了负电荷，因此，使 DNA 分子聚在了一起。

十六烷基三甲基溴化铵

十六烷基三甲基溴化铵(CTAB)是一种帮助细胞膜裂解的阳离子去污剂。CTAB-NaCl 溶液与消化的细胞产物中的蛋白质结合，帮助 DNA 从蛋白质环绕的中间体中分离出来。因为阳离子去污剂 CTAB 很容易溶解于水及乙醇，可以与多糖和残留蛋白形成复合物。

酚：氯仿：异戊醇

这是一个液-液萃取的方法。它基于各分子在两种不相溶液体中的不同溶解度而分离混合物。氯仿与酚混合使蛋白质变性比只有洗涤剂更有效。氯仿-异戊醇是与细胞膜蛋白质和脂类结合并溶解它们的典型洗涤剂。用这种方法扰乱细胞膜相互间的结合和稳定。细胞膜溶解后，氯仿-异戊醇形成蛋白质-脂质复合物凝块；因此，形成沉淀。沉淀之后的原理是脂质-蛋白质复合物变成非亲水化合物而 DNA 是一种亲水化合物。因而，亲水上层含有核酸，中层含有脂质，底层有机层含有蛋白质。

异丙醇

DNA 高度不溶于异丙醇，因此，溶于水的异丙醇形成溶液，异丙醇使溶液中的 DNA 聚集和沉淀。选择异丙醇比乙醇效果更好，因为异丙醇能使低浓度的 DNA 沉淀潜力更大。除此之外，需要的蒸发时间更少。

操作步骤

1. 将 5ml 细菌培养到饱和，取 1.5ml 培养物离心(6000r/min)2min 或直到形成紧密的沉淀。

2. 弃上清液后用 567μl TE 缓冲液重新悬浮颗粒。

3. 加入 30μl 10% SDS 和 3μl 20mg/ml 蛋白酶 K，彻底混匀，37℃保温孵化 1h。

4. 添加 100μl 5mol/L 氯化钠溶液并完全混合。如果氯化钠浓度<0.5mol/L，则核酸也沉淀。

5. 添加 80μl NaCl 溶液并彻底混合。

6. 加 1 倍体积(0.7～0.8ml)24∶1 氯仿∶异戊醇混合溶液彻底混合，6000r/min 离心 4～5min，上清液转移到新管中。

7. 上清液中加入 1 倍体积的 25∶24∶1 酚∶氯仿∶异戊醇混合溶液重新悬浮，完全提取，并在 6000r/min 离心 5min。上清液转移到新管中。

8. 上清液中添加 0.6 倍体积异丙醇并轻轻混合直至有 DNA 纤维状白色沉淀出现。

室温下，10 000r/min 离心 10min，弃上清液，沉淀中添加 100μl 70%的乙醇。

9. 室温下将混合物离心 5min，通过完全挥发乙醇干燥沉淀。

10. 用 50μl TE 缓冲液将这些干燥沉淀重新悬浮 DNA。初始培养物（10^8～10^9 个细胞/ml）典型的收益率是 5～20μg DNA/ml。

11. 用琼脂糖凝胶电泳和 Nano-drop 超微量检测系统检测 DNA 的纯度，在 TE 缓冲液中 4℃储存备用。

观　　察

分别用琼脂糖电泳和紫外（UV）-可见光分光光度计测定分离的 DNA 数量和质量。1cm 的路径长度，光密度在 260nm（OD_{260}）=1.0 以下的溶液：

a.50μg/ml 为双链 DNA（dsDNA）溶液。

b.33μg/ml 为单链 DNA（ssDNA）溶液。

c.20～30μg/ml 为寡核苷酸溶液。

d.40μg/ml 为 RNA 溶液。

结 果 表 格

样品	DNA 含量	$OD_{260/280}$	结论
对照			
样品 I			
样品 II			

注：OD 为光密度

疑难问题和解决方案

问题	引起原因	可能的解决方案
RNA 污染	是否细菌密度太高，如超过 1×10^9 个细胞/ml，RNA 污染机会增加	细菌细胞生长小于等于 10^9 个细胞/ml
	没有加 RNA 酶	在 DNA 分离样品中加入 RNA 酶（400μg/ml）
蛋白质污染	是否细菌密度太高，如超过 1×10^9 个细胞/ml，蛋白质污染机会增加	细菌细胞生长小于等于 10^9 个细胞/ml
		重复酚：氯仿：异戊醇提取步骤。混合物在–20℃温育 10min。离心，弃上清液并加入 500μg 70%的乙醇
DNA 浓度太低	培养体积太少	细菌细胞生长达到 10^9 个细胞/ml 或重复离心收集更多的沉淀
DNA 沉淀后沉淀不溶解	方法错误和持续干燥沉淀	在高真空下延长干燥可能引起 DNA 过干燥。由于酸的问题，DNA 可能在微碱溶液中，例如，TE 或 pH 8.0 的 10mmol/L Tris 缓冲液中溶解更好
DNA 降解	是否是“有问题”细菌菌株	不要让细菌培养生长超过 16h

注意事项

1. 通过从吸管末端切除 2～3mm 制备大孔吸管头。DNA 将不会遭到机械破坏。
2. 用蛋白酶 K 孵化可以延长源头 DNA 的依赖。
3. 重复酚-氯仿提取方法可获得纯 DNA。
4. 在整个操作过程中应该使用无 DNA 酶的塑料制品和试剂。
5. 经常用于分子生物学实验室的酚-氯仿可能是最危险的试剂。苯酚是一种强酸，能导致严重烧伤。氯仿是一种致癌物质。必须小心处理这些化学物质。
6. 分离基因组 DNA 时，要戴手套和护目镜。

操作流程

5ml 培养物生长过夜

6000r/min 离心 10min，收集细胞沉淀

在 567μl TE 缓冲液中重悬浮细胞沉淀

加入 30μl 10% SDS 和 3μl 20mg/ml 蛋白酶 K

彻底混合并于 37℃保温孵化 1h

加入 100μl 5mol/L NaCl 溶液并彻底混合

加 1 倍体积 24∶1 的氯仿∶异戊醇混合溶液，完全混匀；6000r/min 离心 4～5min。上清液转移到新管中

加 1 倍体积 25∶24∶1 的酚∶氯仿∶异戊醇混合溶液，并在 6000r/min 离心 5min。上清液转移到新管中

加 0.6 倍体积异丙醇并轻轻混合直至纤维状白色 DNA 沉淀出现。室温下，10 000r/min

离心 10min，弃上清液，沉淀中加入 100μl 70%的乙醇

室温下离心 5min，通过完全蒸发乙醇干燥沉淀。用 50μl TE 缓冲液重新悬浮沉淀

检测 DNA 纯度并在 TE 缓冲液中 4℃储存备用

实验 1.2　细菌裂解物的制备

目的：通过大肠杆菌细胞裂解制备总细胞 DNA。

导　　言

细菌代表非常简单的生命形式。它们缺乏刚性的细胞壁、核膜和复杂的遗传组织。这最终使得研究人员把它们作为模型生物开展实验。对于任何细菌分子生物学研究，其遗传物质的提取是必要的前提，这就有很多复杂的程序并需要操作经验。然而，要从细菌细胞中快速提取总 DNA 粗品，将细菌细胞壁和细胞膜进行简单裂解才能达到目的(图 1.2)。由于缺乏核膜，某些物理和(或)化学试剂可用于溶解细胞使细胞 DNA 进入水介质，可用于像 PCR、抗生素抗性基因的测定和许多简单研究。

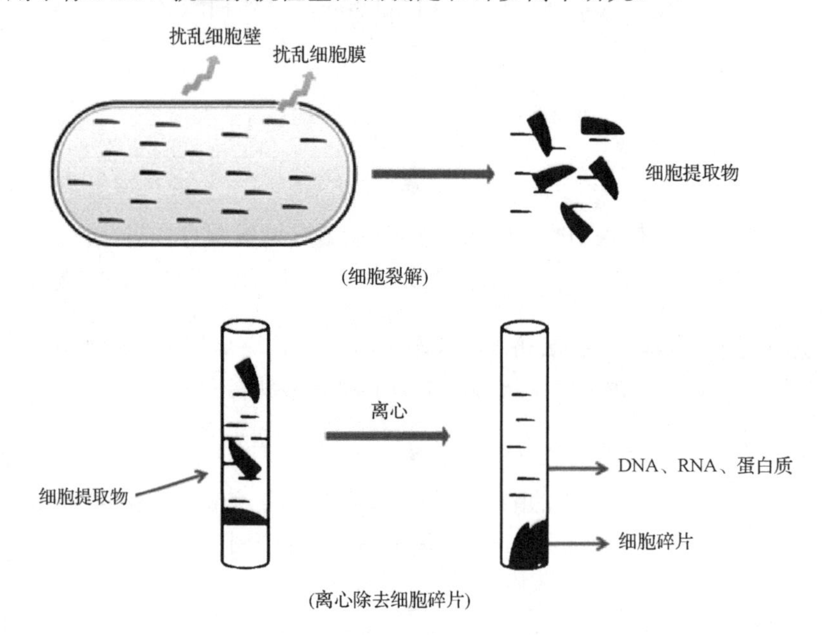

图 1.2　细菌裂解物的制备

溶菌产物的制备在环境微生物学和临床微生物学中被大量使用。在临床医学微生物

研究中，疾病诊断时间、潜在的病原菌的抗生素耐药性及致病性是关键因素。因此，许多实验室更喜欢以细菌溶菌产物而不是分离的基因组 DNA 或者分离的质粒为模板进行基因检测。利用细菌溶菌产物为模板比其他传统实验有很多优势，因为操作步骤花去的时间少和技术要求低。在实验室条件下，它无须使用任何精密仪器就可以完成实验。到目前为止，有许多报道使用细菌溶菌产物为模板，扩增 16S 核糖体 RNA(rRNA)基因就可以鉴定细菌菌株；分析细菌分离株抗生素耐药基因型，检测细菌基因组中毒基因的存在或缺失及限制消化。因此通过使用细菌溶菌产物而不是使用需要相对较长时间提取的细菌基因组 DNA 或质粒 DNA，就可以获得准确的初步信息。

原　　理

制备大肠杆菌细胞裂解物有不同的方法，如煮沸法、超声波裂解法、匀浆法、酶裂解法、反复冰冻和研磨法等。其适合实践的原理如下。

煮沸法是制备细菌细胞裂解物最普通的方法。煮沸时，需要温度 100℃。在这个条件下保温 10min，细菌细胞膜破裂，膜蛋白变性。在这个过程中，高温也可引起细菌 DNA 变性，但将裂解产物在冰中保持 5min 又可以复原。以最大速度离心时，细胞碎片在底部形成沉淀而 DNA 和 RNA 留在上清液中，上清液可以进一步作为实验的模板。

超声波裂解法是最受欢迎的溶解少量细菌细胞的方法。在这一过程中，细胞被液体剪切和空化作用。超声波也剪切 DNA，因此，细胞悬液中没有必要添加 DNA 酶。然而，与这种做法相关的主要问题是温度控制。这个问题是可以克服的，细胞悬液保持在冰上和使用短脉冲与暂停重建一个较低的温度。大量的细菌培养可能会有一些额外的问题，因为它需要一个长时间超声波裂解才能获得足够的裂解物且以这种方式很难保持低温。

用于制备细菌溶菌产物的设备是匀浆器。在这个过程中，由于细胞上清液先高压随后突然释放压力，细菌细胞裂解。最终产生剪切力裂解细菌细胞。然而，匀浆器高工作压力最终导致温度增加；因此，使用之前，被裂解的细胞应该冷却到 4℃。此外，在这个过程中可以使用消泡剂，因为产生的泡沫可能灭活很多蛋白质。

酶裂解法是基于使用溶菌酶消化细菌细胞壁的肽聚糖层。然而，革兰氏阴性细菌细胞壁上附加层的存在需要渗透性溶菌酶，作用于细胞壁的肽聚糖成分。在这种背景下，Tris 常常用作裂解的缓冲液，有效地增加了外膜的渗透性。通过添加 EDTA 螯合稳定细胞膜的 Mg^{2+}使这个过程可以进一步增强。在细胞裂解过程中，大量的 DNA 被释放到溶液中，同时溶液变得高度黏性，随意加入 RNA 酶和蛋白酶 K 降低溶液的黏度。

另一种细菌裂解的方法是反复冷冻和研磨法。在这种方法中，细胞直接在液氮冷冻，用研钵和研杵将冷冻细胞磨成粉末。获得的粉末可以在−80℃无限期地存储和将粉末加入到 5 倍体积的 TE 缓冲液制备细胞裂解产物。

操 作 步 骤

煮沸法

1. 将大肠杆菌培养达到 0.5 麦克法兰浊度，悬浮于 LB 肉汤培养基中。如果需要，稀释培养物获得 0.5 麦克法兰悬浊液。

2. 在室温 6000r/min 离心 5min。

3. 弃上清液，细胞沉淀用 200μl 高压灭菌的 milli-Q 水重新悬浮。

4. 准备 100℃水浴或者煮水容器。

5. 将含有细菌培养物的离心管在沸水中保持 10min。

6. 立即将离心管放入冰中 5min。

7. 在冰上孵化后，4℃ 10 000r/min 离心 5min。

8. 将上清液转移到新的管中并存储在 4℃备用。

超声波裂解法

1. 将 4～5 份新细菌培养物注入 2ml 的高压灭菌处理过的 LB 肉汤培养基中，37℃ 180r/min 摇瓶培养过夜。

2. 将 1ml 细菌悬液加入到 1.5ml 微量离心管中，4℃ 6000r/min 离心 5min。

3. 弃上清液，将剩余的培养物加入到离心管沉淀中，4℃ 6000r/min 离心 5min。

4. 弃上清液，加入 600μl 无菌 milli-Q 水，使用旋涡振荡器混合。

5. 室温下 6000r/min 离心 5min，弃上清液，加 600μl 1×TE 缓冲液，再使用旋涡振荡器混合。

6. 用 22μm 振幅，以及短脉冲(5～10s)和暂停(10～30s)的超声波处理 2min。

7. 10 000r/min 离心 5min，并将上清液转移到新的微量离心管中。

8. 上清液–20℃储存备用。

溶菌酶消化法

1. 将大肠杆菌在 LB 肉汤培养基中培养达到 0.5 麦克法兰浊度。如果可能的话，将培养物稀释获得 0.5 麦克法兰悬浊液。

2. 用适量 TE 缓冲液溶解溶菌酶制备 10mg/ml 溶液。将酶粉添加到缓冲液中，在冰上慢慢溶解。不要振荡或混合。

3. 将 100μl 溶菌酶原液(10mg/ml)加到 1ml TE 缓冲液细菌培养物中，最终的浓度为 1mg/ml。

4. 溶液在 30℃保温并轻轻摇 30min～1h。

5. 将保温后的溶液 4℃10 000r/min 离心 10min，上清液转移到新管中。

6. 上清液–20℃储存备用。

反复冻融法

1. 将 4～5 份新鲜细菌培养物接种到 2ml 的高压灭菌过的 LB 肉汤培养基中，37℃ 180r/min 摇瓶培养过夜。

2. 将 1ml 细菌悬液转移到 1.5ml 的微量离心管中，4℃ 6000r/min 离心 5min。

3. 弃上清液，将剩余的培养物添加到该离心管中，4℃ 6000r/min 离心 5min。

4. 弃上清液，用 200μl 高压灭菌的 milli-Q 水将细胞沉淀重新悬浮。

5. 将细胞沉淀缓慢放入液氮冷冻细胞 3min。

6. 然后把管放入热水浴(之前设置为 80～90℃)3min。

7. 冻融循环重复 3 次。在每个循环之间确保管内溶液混合。

8. 4℃ 10 000r/min 离心 5min。

9. 用微量吸管将含 DNA 的上清液转移到新管中，弃沉淀。

10. –20℃储存备用。

匀浆法

1. 将 4～5 个分离的细菌菌落接种到 2ml 高压灭菌过的 LB 肉汤培养基中，37℃，180r/min 摇瓶培养过夜。

2. 将 1ml 细菌悬液转移到 1.5ml 微量离心管中，4℃ 6000r/min 离心 5min。

3. 弃上清液，将剩余的培养物添加到该离心管中，4℃ 6000r/min 离心 5min。

4. 弃上清液，用 200μl 高压灭菌的 TE 缓冲液重新悬浮沉淀。

5. 打开三通阀门切换到包含微生物细胞的原料罐。排放到其他罐。

6. 冷却水连接到匀浆器，确保它打开。

7. 连接和打开匀浆器操作需要的开关。

8. 设置操作压力为零并打开匀浆器。在计量器可看到压力上升，确保流程有效。

9. 小心调整操作压力到所需值。

10. 养料供给变低时，将压力调回零并关闭系统。

11. 将匀浆立即放到冰上冷却 5min。

12. 4℃ 10 000r/min 离心 10min，上清液转移到新管中。

13. 存储瓶在–20℃储存备用。

观　察

简单的裂解产物是细菌细胞核酸的粗提物。细菌裂解产物的分光光度法分析将清晰可见 DNA 存在的数量和质量。这个粗提物可以进一步应用，例如，通过聚合酶链反应(PCR)、限制性内切核酸酶消化，这样就很少受到 RNA 和蛋白质杂质的干扰。

260nm 的吸光度被用来量化核酸的含量。1ml 260nm 的吸光度产生 1 个 OD 值。因此，应用相同的转换系数：

a. 1 OD_{260} 单位 dsDNA=50μg。

b. 1 OD_{260} 单位 ssDNA=33μg。

c. 1 OD_{260} 单位 ssRNA=40μg。

结 果 表 格

样品	DNA 含量	RNA 含量	$OD_{260/280}$[a]	结论
煮沸裂解法				
超声波裂解法				
冻融法				
匀浆法				
溶菌酶消化法				

注：OD 为光密度

a. 纯 DNA 的 $OD_{260/280}$ 是 1.8；纯 RNA 的 $OD_{260/280}$ 是 2.0，因此，$OD_{260/280}$ 小于 1.8 就是有较多的蛋白质污染，大于 1.8 就是有 RNA 污染

疑难问题和解决方案

问题	引起原因	可能的解决方案
DNA 被降解	在煮沸或超声处理过程中温度升高可能导致 DNA 降解	(1) 煮沸裂解 10min，立即放置在冰上 5min，使变性 DNA 的很大一部分可以缓解变性复性
		(2) 在超声波处理过程中产生大量的热量，因此，超声处理应在短脉冲中进行
无收益	细胞裂解不适当	(1) 使用最终浓度 1μg/ml 的溶菌酶（革兰氏阴性）或溶葡球菌酶（革兰氏阳性），除了其他裂解实验
		(2) 增加培养时间（煮沸裂解和化学溶解）和曝光时间（超声处理和均质化）
聚合酶链反应未适当扩增	可能是由于蛋白质高污染所致	(1) 可在细胞裂解后使用苯酚氯仿法，以获得更为纯净的 DNA
		(2) RNA 污染可以通过添加 RNA 酶溶解产物来避免

注 意 事 项

1. 在沸水浴中操作水浴裂解法时，不要忘了在离心管的顶部留一个孔。

2. 仔细标记离心管并用胶带盖住字迹，否则会由于水浴中产生的蒸汽擦掉记号而引起混乱。

3. 在冻融过程中使用液氮时使用手套和低温手套。

4. 注意在超声波处理时捂住耳朵，否则耳朵会受到损伤。

5. 在进行超声波处理时，始终将样品保存在冰上，以尽量减少DNA损伤的机会。

6. 不要把天然 DNA 长时间放置在 4℃甚至−20℃，这可能会干扰下一步实验。

操 作 流 程

煮沸法

将大肠杆菌生长培养到 0.5 麦克法兰浊度

取 200μl 培养物，6000r/min 离心 5min

用 200μl 高压灭菌的 milli-Q 水重新悬浮细胞沉淀，重复两次，洗涤细胞沉淀

将管放入 100℃水浴 10min

立即把管放入冰中 5min

4℃　10 000r/min 离心 5min

↓

上清液转移到新管并在 4℃储存

超声波裂解法

将细菌纯培养物接种到 2ml LB 肉汤培养基充分生长

取 1ml 细菌上清液 4℃　6000r/min 离心 5min

弃上清液并用 600μl 高压灭菌 milli-Q 水重新悬浮

再离心培养物并用 600μl 1×TE 缓冲液重新悬浮

以 22μm 振幅，以及短脉冲(5～10s)和暂停(10～30s)的超声波处理 2min

10 000r/min 离心 5min 并将上清液转移到新管中

上清液于–20℃储存备用

溶菌酶消化法

将细菌在 LB 肉汤培养基中培养达到 0.5 麦克法兰浊度，在离心管取 1ml 培养物

将溶菌酶加入到细菌上清液中，最终浓度为 1mg/ml

溶液在 30℃保温并轻轻振荡 30min～1h

溶液在 4℃ 10 000r/min 离心 10min

上清液转移到新管中

–20℃储存备用

反复冻融法

将 1ml 培养物转移到 1.5ml 的离心管中，6000r/min 离心 5min 收集细胞沉淀

用 200μl 高压灭菌的 milli-Q 水重新悬浮细胞沉淀

将游离细胞沉淀缓慢放入液氮 3min

立即将管放入热水浴(80～90℃)3min

每次循环后重复混合，重复冻融 3 次

10 000r/min 离心 10min

上清液转移到新管并在–20℃储存

匀浆法

将 1ml 生长培养物转移到 1.5ml 离心管中，6000r/min 离心 5min，
收集细胞沉淀，用 200μl TE 缓冲液重新悬浮

打开三通阀门，连通冷却水槽并打开其他公用设备

设置操作压为零，启动匀浆器

样品供给变低时，将压力回到零，立即放在冰上冷却样品

将匀浆液 10 000r/min 离心 10min，上清液转移到新管中并在–20℃储存

实验 1.3　质粒的分离

目的：从细菌细胞中分离质粒 DNA。

导　　言

质粒通常是以环形或线性双链 DNA 存在于细菌中。在许多情况下，它携带遗传非必需的基因，这些基因负责细菌在不利条件下的生存。由于其体积小和多功能性，在许多实验中从细菌细胞中表达人类基因到 DNA 测序，细菌质粒已成为生物技术研究的核心部分。

“质粒”一词，1952 年由美国分子生物学家 Joshua Lederberg 提出。在单个细菌细胞中，相同质粒的数量有 1～1000 个，在不同情况下其大小范围在 1～1000kb。科学家已经利用质粒作为基因克隆、转移和操纵基因的工具。在遗传工程中，质粒称为载体，通常用来扩增或表达一个特定的基因。质粒通过转化引入细菌细胞，随着细菌的迅速分裂，它们可以用作生成大量 DNA 片段的工厂。细菌质粒有很多种分类。根据它们的功能分为：①致育因子 F 质粒；②抗性 R 质粒；③Col 质粒(带有编码大肠杆菌素的基因)；④降解质粒；⑤侵入性质粒。质粒可能拥有一个或多个官能团。质粒 DNA 通常以五种形式之一出现，即开环、松散环、线性、超螺旋或共价闭环和超螺旋变性 DNA(相似于超螺旋 DNA)。

质粒是与细菌细胞染色体截然不同的 DNA 分子，能够稳定遗传，与细菌染色体没有联系。它可以在细胞之间水平转移，在环境和临床菌株中负责抗生素抗性基因的携带和传播。此外，质粒也携带许多广泛代谢活动的编码基因，因此，加强宿主细菌降解污染物、产生抗菌化合物、显示细菌毒性和致病性。因此，研究细菌质粒对了解细菌菌株特征和性质至关重要。

原　理

作为分子克隆载体，质粒需要从细菌中分离纯化特异性序列。当今，有各种方法和商品试剂盒适用于纯化和期望构象质粒 DNA 的分离，无论它们的拷贝数高还是低。在本节中，我们将讨论不使用任何商品试剂盒和试剂柱而进行质粒分离的操作步骤。

大部分质粒分离过程是基于这样的事实，在细菌中质粒一般以共价闭环构造出现。因此，细胞裂解后，大多数细胞成分会从胞内溢出，随后浓缩和纯化质粒。质粒 DNA 对机械胁迫高度敏感，细胞裂解后，应避免剪切力如剧烈搅拌或旋涡混合。在这种情况下，所有的混合步骤都应小心将管倒置几次而不是用旋涡混合。吸管尖头需要切除以便将剪切力降到最低。质粒分离最棘手的问题是细菌裂解，即不能完全溶解，细胞完全溶解可能导致质粒 DNA 产量减少。因为细胞简单的裂解生成大量的高分子量细菌基因组 DNA，通过高速离心可以分离质粒 DNA 及其他细胞碎片。

分离质粒 DNA 最受欢迎的方法是使用 Birnboim 和 Doly 方法(1979)(碱裂解法，译者注)。这种技术的优势是 pH 差异的范围狭窄(12.0～12.5)，线性 DNA 变性但共价闭环 DNA 不变性(图 1.3)。因此，溶菌酶消化细菌细胞壁能力较弱，但由于 SDS 和氢氧化钠的处理使大分子溢出细胞。染色体 DNA 仍保留高分子形式，不过发生了变性。

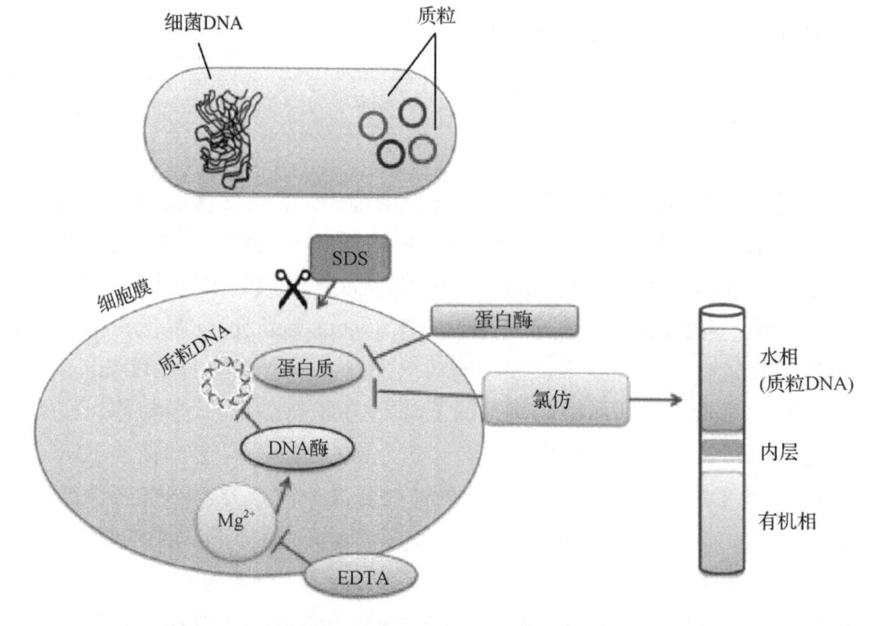

图 1.3　细菌质粒 DNA 分离原理(彩图请扫封底二维码)

用酸性介质中和时，染色体 DNA 复性并聚集形成不溶性网络。此外，高浓度的乙酸钠沉淀蛋白质-SDS 复合物和大分子 RNA。要小心控制碱变性的 pH，使共价闭环形式的质粒 DNA 分子在溶液中仍保持天然形式，而其他污染的大分子则沉淀。因此，可以通过离心除去沉淀，通过乙醇沉淀浓缩质粒。如果有必要，经凝胶过滤可以进一步纯化质粒。

所需试剂及其作用

LB 肉汤培养基

LB 肉汤培养基是一个营养丰富的培养基，它能使许多种类的细菌快速生长并获得较好的培养物。在分子生物学研究中，它是大肠杆菌细胞培养最常用的生长培养基。在正常摇瓶培养条件下，LB 肉汤培养基可以支持大肠杆菌生长到 2～3 OD_{600}。

Tris EDTA 缓冲液

50mmol/L Tris 和 50mmol/L EDTA 溶于水，制备的缓冲液保持 pH 8.0。TE 缓冲液的主要成分是 Tris，在加入其他试剂时，它可作为控制 pH 的普通缓冲剂。EDTA 螯合阳离子如 Mg^{2+}。因此，TE 缓冲液对于防止变性溶解 DNA 有益。

葡萄糖

在分离质粒 DNA 过程中，葡萄糖加入到裂解缓冲液中增加细胞外的渗透压。葡萄糖保持渗透压防止细胞爆裂。此外，葡萄糖常用于配制等渗溶液。

乙二胺四乙酸

在细胞壁上 EDTA 与二价阳离子结合，从而弱化细胞的包膜。细胞裂解后，EDTA 通过结合 Mg^{2+}而限制 DNA 降解，Mg^{2+}是细菌核酸酶的必需辅因子。这样就抑制了核酸酶对细胞壁和细胞膜的破坏。

氢氧化钠

用氢氧化钠(NaOH)将细菌染色体 DNA 和质粒 DNA 分离。染色体 DNA 和修剪的 DNA 都是线性的，而大多数质粒 DNA 是环状的。当加入 NaOH 溶液变成碱性时，通过变性和它们的碱基不再相互互补而使 dsDNA 分子分开。另外，虽然质粒 DNA 也变性但不会分开。一旦碱性溶液被中和，环形链很容易找到它们的互补链并恢复成双链质粒 DNA 分子。利用质粒 DNA 这种独特的性质，通过加入 NaOH 将质粒 DNA 从染色体 DNA 中分离出来。

乙酸钾

乙酸钾选择性的用于沉淀染色体 DNA 和其他细胞碎片从目的双链质粒 DNA 中分离出来。在分离质粒 DNA 期间，乙酸钾起着三个方面的作用：①它允许环状 DNA 复性，而剪切的细胞 DNA 如 ssDNA 仍变性；②它使 ssDNA 在高盐浓度不溶解；③加入乙酸钾到 SDS 中时，它形成不溶的十二烷基硫酸钾(KDS)，这就很容易在提取的质粒 DNA 中除去 SDS 污染。

冰醋酸

添加 NaOH 到溶液中和碱性条件有助于质粒 DNA 快速复原。虽然乙酸和冰醋酸之间没有太多区别，但冰醋酸是无水乙酸。冰醋酸不含水，而乙酸是可以浓缩的弱酸。冰醋酸是一种高纯度的乙酸，纯度达 99.75%以上。

操 作 步 骤

1. 分离细菌质粒 DNA 前，准备以下试剂。

—溶液Ⅰ(裂解缓冲液Ⅰ)：50mmol/L Tris 用盐酸调 pH 至 8.0 和 10mmol/L EDTA 溶液至 1L。在 800ml milli-Q 水中溶解 6.06g Tris，3.72g EDTA · $2H_2O$，用盐酸调 pH 至 8.0，加去离子水到 1L，高压灭菌，4℃储存。

—溶液Ⅱ(裂解缓冲液Ⅱ)：200mg NaOH 和 1% SDS 1L。将 8.0g NaOH 颗粒溶于 950ml milli-Q 水和 50ml 的 20% SDS 溶液中，配制为 1L。溶液Ⅱ要在使用前新鲜配制。

—溶液Ⅲ(裂解缓冲液Ⅲ)：1L 3.0mol/L 乙酸钾，pH 5.5。在 500ml milli-Q 水中溶解乙酸钾 294.5g、用冰醋酸(约 110ml)调 pH 至 5.5，最后添加 milli-Q 水到 1L，高压灭菌，4℃储存。

2. 接种单个菌落到 5ml LB 肉汤培养基中，37℃ 180r/min 振荡培养 24h。

3. 室温 6000r/min 离心 5min 收集细菌细胞沉淀。

4. 弃上清液，用 600μl 高压灭菌过的 TE 缓冲液重新悬浮细胞沉淀，再次室温 6000r/min 离心 5min 收集细胞。

5. 1ml 冰冷的溶液Ⅰ重新悬浮细胞沉淀。用吸管上下吸放使细胞沉淀完全悬浮。

6. 悬浮液中加入 200μl 溶液Ⅱ。通过反复轻轻倒置使其彻底混合，避免使用旋涡振荡器。

7. 加入 1.5ml 冰冷溶液Ⅲ到细胞溶解产物中，不要使用旋涡振荡器。

8. 观察白色沉淀的发展。

9. 4℃ 12 000r/min 离心 30min。

10. 上清液转移到新管中。

11. 添加 2.5 倍体积的异丙醇沉淀质粒 DNA。通过反复倒置使其彻底混合，但不能使用旋涡振荡器。

12. 4℃ 12 000r/min 离心 30min。

13. 弃上清液收集沉淀。

14. 用冰冷的 70%乙醇冲洗沉淀，接下来是空气干燥大约 10min 以便挥发乙醇。

15. 添加 50μl TE 缓冲液溶解沉淀。

16. 添加 2μl RNA 酶(10mg/ml)并室温下孵化 20min 除去 RNA 污染。

17. –20℃储存备用。

观　察

用 0.8%琼脂糖凝胶分离质粒 DNA 并观察带形，它们的迁移率大小将按下列顺序显示，即超螺旋＞线性＞切口环＞二聚体＞三聚体＞其他。

此外，用 OD_{260} 和 OD_{280} 检测分离质粒的数量和质量。

结 果 表 格

样品	质粒含量	$OD_{260/280}$[a]	结论
对照			
样品 I			
样品 II			

注：OD 为光密度

a. 纯 DNA $OD_{260/280}$ 是 1.8；纯 RNA $OD_{260/280}$ 是 2.0，因此，$OD_{260/280}$ 小于 1.8 就是有较多的蛋白质污染，大于 1.8 就是有 RNA 污染

疑难问题和解决方案

问题	引起原因	可能的解决方案
质粒 DNA 低产	生长培养不充分 没有加 RNA 酶	用适合生长的培养基在最适条件下培养
	裂解物制备不正确	加入溶液III后离心前保温 5min
RNA 污染	初次离心不是在 20～25℃条件下完成的	初次离心步骤在室温下进行，残余 RNA 可以降解
DNA 沉淀后，沉淀不溶解	沉淀可能过分干燥	由于酸的问题，DNA 可能在微碱溶液中，如 TE 或 pH 8.0 的 10mmol/L Tris 缓冲液中溶解更好
		沉淀可在 65℃加热几分钟增强溶解
质粒 DNA 下游应用时表现很差	没有用溶液 II 将沉淀完全重悬	混合必须小心进行（缓慢换向）直到获得同质层
有细菌染色体 DNA 污染	可能使用旋涡振荡器的任何步骤	加入任何溶液后不要使用旋涡振荡器混合以免导致染色体 DNA 的剪切
在胶中模糊/质粒降解	细菌菌株是否为“问题菌株”？	细菌生长培养避免超过 16h
	菌株生长时间超过了推荐时间	使用推荐的细菌生长时间

注 意 事 项

1. 制备不同储备液时，应使用新的吸管以避免交叉污染。

2. 转移上清液到新管时避免接触管的内壁。
3. 转移上清液到新管时，小心不要转移沉淀。
4. 为了安全，一定要戴护目镜和手套。
5. 在质粒 DNA 提取过程中，永远不要尝试使用旋涡振荡器混合样品。
6. 切除吸管头末端对提取过程非常有益。

操 作 流 程

取培养过夜的培养物 5ml

用 600μl TE 缓冲液洗涤沉淀

6000r/min 离心 5min，收集细胞沉淀

用 1ml 冰冷溶液 I 重新悬浮细胞沉淀

加 200μl 溶液 II 到悬浮液中

加 1.5ml 冰冷溶液III到细胞裂解液中

4℃ 12 000r/min 离心 30min

转移上清液到新管中，加入 2.5 倍体积的异丙醇

4℃ 12 000r/min 离心 30min

用 70%乙醇漂洗沉淀

加入 50μl TE 缓冲液溶解沉淀，–20℃储存备用

实验1.4 细菌总RNA的分离

目的：从细菌细胞中分离总RNA。

导 言

生命的中心法则表明DNA隐藏的所有信息都要通过RNA来编码蛋白质。因此，在细菌的系统中，RNA有许多功能，即①在大多数生化反应中充当催化剂；②蛋白质合成时作为氨基酸载体；③作为各自功能遗传信息的传递器；④作为蛋白质合成的模板。因此，在细菌中RNA是无所不在的生物高分子，执行许多关键角色的编码、解码、监管和基因的表达。真核系统中有不同类型的RNA；然而，在原核系统中，发现了转移信息RNA(tmRNA)，标签蛋白由mRNA编码及缺少终止密码子和防止核糖体停转。此外，细菌还具有小分子RNA(sRNA)，它们是高度结构化非编码RNA小分子(50～250个核苷酸)并包含若干个干细胞循环。虽然很少开发，但认为细菌sRNA有结合蛋白质靶和mRNA靶的作用，从而调节基因表达。tmRNA可以与小蛋白B(SmpB)、延长因子Tu(EF-Tu)和核糖体蛋白S1一起形成核糖核蛋白复合物(tmRNP)。大多数细菌系统中，所需的功能已由标准tmRNA完成。但是，在某些细菌中，*ssrA*基因有时产生两个tmRNA，两个分离的RNA链由碱基对连接。

细菌sRNA最好的例子是存在于大肠杆菌中的6S RNA。许多细菌均保存有6S RNA，在基因调节中起重要作用。这种RNA对RNA聚合酶(RNAP)的活化有重要影响，此酶作用于从DNA转录成RNA的过程。6S RNA抑制聚合酶亚基结合的活性，在生长中刺激转录。抑制这种机制的基因表达可迫使活化生长细胞进入静止期。细菌RNA的另一个主要类型是rRNA，它由转录前体的内切核酸酶加工产生。因此，这个转录产生5S rRNA、16S rRNA、23S rRNA分子和tRNA分子。

原 理

Trizol试剂盒已广泛应用于细菌细胞RNA的提取。它是由Chomczynski和Sacchi(1987)开发的最常用的方法。尽管它比商用碱基柱需要稍微长的时间，但它具有产生更多RNA的能力。当使用成熟的裂解缓冲液时，这个方法被认为是提供高质量RNA的好方法。

RNA是磷酸和核糖单元与含氮碱基如腺嘌呤、鸟嘌呤、胞嘧啶和尿嘧啶一起组成的长链多聚物。RNA在生命系统中参与蛋白质合成的所有步骤，因此，其分离和进一步描述是揭示蛋白质合成和基因表达分析重要特征的方法。因而，高质量RNA的分离是各种分子生物学研究最关键的一步。在这方面，Trizol试剂盒可作为从细胞和组织中分离RNA的试剂。Trizol试剂盒的主要作用是保持组织匀浆和进一步提取过程中RNA的完整性。

与此同时，它破坏细胞膜及其他细胞组分。加入的氯仿总是将溶液分成两相，即水相和有机相，从而促进 RNA 在水相中分离。

在水相中，用异丙醇沉淀可以进一步恢复 RNA。此外，DNA 和蛋白质通过水相分离恢复，通过有机相去除。乙醇从相间沉淀产生 DNA，而异丙醇沉淀来自有机相的蛋白质(图 1.4)。试剂盒产生与蛋白质和 DNA 污染物分离的纯 RNA，因此，它可以进一步用于下游研究，如 Northern 印迹分析、体外翻译、poly(A)选择、RNA 酶保护实验及分子克隆。

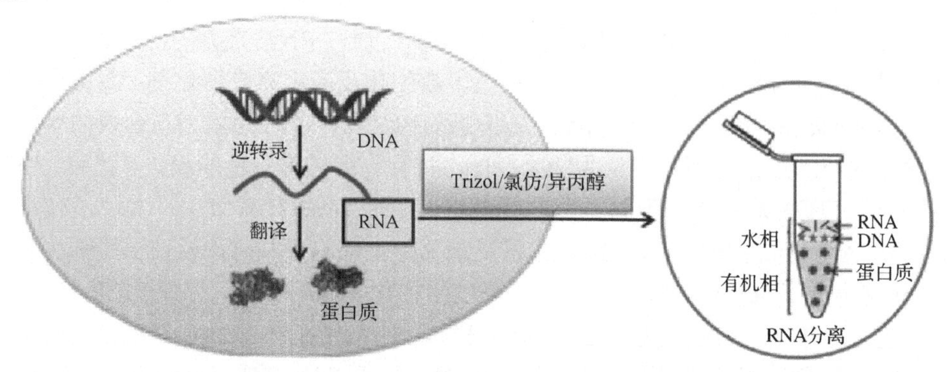

图 1.4　用 Trizol 试剂盒从细菌细胞中提取 RNA(彩图请扫封底二维码)

从任何生命系统中提取 RNA 的方法面临着巨大的挑战，因为细胞中的 RNA 酶无处不在，可快速降解 RNA。因此，完成分子生物学实验之前，如定量实时聚合酶链反应(qRT-PCR)，获得高质量的 RNA 是必需的先决条件。为了产生最敏感和生物学相关的结果，真正的 RNA 提取之前、期间和之后，RNA 分离实验必须包括一些重要的步骤。因此，有效提取细菌 RNA 应该记住 3 个重要方面：①RNA 分离之前样品的处理和操作；②选择 RNA 提取技术；③制备好 RNA 储备液。

所需试剂及其作用

LB 肉汤培养基

LB 肉汤培养基是可使许多细菌菌株快速良好生长的营养丰富的培养基。在大多数分子生物学研究中，它是用于大肠杆菌细胞培养最常用的培养基。在正常摇瓶振荡培养条件下，LB 肉汤培养基可以支持大肠杆菌生长到 2～3 OD_{600}。

Tris 乙二胺四乙基

在水中混合 50mmol/L Tris 和 50mmol/L EDTA 制备 TE 缓冲液维持 pH 8.0。TE 缓冲液作为主要成分，在进一步加入其他试剂时，Tris 作为常见的缓冲液控制 pH。

Trizol 试剂盒

Trizol 是用于分离细菌细胞总 RNA 的试剂。这个试剂是酚和异硫氰酸胍的单相溶液。

Trizol 一般保持 RNA 的完整性及破坏细胞结构和溶解细胞膜。异硫氰酸胍是蛋白质的强力变性剂，也帮助灭活 RNA 酶。此外，酸性酚将 RNA 与水相上清液分开，以便进行下一步的分离。酸性 pH 是 RNA 分离所必需的，因为中性 pH 使 DNA 与水相分开。TRIzol 试剂是制造商的商品名(Invitrogen brand name)或 TRI(Sigma-Aldrich brand name)。然而，它也可以按以下方法在实验室制备。

化学试剂

需要以下化合物：4mol/L 异硫氰酸胍、25mmol/L 柠檬酸钠(pH 7.0)、0.5%(*m*/*V*)*N*-十二烷基肌氨酸钠和 0.1mol/L 巯基乙醇。

储备液的制备

溶解 250g 异硫氰酸胍。加 17.6ml 0.75mol/L 柠檬酸钠，pH 7.0。加入 26.4ml 的 10%(*m*/*V*)*N*-十二烷基肌氨酸钠。室温存储小于 3 个月。

氯仿

氯仿是蛋白质的变性剂，RNA 提取时蛋白质沉淀于底部。氯仿也帮助水相和有机相的形成并帮助 RNA 溶解于水相中。氯仿与酚形成双相乳胶存在于 Trizol 试剂中。离心后乳胶的亲水层位于底部而疏水层保持在上部。

异丙醇

RNA 不溶于异丙醇，因此，离心后 RNA 聚集并形成沉淀。另外，异丙醇也可以除去溶液中的醇溶性盐。由于 RNA 在异丙醇中高度不溶，因此异丙醇使溶解于水溶液中的 RNA 聚集而形成沉淀。在低浓度下，RNA 沉淀用异丙醇好于乙醇。此外，异丙醇从溶液中蒸发产生高质量的 RNA 所花时间较少。

操 作 步 骤

1. 将单个菌落接种于 5ml LB 肉汤培养基中，培养管置 37℃ 180r/min 振荡培养 24h。
2. 室温下 6000r/min 离心 5min 收集细菌细胞沉淀。
3. 用高压灭菌磷酸盐缓冲液冲洗细胞沉淀 2 次。
4. 再用高压灭菌的 TE 缓冲液洗涤沉淀，室温下 6000r/min 离心 5min 收集细胞沉淀。
5. 用 1.5ml 的 Trizol 试剂重新悬浮细胞沉淀。
6. 用吸管反复吸打均质溶液或者选择使用旋涡振荡器混合 1min。
7. 室温下孵化样品 5min 或 60℃保温 5min。室温下保温 5min 将导致核蛋白复合体完全分离。
8. RNA 在 Trizol 中稳定，因为它灭活了 RNA 酶。因此，在这一步可以短时间休息或冰冻样品长时间存储。

9. 加 1/5 体积的氯仿，振荡 15s 使其完全混合。

10. 室温下孵化溶液 2～5min。

11. 4℃ 12 000r/min 离心 10min。如果没有适当的离心，包含 DNA 的相会，显得浑浊且不致密。

12. 将上层水相转移到新管中。注意不要吸到包含白色界面的 DNA，否则可能导致 RNA 沉淀被 DNA 污染。

13. 加 1/2 初始体积的冷的 70%乙醇，室温下保温 10min。

14. 4℃ 10 000r/min 离心 15min，弃上清液。

15. 另外，使用 RNeasy（来自 Qiagen 公司）代替乙醇，使小量 RNA 沉淀也可以减少有机溶剂污染的风险。

16. 用无 RNA 酶水或焦碳酸二乙酯（DEPC）处理水制备的 500μl 70%乙醇洗涤细胞沉淀。

17. 用 50～100μl 无 RNA 酶水或 DEPC 处理水溶解沉淀，用吸管缓慢上下吸打混合。

18. 管存储于–80℃备用。

观 察

完成提取实验后，RNA 定量是最重要和必要的步骤。可以用紫外-可见分光光度法或琼脂糖凝胶电泳对提取的 RNA 进行定性和定量分析。

评估 RNA 浓度和纯度的传统方法是紫外-可见分光光度法。在这种技术中，用 260nm 和 280nm 测量稀释 RNA 样品的吸光度，核酸浓度用朗伯-比尔定律计算。

$$A = \varepsilon CI$$

式中，A 为特定波长吸光度；C 为核酸浓度；I 为分光光度计比色皿的光径；ε 为消光系数[RNA 的 ε 为 0.025 $(mg/ml)^{-1}cm^{-1}$]。

用这个方程，一个 A_{260} 阅读值相当于 1.0～40μg ssRNA/ml。$A_{260/280}$ 值为 1.8～2.1 表示为高纯度 RNA。此外，$A_{260/280}$ 取决于 pH 和离子强度。$A_{260/280}$ 值变化如下：DEPC 处理水（pH 5～6）=1.6；无 RNA 酶水（pH 6～7）=1.85；TE（pH 8.0）=2.14。

结 果 表 格

样品	RNA 含量	$OD_{260/280}$	结论
对照			
样品 I			
样品 II			

注：OD 为光密度

疑难问题和解决方案

问题	引起原因	可能的解决方案
RNA 低产	RNA 完全不溶解	为了增加溶解度，用吸管在 DEPC 处理水中反复吸打。将样品加热到 55℃ 10～15min
	可能存在残余培养基	确保没有颗粒物残留。离心后保证取出所有的上清液
RNA 降解	可能没有熟练操作样品，花费时间太长	细菌细胞沉淀后立即用 Trizol 处理
	RNA 储存不正确	分离的 RNA 在–80℃而不是–20℃储存
$A_{260/280}$ 低	在 RNA 中存在残余有机溶剂	确保 RNA 样品没有有机层存在
	溶液 pH 为酸性	用 TE 缓冲液替代 DEPC 处理水
	A_{260} 或 A_{280} 超出了线性范围	将样品稀释到光吸收线性范围内
DNA 污染	部分界面被水层去除	转移上清液到新管时确保不吸到界面
	使用的试剂不足	用 1ml Trizol 试剂悬浮 10^6 个细胞
	沉淀含有有机溶剂	确保原料样品不含有机溶剂如乙醇或二甲基亚砜

注 意 事 项

1. 不使用太小数量的试剂盒，体积非常小很难分离并可导致污染。
2. 在除去水层上清液时，不要吸到含有 DNA 的白色界面。
3. 总是使用酸性苯酚/氯仿。
4. 始终要在通风橱下工作，因为苯酚有毒且氯仿是麻醉剂。
5. 工作时必须戴手套，不要触摸表面和设备以避免再带进 RNA 酶污染材料。
6. 指定一个特殊区域仅供 RNA 工作。
7. 用 RNA 酶灭活剂处理椅子表面和玻璃制品。
8. 使用无菌的一次性塑料制品。
9. 玻璃制品应在 180℃干热灭菌至少 2h。
10. 使用无 RNA 酶的塑料制品。
11. 高压灭菌前使用 DEPC 处理水，如果可能的话，使用 DEPC 处理水洗涤塑料制品。

操 作 流 程

取 5ml 培养过夜的培养物，离心收集沉淀，用 PBS 和 TE 缓冲液分别洗涤沉淀 2 次

用 1.5ml Trizol 试剂重新悬浮细胞沉淀，旋涡混合 1min

↓

均匀混合溶液

↓

室温下孵育 5min

↓

加 1/5 体积氯仿，轻摇 15s 完全混合

↓

溶液室温孵育 2～5min

↓

4℃ 12 000r/min 离心 10min，检查上层水相是否清澈

↓

将上层水相转移到新管中

↓

加入 1/2 初始体积的冷的 70%乙醇，室温下保温 10min

↓

4℃ 10 000r/min 离心 15min，弃上清液

↓

用 500μl 70%乙醇洗涤沉淀

↓

用 100μl DEPC 处理水溶解沉淀

实验 1.5　16S rRNA 基因的扩增

目的：经 PCR 从细菌基因组扩增 16S rRNA。

导　言

PCR 被定义为靶 DNA 序列体外指数合成的过程。这项技术于 1983 年由 Kary Mullis

发明，1993 年他获得了诺贝尔化学奖。该反应称为聚合酶链反应，因为只有这个酶用于 DNA 合成。称为链是因为第一反应的产物成为下一反应的底物，依此类推。PCR 依靠热循环，由重复加热和冷却使 DNA 变性，接下来酶促对其复制。在 PCR 过程中，基因产物以指数阶发生扩增并留下大量 DNA 拷贝(图 1.5)。

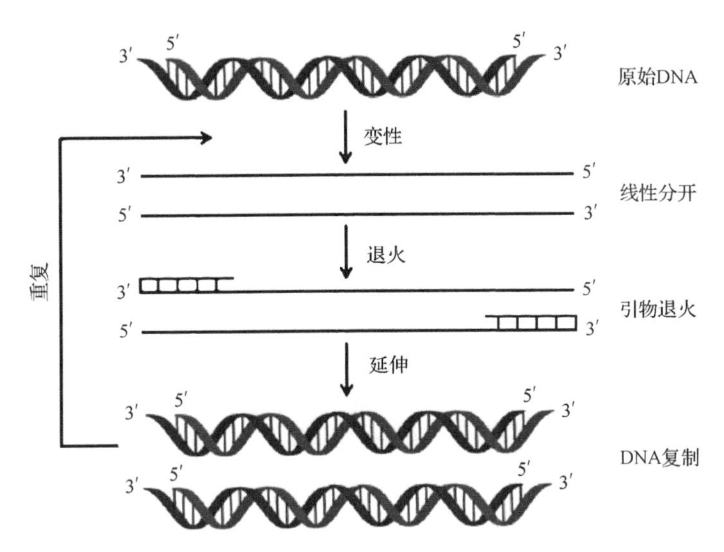

图 1.5　经聚合酶链反应产生巨大数量的目的基因片段

PCR 在医学、传染病学、法医学等许多领域有着广泛的应用和研究。当两个引物序列已知时，PCR 可以生成两个短的 DNA 片段。DNA 测序的工作也是由 PCR 辅助的。DNA 克隆、基因指纹图和 DNA 指纹图是法医采用 PCR 的一些有效方法。基本的 PCR 技术的变化提供了许多先进应用技术，即等位基因特异性 PCR、组装 PCR、不对称 PCR、标签靶向引物 PCR、定量 PCR、热启动 PCR、晶片预测 PCR、重复区特异性 PCR、反向 PCR、连接介导 PCR、多重 PCR、巢式 PCR、逆转录 PCR、降落 PCR，随着其在全球的发展将越来越多。

16S rRNA 基因的扩增和测序，然后将它们与数据库中的序列比较是鉴定细菌种类的分子基础。比较细菌 rRNA 基因序列用于细菌鉴定是由 Carl Woese 首次开发的，他重新定义了微生物进化的主要世系。rRNA 基因序列比较的主要优势产生了日益扩大的全球数据库(图 1.6)。目前已有近 60 000 个 16S rRNA 基因序列列入核糖体数据库项目(RDP Ⅱ)中。比较微生物群落基因序列的概念使微生物生态学有了翻天覆地的变化。16S rRNA 是原核生物核糖体 30S 小亚基的组成部分，长度为 1.542kb。支持使用 16S rRNA 基因扩增为鉴定目的的理由包括：①在所有的生物中出现的基因都执行相同的功能；②有效包含的基因序列都含有保守区、可变区和高变异区；③1500bp 的大小相当容易测序，并且有足够大而有效的信息用于系统发育的鉴定和分析。

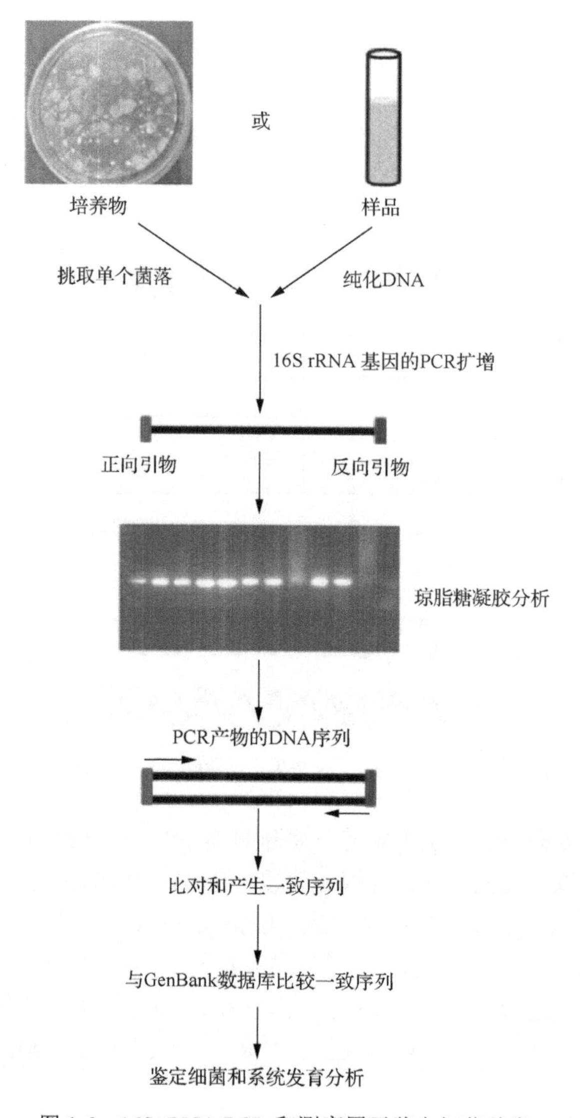

图 1.6　16S rRNA PCR 和测序用于鉴定细菌种类

原　理

PCR 是一个连锁反应,其中一个小片段的 DNA 作为模板产生大量的拷贝。一个 DNA 分子产生 2 个拷贝，然后是 4 个，再然后是 8 个，依此类推。这种连续翻倍的扩增是通过称为聚合酶的特定的蛋白质完成的。DNA 聚合酶还需要 DNA 构件核苷酸碱基，即腺嘌呤(A)、胸腺嘧啶(T)、胞嘧啶(C)和鸟嘌呤(G)；还需要称为引物的小片段 DNA，它们作为建筑元件附着于模板 DNA 分子中用于构建新链。当有原料时，酶按模板构建精确的拷贝。通过这种方式，经过 n 个循环后，获得了大量的 DNA 拷贝 (2^{n+1})。

PCR 被视为体外 DNA 合成，需要像体内 DNA 复制一样必须有相同的前体分子。

DNA 聚合酶已经被热稳定聚合酶即 *Taq* DNA 聚合酶所代替，它能够承受>90℃的温度，最佳活性温度为 72℃。DNA 复制中 RNA 引物也被寡核苷酸引物所代替，它们的设计是影响扩增反应效率和专一性最重要的因素。脱氧核苷酸 4 种成分(dATP、dTTP、dGTP、dCTP)按等分子浓度使用。

由于热稳定 DNA 聚合酶最佳活性需要游离二价阳离子，Mg^{2+}通常出于这个目的被使用，在某些情况下也使用 Mn^{2+}。为了保持反应管 pH，必须加入缓冲液保持 pH 在 8.3～8.8。模板 DNA 是 PCR 必需的先决条件，可以添加单链或双链形式的 DNA。为了运行处于最佳状态，PCR 只需要单拷贝目的序列为模板。

PCR 是三步温度调节的重复过程，即模板的变性、寡核苷酸引物退火成单链目的序列和通过热稳定 DNA 聚合酶扩展退火引物。dsDNA 的变性依赖于 G+C 含量。G+C 的比例越高，DNA 模板需要的解链温度也越高。模板 DNA 越长，完全分成两条链所需要的时间也就越长。PCR 由热稳定 *Taq* 酶催化，通常变性是在 94～95℃进行的，这是由于酶可以承受 30 个或更多循环而不会被损坏。PCR 最关键的步骤是退火。如果退火温度太高，寡核苷酸引物退火不良，扩增的 DNA 产量就差。相反，如果退火温度过低，可能会出现非特异性引物的退火导致模板 DNA 非目的片段的扩增。推荐退火温度要比两个寡核苷酸引物计算的解链温度低 3～5℃。寡核苷酸引物的延伸总是在热稳定 DNA 聚合酶催化的最适温度即 72～78℃进行。DNA 扩增的另一个主要因素是循环数量，取决于模板 DNA 反应开始的拷贝数。一旦几何阶段建立，反应所得组分就受到限制。一般情况下，约 30 个循环后反应包含了约 10^5 个拷贝靶序列和聚合酶(效率约 0.7)。模板 DNA 单拷贝目的序列要获得可接受水平的扩增至少需要 25 个循环。

所需试剂及其作用

DNA 模板

模板包含需要扩增的靶 DNA 区域。然而，模板 DNA 合适浓度应使用 PCR 扩增之前的浓度。25～30 个 PCR 循环大约需要 10^4 个拷贝的高质量靶 DNA 检测产品。可以使用 1pg～1ng 的质粒或病毒模板，而基因组模板应该使用 1ng～1μg。16S rRNA 扩增的 DNA 模板采用如下计算：纯度 $OD_{260/280}$=1.8～2.0，浓度≥50ng/μl，DNA 量至少为 5μg。

正向引物和反向引物

由于 DNA 是双链多核苷酸螺旋结构，一条链从 5′→3′方向，而另一条链从 3′→5′方向(与第一条链互补)，引物的合成不管它在哪里总是发生在 5′→3′方向。因此，前进方向需要一个引物，相反的方向需要另一个引物。作为合适的产物扩增，16S 引物终浓度应该为 0.05～1μmol/L。由于引物对 PCR 方案成败有很大的影响，具有讽刺意味的是引物设计主要是定性并基于对热力学或结构原理的理解。引物设置可采用以下实验：

16S 正向引物(27F)：5′-AGAGTTTGATCMTGGCTCAG-3′

16S 反向引物(1492R)：5′-ACGGCTACCTTGTTACGA-3′

Taq 聚合酶

Taq 聚合酶是 1965 年由 Thomas D. Brock 首次从嗜热细菌水生栖热菌(*Thermus aquaticus*)分离的热稳定 DNA 聚合酶。该酶能够耐受 PCR 过程中使蛋白质变性的温度。它的最适温度为 75～80℃，半衰期 92.5℃大于 2h、95℃ 40min 和 97.5℃ 9min，且具有 72℃不到 10s 复制 1000bp DNA 序列的能力。然而，使用聚合酶的主要缺点是它缺乏 3′→5′外切核酸酶校对活性，因此复制的保真度较低。它生产的 DNA 产物 3′端有 A 悬突(overhand)，最终在 TA 克隆中有用。一般来说，50μl 总反应使用 0.5～2.0 单位的 *Taq* 聚合酶，但理想情况下用量应该为 1.25 单位。

脱氧核糖核苷三磷酸

脱氧核糖核苷三磷酸(dNTP)是 DNA 新链的构件。在大多数情况下，它们是 4 种脱氧核苷酸即 dATP、dTTP、dGTP、dCTP 的混合物。每次 PCR 反应大约需要每种脱氧核苷酸 100μmol/L。dNTP 对冻融非常敏感，冻融 3～5 次后就不能在 PCR 反应中良好地工作。为了避免此类问题，可以制备分装成只有两个反应的小份量(2～5μl)并在–20℃冰冻储存。然而，长期冻结，少量的水会蒸发到管壁上，从而改变 dNTP 的浓度。因此，在使用之前必须离心，推荐用 TE 缓冲液稀释 dNTP，因为酸性 pH 会促进 dNTP 水解从而干扰 PCR 结果。

缓冲液

每种酶都需要一定的如 pH、离子强度等条件，这种条件是通过增加反应混合物缓冲液来获得的。在某些情况下，在非缓冲液中改变 pH，酶就会在反应过程中停止工作，可以通过加入 PCR 缓冲液来避免。大多数的 PCR 缓冲液成分几乎相同：100mmol/L Tris-HCl pH 8.3，500mmol/L KCl，15mmol/L $MgCl_2$ 和 0.01%(*m*/*V*)明胶。PCR 缓冲液终浓度应该为 1×每个反应浓度。

二价阳离子

DNA 聚合酶发挥作用需要二价阳离子的存在。从本质上讲，它们保护三磷酸的负电荷并允许 3′羟基氧攻击 α-磷酸基上的磷而连接到新进核苷酸 5′碳上。所有破坏核苷二磷酸和核苷三磷酸的磷酸键的所有酶都需要二价阳离子的存在。1.5～2.0mmol/L $MgCl_2$ 溶液是最适于 *Taq* DNA 聚合酶活性的条件。如果 Mg^{2+}浓度太低，将见不到 PCR 产物；而如果 Mg^{2+}浓度太高，将获得非目的 PCR 产物。

操 作 步 骤

1. 在 0.2ml 薄壁微型离心管中混合 DNA 模板、引物、dNTP 和 *Taq* DNA 聚合酶，并按照以下顺序加入储备液(10×反应缓冲液、15mmol/L $MgCl_2$、10mmol/L dNTP、1mmol/L 引物、1U 聚合酶、10μg/μl 模板)：

灭菌 milli-Q 水	12.5μl
10×反应缓冲液	2.5μl
$MgCl_2$	2.5μl
dNTP 混合物	0.5μl
引物（前导）	1.0 μl
引物（反向）	1.0 μl
模板 DNA	4.0μl
Taq DNA 聚合酶	1.0 μl

2. 小体积的吸管吸量往往造成不精确，制备一个主要混合物，将反应的共同成分合并，将一个反应体积与样品总数相乘。之后，大混合量除以管的数量，如添加 1μl DNA 模板，24μl 大混合物，则总量为 25μl（表 1.1）。

表 1.1　主要组分混合的制备（总体积 25μl）

PCR 管数	5	10	15	20	25
milli-Q 水/μl	62.5	125.5	187.5	250	312.5
10×缓冲液/μl	12.5	25	37.5	50	62.5
$MgCl_2$/μl	12.5	25.0	37.5	50	62.5
dNTP/μl	2.5	5.0	7.5	10	12.5
引物（前导）/μl	5.0	10.0	15.0	20.0	25.0
引物（反向）/μl	5.0	10.0	15.0	20.0	25.0
Taq DNA 聚合酶/μl	5.0	10.0	15.0	20.0	25.0

注：PCR 为聚合酶链反应；dNTP 为脱氧核糖核苷三磷酸

3. 将管放入 PCR 仪中。

4. 按以下程序进行扩增：

预热	98℃
初始变性	96℃ 5min
30 个循环	
变性	95℃ 15s
退火	49℃ 30s
延伸	72℃ 1min
最后延伸	72℃ 10min
保留	4℃储存

5. PCR 循环结束时，取出 PCR 产物，然后样品在 1%琼脂糖凝胶上与溴化乙锭进行电泳，于紫外灯下观察。

观　察

扩增的 DNA 产物在琼脂糖凝胶上用标准 DNA 进行验证。细菌 16S rRNA 基因的大小应是 1.5kb，在紫外光照射下将观察到一个清晰的、明显的带。通过微量纳米紫外分光光度计可检测扩增产物的浓度。用 A_{260} 和 A_{280} 测定将显示扩增 16S rRNA 基因产物的质量和数量。

疑难问题和解决方案

问题	引起原因	可能解决的方案
不是正确的产物大小	不正确的退火温度	采用网络基础软件重现引物 T_m 值
	引导错误	查证模板 DNA 内引物额外的互补区
	不合适的 Mg^{2+}浓度	增加 0.2～1mmol/L 优化 Mg^{2+}浓度
无产物	错误的退火温度	重新计算引物的解链温度（T_m 值），通过梯度实验正确的退火温度，起始温度应低于引物的 T_m 值 5℃
	引物设计差	用推荐的引物设计文献检查，核实引物内部和之间无互补，随意增加引物长度
	引物特异性差	核实核苷酸与正确靶序列互补
	引物浓度不足	引物浓度正确范围应该是 0.05～1μmol/L，查阅特异性产物文献找理想条件
	模板质量差	用琼脂糖凝胶电泳分析 DNA，检查 DNA 模板 A_{260}/A_{280} 值
	循环数不够	用更多循环数重新反应
多重/无特异性产物	过早复制	采用热启动聚合酶，用冷成分在冰上构建反应，PCR 预热到变性温度加入样品
	引物退火温度太低	增加退火温度
	Mg^{2+}浓度不正确	增加 0.2～1mmol/L 优化 Mg^{2+}浓度
	引物过量	引物浓度正确范围应该是 0.05～1μmol/L，查阅特异性产物文献找理想条件
	模板浓度不正确	低复杂性模板（如质粒、噬菌体、BAC DNA），每 50μl 反应使用 1pg～10ng 模板。高复杂性模板（如基因组 DNA），每 50μl 反应使用 1ng～1μg 模板

注 意 事 项

1. 使用具有过滤器的吸管头。
2. 在适当隔离条件下储备材料和试剂，并在隔离空间内将它们加入反应混合物。
3. 开始分析之前所有的组分在室温下解冻。

4. 解冻后，将组分短暂离心。
5. 在冰上或冷却水浴快速操作。
6. 进行 PCR 反应时应始终戴着护目镜和手套。

操 作 流 程

PCR 建立之前，所有试剂解冻

↓

除模板外主要混合物按要求量加入所有试剂

把主要混合物分发到单个 PCR 管中，并加入相应的模板

按操作步骤中提到的设置 PCR 条件

从 PCR 仪中取出样品，4℃储存

进行琼脂糖凝胶电泳检测是否正确扩增

实验 1.6　琼脂糖凝胶电泳

目的：为分离和可视化 DNA 进行琼脂糖凝胶电泳。

导　　言

琼脂糖凝胶电泳是测定 DNA 大小的最合适的物理方法。在这个过程中，DNA 响应电流被迫沿着交联琼脂糖基质迁移。DNA 含有磷酸基，使其全部带负电荷；因此它向阳极迁移。有三个因素决定 DNA 在凝胶中的迁移速率，即 DNA 大小、DNA 构象、琼脂糖浓度、电压、溴化乙锭的存在，采用琼脂糖的类型，以及电泳缓冲液的离子强度。电泳通常是一个筛选的过程，DNA 越大，它越容易停留在凝胶内，迁移也就越缓慢。另一方面，小片段比大片段移动快速且迁移速率与它们的大小成正比。通过增加或降低凝胶浓度来调整凝胶基质，标准的 1%琼脂糖凝胶能分离大小为 0.2～30kb 的 DNA（图 1.7）。

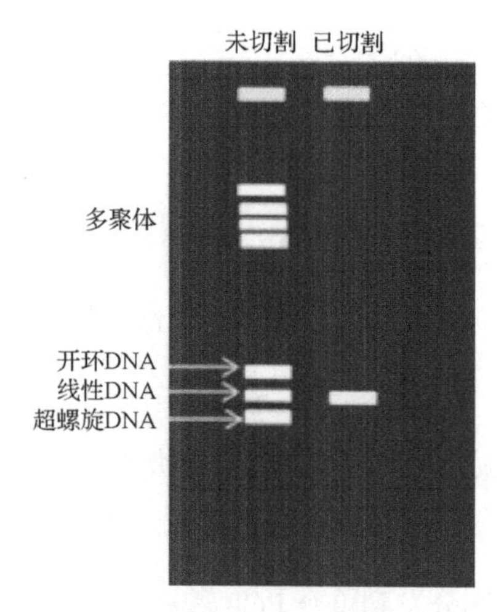

图 1.7　1%琼脂糖凝胶电泳的质粒 DNA 谱带

琼脂糖是从石花菜属(*Gelidium*)和江蓠属(*Gracilaria*)的海草中分离的，由琼脂二糖，即 L-琼脂糖和 D-琼脂糖亚基所组成。凝胶化过程中，琼脂糖聚合物非共价连接形成一个网络，孔隙大小决定了凝胶分子筛选属性。琼脂糖凝胶电泳的使用使核酸的分离有了革命性变化。琼脂糖凝胶应用前，DNA 主要是用蔗糖密度梯度离心法分离，它只能检测 DNA 近似大小。与其他基质相比较，琼脂糖凝胶容易灌注，凝胶设置是物理变化而不是化学变化且样品很容易从凝胶中恢复，生成的凝胶可以存储在冰箱塑料袋里。琼脂糖凝胶电泳通常以分析为目的，主要分析的是 PCR 扩增的 DNA。除此之外，在其他技术，如质谱学、限制性片段长度多态性(RFLP)、PCR 克隆、DNA 测序、Southern 印迹等用于进一步研究之前，琼脂糖凝胶还用作制备技术。

原　理

带电分子放置在电场时，根据它们所带电荷趋向正极或负极移动(图 1.8)。与蛋白质带有净正电荷或负电荷相比，核酸由它们的磷酸主链赋予一致的负电荷，因此向阳极迁移。DNA 分子中的核苷酸是由带负电荷的磷酸基团连接在一起。对于每个碱基对(平均相对分子质量约 660)有两个带电的磷酸基。因此，DNA 分子中的每个电荷都伴随着大致相同的质量和 RNA。加热时，琼脂糖溶液变成拥有 50～100nm 孔径大小的凝胶。随着荧光染料，如溴化乙锭或金的加入，在紫外检测器内 DNA 得以成像。大部分的琼脂糖凝胶由 0.7%～2%的琼脂糖制备。0.7%的凝胶对分离 5～10kb 的 DNA 大片段效果良好，而 2%的凝胶对大小为 0.2～1kb 的小片段的分辨率良好。低百分比凝胶很弱，但高百分比凝胶通常易碎且不均匀。在凝胶中，给定长度 DNA 带之间的距离由琼脂糖的百分比测定。凝胶百分比是控制琼脂糖凝胶电泳分辨率的最好方式(表 1.2)。

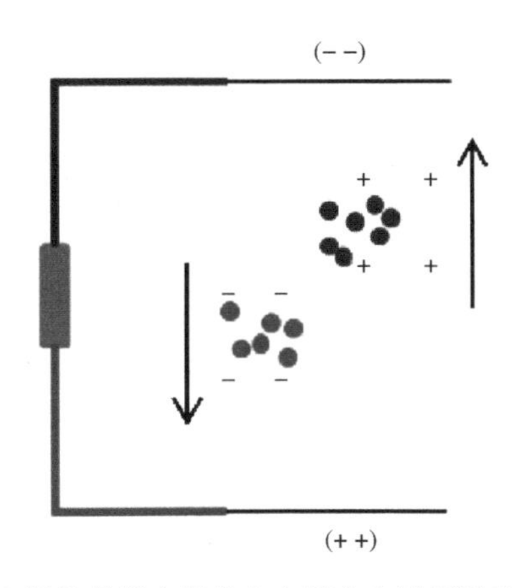

图 1.8　带电分子响应电场差异朝它们各自电极方向进行迁移(彩图请扫封底二维码)

表 1.2　不同百分比琼脂糖凝胶对 DNA 分子分离的分辨率

琼脂糖凝胶浓度/(%*m*/*V*)	线性 DNA 分子分离范围/kb
0.3	5～60
0.6	1～20
0.7	0.8～10
0.9	0.5～7
1.2	0.4～6
1.5	0.2～3
2.0	0.1～2

当电压穿过电极时，就产生了电位梯度 E，由方程表示：$E=U/d$，U 是电压(V)，d 是电极之间的距离(cm)。这时，应用电位梯度 E，产生了带电分子的一个力 F，由方程表达：$F=E\cdot q$，q 是与分子有关的电荷(C)。这个力将带电分子拖向电极。然而，有摩擦力的存在减缓了带电分子的运动，其作用是：①分子水动力大小；②分子的形状；③开始电泳时介质的孔径大小；④缓冲液的黏度。

所需试剂及其作用

琼脂糖

琼脂糖主要用于核酸电泳分离。琼脂糖的最纯类型无 DNA 酶和 RNA 酶活性(图 1.9)。分子生物学级的琼脂糖是用于分辨 50bp～50kb DNA 片段的标准凝胶，有后续从凝胶中分离 DNA 用于进一步分析的潜力。它具有以下属性：凝胶强度(1%)为 1125g/cm^2，凝固化(1.5%)为 36.0℃，熔点(1.5%)为 87.7℃，硫酸盐 0.098%，水分 2.39%，灰分 0.31%。

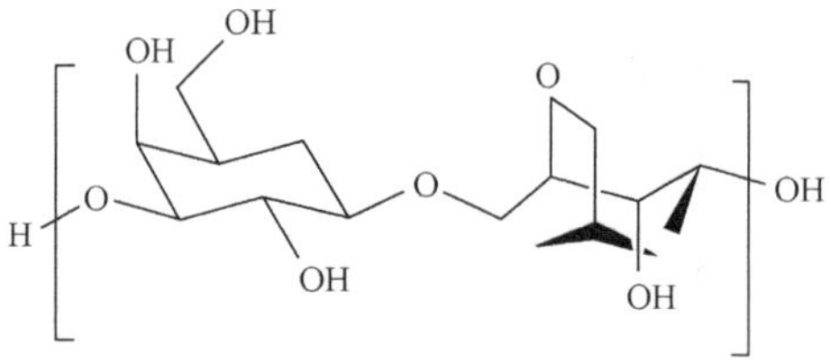

图 1.9　琼脂糖分子的结构

Tris-乙酸缓冲液

DNA 电泳迁移率依赖于电泳缓冲液成分和离子强度。在缺乏离子的情况下，将会有一个最小的电导率且 DNA 迁移缓慢。高离子强度和高电导率的缓冲液是高效的但会另外生成大量的热。因此，条件恶化会使凝胶融化和 DNA 变性。已经推荐几种不同缓冲液用于天然 ds DNA 电泳。这些缓冲液包含 EDTA(pH 8.0)和 Tris-乙酸(TAE)、Tris-硼酸(TBE)或 Tris-三磷酸酯(TPE)，近似浓度为 50mmol/L(pH 7.5～7.8)。这些缓冲液通常制备成浓缩液并在室温下储备，工作液配置成 1 倍。TAE 和 TBE 是常用的缓冲液，它们两个都有自己的优点和缺点。硼酸的缺点是在 RNA 中有聚合作用并与顺式二醇相互作用。另一方面，TAE 缓冲能力最低，但它为大分子 DNA 提供最好的分辨率，需要较低的电压和更长的时间以获得更好的产物。硼酸锂是一种相对较新的缓冲液，对于分辨大于 5kb 的片段无效。

用 1L milli-Q 水配置 10×储备液：48.4g Tris 碱、11.4ml 冰醋酸、20ml 的 0.5mol/L EDTA 或 3.7g EDTA 二钠盐。全部溶解于 800ml 去离子水中并定容至 1L。室温储存，使用前稀释 1 倍。

溴化乙锭

溴化乙锭(EB)是一种荧光染料，可插入核酸碱基并简化了凝胶中核酸片段的检测。当暴露于紫外光下，它产生橙黄色荧光，与 DNA 结合后增强 20 倍。EB 在水溶液中最大吸收值在 210～285nm，类似于紫外光。因此，由于激发 EB 发出橙色光吸收波长为 605nm。EB 与 DNA 结合并在其疏水性碱基对和伸展 DNA 片段之间滑动，从而除去溴阳离子的水分子。这种脱氢导致荧光的增加。EB 是一种潜在的诱变剂，疑似致癌物质，它会刺激眼睛、皮肤、黏膜，高浓度刺激上呼吸道。由于 EB 插入到 dsDNA 中，使分子变形这一事实，从而阻碍生物学过程，如 DNA 复制和转录。因此，有许多危险较低且性能更好的染料如 SYBR 可供选择。

凝胶上样缓冲液

上样缓冲液与所用的 DNA 样本混合用于琼脂糖凝胶电泳。在缓冲液中染料主要用于评估样品迁移速率和提供比电泳缓冲液更高密度的样品。可以通过加入如聚蔗糖、蔗糖和甘油等材料增加密度。有很多颜色组合可用于 DNA 样品迁移的跟踪(表 1.3)。

表 1.3　在琼脂糖凝胶电泳时用于上样缓冲液染料的分辨率

染料	0.5%～1.5%琼脂糖	2.0%～3.0%琼脂糖
二甲苯蓝	10 000～4 000	750～200bp
甲酚红	2 000～1 000	200～125bp
溴酚蓝	500～400	150～50bp
橙黄 G	小于 100bp	—
酒石黄	小于 20bp	小于 20bp

制备含有甘油和溴酚蓝 6×凝胶上样缓冲液，加 3ml 甘油(30%)、25mg 溴酚蓝(0.25%)和 10ml milli-Q 水，4℃储存。上样缓冲液工作浓度应该为 1×。

标准 DNA

不同大小标准分子量标示物(也称为 DNA 梯形条带)是用于琼脂糖凝胶电泳时测定近似分子大小的一套标准分子量 DNA。DNA ladder 有两种方式制备：部分连接，即 100bp DNA 片段部分连接，还可提高为 200bp 的二聚体、300bp 的三聚体、400bp 的四聚体、500bp 的五聚体等。第二为限制性消化，已知 DNA 序列通过部分限制酶限制性水解增加不同分子量的 DNA 片段。

DNA 样品

5μl 扩增产物琼脂糖凝胶电泳后足以可视化。它与 1μl 6×上样缓冲液混合上样到琼脂糖凝胶的样品孔内。

操 作 步 骤

琼脂糖的溶解

1. 小心称取适量的琼脂糖于锥形瓶中。在 30ml 1×TAE 缓冲液中混合 30mg 琼脂糖，制备 1%琼脂糖溶液。
2. 用 10×储备液制备 1×TAE 缓冲液。在 9ml mill-Q 水中加 1ml 10×缓冲液的样品。
3. 容器上盖上保鲜膜。在保鲜膜上刺一个小洞通气。
4. 在高功率微波炉上加热溶液直到沸腾。因琼脂糖泡沫上升和沸腾易溢出，因此应密切观察溶液。
5. 移开容器并轻轻搅拌重新悬浮固体的琼脂糖。
6. 重复这个过程直到琼脂糖完全溶解。
7. 冷却琼脂糖直到能轻松触摸瓶颈，添加溴化乙锭溶液终浓度为 5pg/ml。
8. 将凝胶混合物迅速灌入凝胶装置内。

灌胶

1. 灌胶托盘末端交叉放上胶带并放上梳子。
2. 将冷却琼脂糖倒入。琼脂糖应该至少上升到梳齿的一半。
3. 立即用热水冲洗并充满琼脂烧瓶而溶解剩余的琼脂糖。
4. 凝固后，小心拔去梳子。
5. 从凝胶形成的末端除去胶带。

上样

1. 对加样凝胶的每一个孔作出书面记录。这有助于其他孔加载样品。
2. 为了便于观察，固化琼脂糖孔的下面保持黑色或深色。
3. 10μl DNA 样品与 2μl 上样缓冲液混合，在凝胶每个孔上样 12μl 样品。
4. 加载样品时小心不要刺穿孔的底部。

安装凝胶

1. 确保点样孔接近负(黑)电极。
2. 用 1L 1×缓冲液填满电泳槽，电泳缓冲液正好覆盖点样孔。
3. 将每个梳孔加一半溶液直到填满靠近凝胶顶端。轻轻地从点样孔相反末端淹没凝胶保障样品最小扩散。
4. 电泳室盖上盖子并连接电极，接上电源。
5. 黑色连接负极，红色连接正极。

电泳和分析凝胶

1. 打开电源，调整电压 50～100V。
2. 根据凝胶比例和长度，电泳 1～3h。
3. 一旦染料穿过凝胶关掉电源，断开连接电极，移除电泳槽盖子。
4. 从电泳槽取出凝胶分析结果。
5. 在紫外投射器或凝胶成像系统观察扩增产物。

观　察

在紫外灯下观察琼脂糖凝胶上扩增的 DNA 产物。对应于标准 DNA 比对条带位置获得扩增产物的近似大小。

扩增的细菌 16S rRNA 基因应该出现大约 1.5kb 干净清晰的带型。

疑难问题和解决方案

问题	引起原因	可能的解决方案
凝胶上带模糊或无带	DNA 量不足或浓度低	增加 DNA 的量，但增加量不要超出 50ng/带
	DNA 被分解	避免核酸酶污染
	DNA 电泳超出凝胶	减少电泳时间，用低电压，提高凝胶百分比
	显示溴化乙锭染色的 DNA 的紫外光源不合适	用短波长灯更敏感，即 254nm
凝胶上 DNA 带污迹斑斑	DNA 降解了	避免核酸酶污染
	在凝胶上上样太多	减少 DNA 上样量
	电泳条件不合适	不要超过 20V/cm，电泳时温度不要高于 30℃
	染色时 DNA 小带扩散了	电泳时增加溴化乙锭
DNA 带迁移不规则	所用电泳条件不合适	不要超过 20V/cm，电泳时温度不要高于 30℃
	DNA 降解了	避免核酸酶污染

注 意 事 项

1. 制备和灌制琼脂糖凝胶时戴上合适的抗热手套。
2. 如果使用紫外光投射器要确保有紫外光防护面罩。
3. 制备琼脂糖之前确保所有玻璃器皿干净。
4. 在加热板搅拌器或微波制备琼脂糖凝胶时，不要过沸。
5. 溴化乙锭有高致癌性，取用时要特别注意安全。

操 作 流 程

称取需要量的琼脂糖，用 1×TAE 缓冲液混合

通过煮沸混合

加入溴化乙锭，终浓度为 5pg/ml

将混合物灌注到凝胶制备槽中并放上合适的梳子

固化

将 1×终浓度的凝胶加载染料混合样品，连同合适大小的标准分子量标示物一起加样

将凝胶设备连接电源调节电压到 50～100V

1h 后，取出凝胶，在紫外灯下分析

第2章　克隆与转化

实验 2.1　感受态细胞制备和热激转化

目的：通过化学处理制备细菌感受态细胞并通过热激转化。

导　言

感受态细胞是可以接受环境中外来染色体 DNA 或质粒(裸 DNA)的细菌细胞。感受态细胞可以通过两种方法产生：自然感受和人工感受。自然感受是细菌在自然条件下或体外条件下接收环境 DNA 的遗传能力。也可通过化学处理和热激使其瞬时性透过 DNA，将细菌做成人工感受态。自然感受态可以追溯到 1928 年，Frederick Griffith 发现，制备致病细菌热杀死细胞可以将不致病的细胞转化成致病的类型。在许多细菌菌株中报道了自然感受，如枯草芽孢杆菌(*Bacillus subtilis*)、肺炎链球菌(*Streptococcus pneumonia*)、淋球菌(*Neisseria gonorrhoeae*)和流感嗜血杆菌(*Haemophilus influenza*)。自然感受现象是细菌的高级调节和种属交叉变异。一些属中某些种群在一段时间内为感受态，而其他属，整个种群可同时获得感受能力。当外源 DNA 进入细胞内时，它可能被细胞核酸酶消化或与细胞染色体重组。然而，自然感受态和转化对线性分子如染色体 DNA 有效而对环形质粒分子无效(图 2.1)。

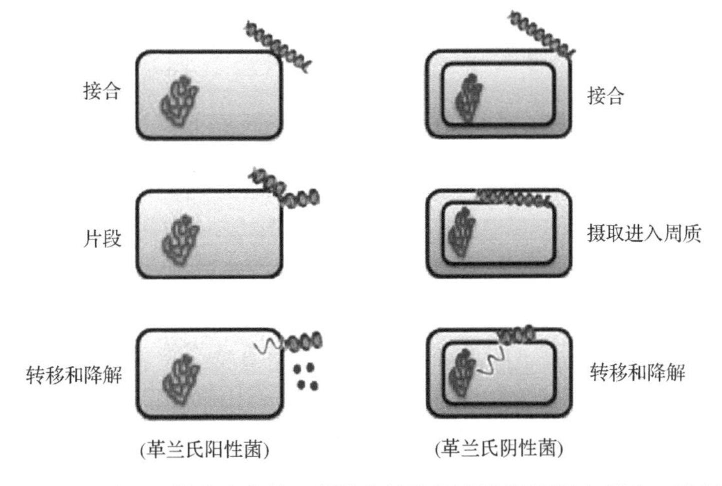

图 2.1　革兰氏阳性菌和革兰氏阴性菌的转化途径(彩图请扫封底二维码)

人工感受态不是由细菌细胞的基因编码的。它是一个实验过程中，细胞在非自然条件下被动地渗透 DNA。人工感受态操作步骤相对简易，用于设计细菌基因。然而，转化效率很低，只有部分细胞成为感受态成功地吸收 DNA。

原　　理

DNA 是高度亲水分子，通常不能通过细菌的细胞膜。因此，为了使细菌能够内化遗传物质，它们必须做成感受态而摄取 DNA。将细菌细胞悬浮在高浓度钙的溶液中，使细菌细胞产生小孔。将感受态细胞和 DNA 在冰上一起孵化，接下来通过间断的休克，使细菌吸收 DNA(图 2.2)。当细胞膜上拥有孔时细菌不再稳定而容易死亡。

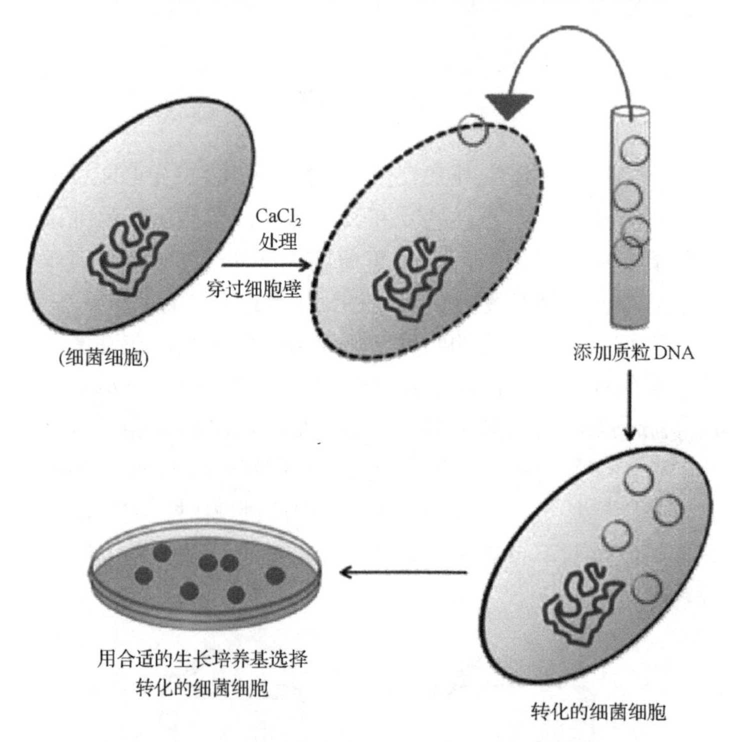

图 2.2　通过氯化钙处理和转化的感受态细胞的制备(彩图请扫封底二维码)

此外，不良操作可能会导致没有足够的感受态细胞摄取 DNA。据报道，裸体的 DNA 分子与感受态细胞表面的脂多糖(LPS)受体分子结合。二价阳离子与带负电荷的 DNA 分子和 LPS 产生协调复合物。DNA 是大分子，不能自行穿过细胞膜进入细胞质。热激步骤使氯化钙($CaCl_2$)处理的细胞膜强烈去极化。因此，减少了细胞的膜电位，降低了细胞内的电位，最终允许带负电荷的 DNA 进入细胞内部。随后冷休克提高膜电位恢复原始值。

另一种方法，转化存储(TSS)缓冲液方法，感受态由聚乙二醇(PEG)诱导。这种技术相对简单，不需要热激。感受态的细菌细胞通过加入低浓度的二价阳离子(Mg^{2+})和二甲基亚砜(DMSO)诱导。PEG 协助保护 DNA 分子上的负电荷与宿主细胞膜；因此，它们之间排斥减少。缓冲液 pH 维持稍微酸性条件，提高细胞的生存能力，以及转化效率达到 10^7～10^8。

所需试剂及其作用

LB 肉汤培养基

LB 肉汤培养基是一种营养丰富的培养基，它使许多菌株（包括大肠杆菌）快速生长并获得良好培养物，它是细菌学和分子生物学研究中对大肠杆菌细胞培养最常用的培养基。LB 肉汤培养基具有容易制备、大多数细菌（包括大肠杆菌）可快速生长、容易获得和组分简单的特点，这些优点为其普及做出了贡献。在正常摇瓶培养条件下，LB 肉汤培养基可以支持大肠杆菌生长到 2～3 OD_{600}。

氯化钙

在感受态细胞制备方法中，氯化钙（$CaCl_2$）转化技术是最有效的技术。它增加细菌细胞整合质粒 DNA 的能力，促进遗传转化。添加 $CaCl_2$ 使细胞悬液允许质粒 DNA 与 LPS 结合。因此，带负电荷的 DNA 主链与 LPS 两者结合在一起，当热激时，质粒 DNA 就穿过细胞膜进入细菌细胞。加入 14.701g $CaCl_2 \cdot H_2O$ 制备成 2000ml 50mmol/L $CaCl_2$ 储备液，高压灭菌并在 4℃存储。

聚乙二醇

聚乙二醇（PEG）是有许多功能的多醚化合物。在此实验中，它有助于保护 DNA 带负电荷和保护宿主细胞膜，导致排斥力降低。此外，PEG 是大分子，与存在于细菌悬液的水分子结合。这导致质粒 DNA 穿过细菌感受态细胞膜浓度和生物利用度的增加。换句话说，高效的质粒浓度导致了更有效的 DNA 转化进入细菌。

二甲基亚砜

二甲基亚砜（DMSO）是有机硫溶剂，极性非质子溶剂。它能溶解极性和非极性化合物并与大范围的有机溶剂及水混溶。DMSO 使反应中加入的试剂融合到一起。它也有保护剂的作用，因为制备的感受态细胞要储存于–80℃很长时间而不会失去生活能力。

氯化镁

氯化镁（$MgCl_2$）以 $CaCl_2$ 同样的方式起作用。通过改变细胞膜的通透性诱导细胞对 DNA 的吸收能力。带负电荷的 DNA 被细菌外表面带负电荷的大分子所排斥，这种排斥被加入的 $MgCl_2$ 中和，以抵消不利的相互作用。

操作步骤

氯化钙处理

1. 在 LB 肉汤培养基中接种大肠杆菌，37℃ 180r/min 振荡摇瓶培养 24h。

2. 将 0.5ml 培养物加入到含 50ml LB 肉汤培养基的 200ml 锥形瓶中。

3. 37℃ 180r/min 振荡培养。

4. 定期监控生长情况直到 OD_{600} 达到 0.35～0.4。

5. 当达到合适的增长，培养物放在冰上冷却。

6. 将培养物转移到高压灭菌的离心管中，经 4℃ 6000r/min 离心 5min 收集细胞沉淀。弃上清液。

7. 细胞沉淀用 20ml 冰冷的 50mmol/L $CaCl_2$ 溶液重新悬浮。重悬浮的细胞在冰上孵化 20min。

8. 4℃ 6000r/min 离心 5min 收集细胞沉淀。

9. 用 2.5ml 冰冷的 50mmol/L $CaCl_2$ 溶液再悬浮细胞沉淀。如果需要将感受态细胞长期储存，2.5ml 冰冷的 50mmol/L $CaCl_2$ 溶液含 10%甘油将感受态细胞再悬浮。

10. 用 100μl 制备的感受态细胞转化。

11. 将感受态细胞 100μl 分装到分装管并在–80℃储藏备用。

用于转化的储备缓冲液

1. 5ml 大肠杆菌在 LB 肉汤培养基中培养过夜。早上，加 25～50ml 新鲜 LB 肉汤培养基于 200ml 的锥形瓶中，稀释的培养物至少为 1/100。

2. 培养物稀释到 OD_{600}=0.2～0.5。

3. 并将微量离心管冰上冷却。如果培养物是“*X*” ml，则需要管的数量为“*X*”。在这一点上，确保 TSS 缓冲液是冷冻的。应该在 4℃储藏，但如果新鲜配制，应把它放在冰浴中。

4. 将培养物分为两个 50ml 离心管并在冰上保持 10min。所有后续步骤应该在 4℃进行，细胞应尽可能在冰上保存。

5. 细胞在 4℃ 3000r/min 离心 10min。

6. 弃上清液。细胞沉淀应该足够坚实，倒掉上清液并用吸管吸出剩余的培养基。

7. 在冰冷的 TSS 缓冲液中重新悬浮沉淀。TSS 的体积为培养物体积的 10%。

8. 轻轻使用旋涡振荡器使培养物全部悬浮，密切注意小细胞聚集，即使沉淀与管壁完全分离，也要注意细胞聚集。

9. 将 100μl 分装到冰冷微量离心管中，–80℃储存备用。

转化储备缓冲液的制备

准备 50ml TSS 缓冲液，加入 5g PGE 8000，1.5ml 1mol/L $MgCl_2$ 或 0.30g $MgCl_2·6H_2O$。2.5ml DMSO 并加 LB 肉汤培养基到 50ml，接下来用 0.22μm 滤膜过滤器除菌。

热激转化

1. 小心地将 50～100μl 感受态细胞在冰上解冻。

2. 100μl 感受态细胞中加 1μl 质粒溶液(浓度 1μg/μl)。

3. 将细胞在冰上温育 30min。

4. 迅速将试管转移到 42℃水浴中。孵化 1min，然后迅速转移到冰上。

5. 加 1ml LB 肉汤培养基到管中。
6. 37℃孵化 30min～1h。
7. 吸出 50～500μl 加到含有合适抗生素标记的平板上。

观　察

观察成功转化后平板上增长的菌落数量。转化效率（转化的细菌细胞/μg 质粒）的计算可以按 1μg DNA 产生的菌数形成单位（CFU）一样计算，即通过用已知量 DNA 转化反应对照来测定，然后计算每微克 DNA 形成的菌落数。

$$\text{转化效率}=\frac{\text{转化数(菌落)}\times\text{恢复终体积(ml)}}{\text{质粒DNA的质量(μg)}\times\text{模板体积(ml)}}$$

疑难问题和解决方案

问题	引起原因	可能的解决方案
化学感受态细胞转化效率低	DNA 中的杂质	用乙醇沉淀去除酚、蛋白质、洗涤剂和乙醇
	DNA 过量	转化时不要超过 1～10μg DNA
	细胞处理不当	冰上融解并立即使用；减少反复冻融；不要旋涡混合细胞
	细胞生长差	恢复时细胞温育最小为 90min，转化的菌落要更长时间保温
	钙化错误	确保使用正确的稀释倍数和计算 DNA 浓度效率
少或无菌落	DNA 太少	保持 1～10μg DNA 浓度
	抗体浓度错误	检查载体最适抗体浓度
卫星菌落	降解了抗体	检查抗体有效日期，避免反复冻融循环
	板上有太多菌落	转化板用最大稀释度
	使用了氨苄青霉素	可以用羧苄青霉素代替氨苄青霉素而减少卫星菌落

注 意 事 项

1. $CaCl_2$ 是一种对皮肤、眼睛和呼吸系统有害的物质，可能造成烧伤。因此，使用时要戴手套。

2. 使用前避免细胞解冻。

3. 细胞在冰上保存不超过 3h；也不要反复使用在冰上的细胞。

4. 可以在液氮中冰冻储存感受态细胞。冰冻储存可能维持较长的细胞存活时间，但它至少降低了 90%的转化效率。

5. 在制备 TSS 缓冲液过程中，如果用非化学剂抗性过滤器（如硝酸纤维素膜），灭菌后添加 DMSO 溶液。

操 作 流 程

$CaCl_2$ 处理

监测大肠杆菌细胞生长达到 OD_{600} 0.35～0.4

在冰上冷却

将培养物转移到离心管中，4℃ 6000r/min 离心 5min

用冷的 50mmol/L $CaCl_2$ 溶液再次悬浮细胞沉淀

取 100μl 制备的感受态细胞用于转化

分装感受态细胞总体积 100μl 于–80℃备用

使用 TSS 缓冲液

用 TSS 缓冲液将大肠杆菌培养到 OD_{600} 0.2～0.5

将微型离心管在冰上保温 30min～1h

将 TSS 缓冲液在冰上预冷或直接用储备在 4℃的 TSS 缓冲液

将细胞 3000r/min 离心 10min，并在 4℃收集细胞沉淀

用预冷的 TSS 缓冲液再悬浮细胞沉淀，TSS 缓冲液体积应是培养物体积的 10%

将培养物轻轻旋涡使全部细胞重新悬浮，确保小量聚集细胞完全混合

加入 100μl 冷却的微量离心管中，–80℃储存备用

转化

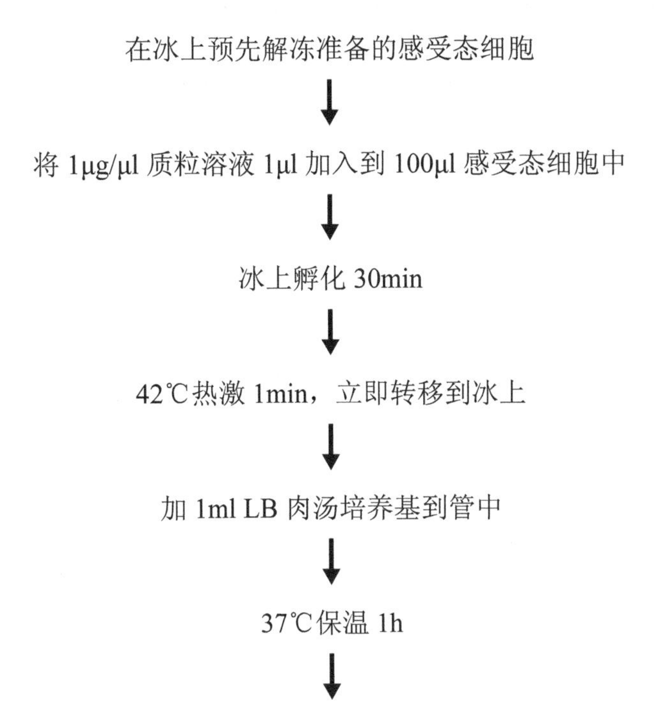

实验 2.2　电　穿　孔

目的：通过电穿孔完成细菌转化。

导　　言

电穿孔能显著增加电导性，并使细胞膜的渗透性随之增加。在大多数情况下，电穿孔是在细菌细胞内引入某些外来物质，如编码 DNA 片段和质粒，以每厘米千伏高强度的电脉冲，在几微秒到几毫秒内导致细胞膜暂时丧失半透膜性质。这种现象会增加药物、分子探针的吸收和 DNA 进入细胞。电穿孔有许多应用，如质粒或外源 DNA 引入活细胞基因转染，融合细胞制备成异核型和杂种细胞，蛋白质插入细胞膜，改善药物传递、增加癌细胞化疗的有效性，膜转运蛋白和酶的激活及在活细胞中基因表达的改变。

用于细胞穿孔的电子设备通过依赖于细胞悬浮液的电容器放电为细胞转化和基因表达分析提供所需的电场。在所有的商用设备中，2～1000μF 电容器能放出 200～2000V 的电压，随后通过电子或机械开关对细胞悬液进行放电。最终导致电压脉冲上升时间不到 10μs。由于细胞较小，细菌细胞需要比哺乳动物细胞甚至更大的植物细胞更高的电场才能诱导穿孔。

因此，电穿孔是允许细胞通过细胞膜引入 DNA 等高度带电分子的物理机制。这个过程比化学转化效率高大约 10 倍。在电穿孔过程中，要克服膜的天然屏障功能从而允许离子和水溶性分子可以穿过细胞膜。虽然分子运输发生的微观机制尚未建立，但关于它们的电子及机械行为已取得显著进展。然而关于膜恢复和转化细胞的最终命运所知甚少。

原　理

电穿孔利用了细胞膜较弱的性质和干扰后自发重新组装的能力。最基本的，使用快速电压冲击暂时破坏细胞膜，使极性 DNA 分子通过，然后迅速重新组装好膜而留下完好无损的细胞。在电穿孔过程中，宿主细胞悬液和要插入的 DNA 悬液同时存在于悬液中和电穿孔仪产生的电场中。虽然电穿孔仪是商业化生产的，但内部基本程序与图 2.3 描述的相同。

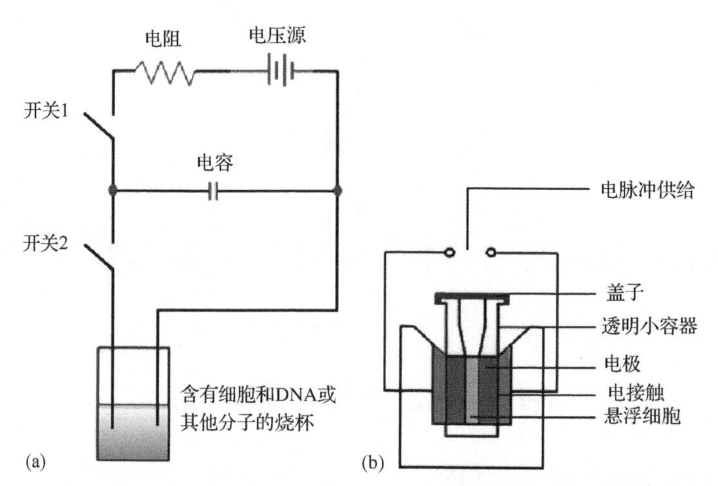

图 2.3　电穿孔仪电路设置图解(a)和特殊设计的电穿孔小池(b)

第一个开关关闭时，电容器就充电并储存高电压。当第二个开关关闭时，电压会通过细胞悬液排放。然而，通常脉冲持续 10 000～100 000V/cm 只需要几毫秒到几微秒就可达到适当电穿孔目的。反过来，这就产生了细胞膜电位，从而驱动带电分子如 DNA 以类似电泳方式通过小孔跨膜。带电离子和分子通过小孔后，细胞膜放电，小孔迅速关闭，细胞膜重新组装和目标分子保留在细胞内进一步使用(图 2.4)。

使用电穿孔技术比使用传统转化技术有很多优势：技术简要、易于操作、快速和再现性好、转化效率高、避免有害有毒性作用的化学物质(如 PEG)、细胞和 DNA 不需要预保温、能更好地控制电穿孔的大小和位置及许多其他优点。为了获得良好的转化产率，该技术依赖于以下 3 个关键因素和参数：①细胞因素：收获时的生长状态、细胞密度、细胞直径、细胞壁刚度及其对电穿孔的敏感性。②物化因素：温度、pH、渗透性、电穿孔缓冲液的离子浓度、DNA 浓度等。③电子系数：最适场强、临界电压、脉冲长度、循环脉冲数、均匀或非均匀电场等。

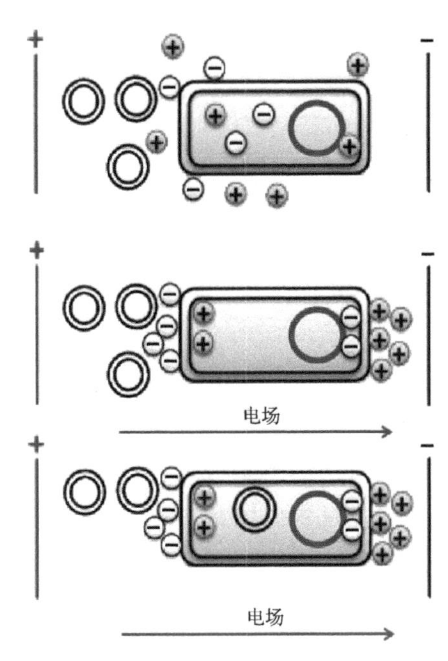

图 2.4　应用电场外源遗传物质转移到细胞及细胞膜允许 DNA 进入细胞通路的形成

现在有许多种技术可以引导外源 DNA 进入细胞。然而，与其他技术相比，电穿孔是拥有巨大优势的最广泛的应用技术，如它的多功能性，即它对几乎所有的细胞种类都有效；高效，即高达 80%的外来 DNA 可以被宿主细胞吸收；小量，即所需的 DNA 比其他技术需要的更少；活体内，即该技术可以用完整的组织样品来操作。此外，该方法也有一定的缺点，如细胞损伤。同样，错误的脉冲时间长短可能导致细胞膜破裂，最终导致即使卸载膜电位后也不能合拢。电穿孔过程中物质向细胞质非特异性转运可能导致离子失衡和导致不适当的细胞功能及细胞死亡。

所需试剂及其作用

LB 肉汤培养基

LB 肉汤培养基是一种营养丰富的培养基，能让许多种类细菌包括大肠杆菌快速生长并获得良好的培养物，它是微生物学和分子生物学研究中对大肠杆菌细胞培养最常用的培养基。LB 肉汤培养基因容易制备、能使大多数大肠杆菌菌株快速生长、随时可用和组分简单而受到大众的欢迎。在正常摇瓶保温条件下，LB 肉汤培养基可以支持大肠杆菌生长到 2～3 OD_{600}。

抗生素

通过溶解适当的抗生素随后过滤灭菌配制抗生素溶液。所有的抗生素溶液可以存储于−20℃以便进一步使用。抗生素作为质粒 DNA 进入细菌细胞正确转化的标记。抗生素最终浓度取决于质粒和宿主。在大多数的情况下，每种抗生素储备液的浓度见表 2.1。

表 2.1　抗生素和储备液终浓度

抗生素	溶剂	储备液浓度/(mg/ml)	介质终浓度/(μl/ml)
氨苄青霉素	H_2O	50	100
氯霉素	C_2H_5OH	34	34
庆大霉素	H_2O	50	50
卡那霉素	H_2O	50	50
利福平	CH_3OH	50	根据需要
链霉素	H_2O	300	10
四环素	C_2H_5OH	5	300
Timenton	H_2O	300	300

操 作 步 骤

感受态细胞的制备

1. 从新鲜的 LB 培养皿中挑出大肠杆菌细胞，37℃培养 24h。
2. 用单个菌落接种到 10ml 的 LB 肉汤培养基中，37℃摇瓶(250r/min)培养 24h。
3. 稀释培养物到 OD_{600}＝0.5～1.0。
4. 4℃ 4000r/min 离心 15min 收集细胞。
5. 弃上清液和用冷无菌 milli-Q 水重悬浮细胞沉淀。
6. 将细胞悬液分成每管 100μl。–80℃存储备用。

电穿孔预操作步骤

1. 在冰上小心融化细胞。
2. 将 0.5～2.0μl 冷质粒 DNA 添加到细胞中。混匀，在冰上孵化 1min。
3. 将细胞/DNA 混合物转移到一个冰冷的 1mm 电穿孔电击杯中。一定要避免泡沫或试管电极间隙中有缝隙。

基因脉冲仪的设置(美国 Bio-Rad 公司)

1. 打开基因脉冲发生器装置，确保显示器是亮的和读数为“0.00”。
2. 使用相应的按钮来设置电压 1.8kV。
3. 调整电容器和设置电容为 25μF。
4. 在基因脉冲控制面板调整并联电阻为 200Ω。

电穿孔

1. 用纸巾擦拭电击杯，以便电击杯内无水泡。
2. 将电击杯插入到白色幻灯片；将幻灯片推入到密封室内直到电击杯稳固与密封室电极接触。
3. 给电容器充电和给一个脉冲，同时按住红色脉冲按钮直到连续声音出现。此时显示应该闪烁“Chg”，表明电容器正在充电。

4. 释放显示脉冲信号的脉冲按钮。
5. 从密封室取出电击杯并加入 1ml LB 肉汤培养基到电击杯中。
6. 在这个阶段，细胞应该是脆弱的，小心将细胞培养物转移到无菌微量离心管。
7. 关闭基因脉冲仪。

细胞接种

1. 在 37℃加热板上培养细胞 60min。
2. 从每个转化中接种 50μl 和 100μl 细胞悬液到有适当抗生素的 LB 培养皿中。
3. 将培养皿 37℃培养 24h 并观察转化株的生长情况。

观　察

转化效率可以通过观察不同浓度质粒观察到的实际菌落数来计算。转化效率是每微克提供的质粒转化数。

结 果 表 格

通过电穿孔转化效率的结果显示如下：

转化条件	用不同质粒量(μl)观察菌落数量		
	0	5	10
对照	0		
设置 1	0		
设置 2	0		
设置 3	0		

疑难问题和解决方案

问题	引起原因	可能的解决方案
密闭室打开时，样品从密闭室内部溅出	样品导电性太高	减少样品的离子导电性
脉冲后细胞有少许泡沫	虽然这些条件对大肠杆菌是正常的，但电场强度可能太高了	减少电压设置，减少样品的导电性
脉冲后，细胞被裂解	场强可能太强	减少电压设置，减少样品的导电性
用已知的 DNA 与细胞脉冲时无转化	导电连接可能不合适	检查所有的连接是否正确，用已知有效的细胞批次进行实验
染色体和质粒 DNA 产生突变	高电压脉冲产生间接突变	减少电压直至获得有效的转化
膜结构和功能发生改变	可能膜损坏使细胞质成分泄漏，以及介质及缓冲成分进入细胞，使细胞失去代谢或运输功能	减少电压至最适水平

注 意 事 项

1. 避免电穿孔仪上溢出液体。
2. 用纸巾或沾有水或乙醇的湿布清洁表面。
3. 在进行实验前仔细阅读电穿孔仪的说明书。
4. 小心混合样品以避免样品有任何泡沫。
5. 千万不要使用破裂的试管；仔细检查试管是否有裂缝。
6. 不要使用盐过剩的 DNA 样品，它可能会阻碍电穿孔过程。
7. 使用前，用 0.1mol/L NaOH、蒸馏水和 95%～100%乙醇洗涤试管。
8. 整个实验中应一直戴着手套。

操 作 流 程

从培养过夜的培养物中准备 OD_{600} 为 0.5～1.0 的大肠杆菌培养物

4℃ 4000r/min 离心 15min 收集细胞

用冷无菌 milli-Q 水重新悬浮细胞沉淀

将上清液分装成每管 100μl 并储存在–80℃备用

在冰上融化细胞

在细胞中加入 0.5～2.0μl 冷质粒，混匀，在冰上孵化 1min

将细胞/DNA 混合物转移到 1mm 电穿孔试管中

电穿孔仪设置电压为 1.8kV，调电容为 25μF，并联电阻为 200Ω

将试管放到适当位置后打开电穿孔仪开关

关闭曾经显示脉冲信号的脉冲开关

从密闭室取出试管，加入 1ml LB 肉汤培养基到试管中，在 37℃加热板上孵育 60min

在两个含有适量抗生素的 LB 培养皿中接种 50μl 和 100μl 细胞上清液

培养皿在 37℃培养 24h，观察转化株生长情况

实验 2.3　限制性内切核酸酶消化和连接

目的：完成限制性内切核酸酶的消化和连接。

导　　言

限制性内切核酸酶消化是用于切开 DNA 分子特异性位点以便所有 DNA 片段都含有相同大小的特定序列的酶学技术。这个裂解方法是使用细菌 DNA 裂解酶来完成的。这群酶称为限制性内切核酸酶，能够裂开位于 DNA 分子特定位置上的特定短序列 DNA。这种技术有时也被称为 DNA 破碎。

DNA 连接是利用 DNA 连接酶使两个 DNA 链通过形成磷酸二酯键而连接在一起的分子方法。DNA 连接酶在一个核苷酸末端的 3′羟基与另一个核苷酸末端的 5′磷酰基之间形成磷酸二酯键，这个过程需要能量。DNA 连接酶在体内 DNA 修复和复制中有很多应用。

现在每个分子生物学实验从克隆到其他分析技术领域的广泛应用都与限制性内切核酸酶消化分不开。使用限制性内切核酸酶消化最常见的是将一个 DNA 片段克隆到合适的载体(如克隆载体或表达载体)上。限制性消化的其他重要应用包括限制性内切核酸酶作图、种群动力学分析、DNA 分子重排、分子探针制备、创造突变体和许多其他研究。限制性内切核酸酶使 DNA 分子产生双链切口。在自然条件下，细菌分泌这些酶来抵御来自细菌和病毒的外源 DNA 侵略。现在，限制性内切核酸酶已经成为广泛应用于分子生物学工具盒的一个重要组成部分。

原　　理

限制性内切核酸酶属于裂解 DNA 分子糖磷酸主链的核酸酶族。切割 DNA 分子中的限制性酶被称为限制性内切核酸酶。它们可以切割 DNA 分子称为限制位点的特定位点，生成一组较小的片段(图 2.5)。

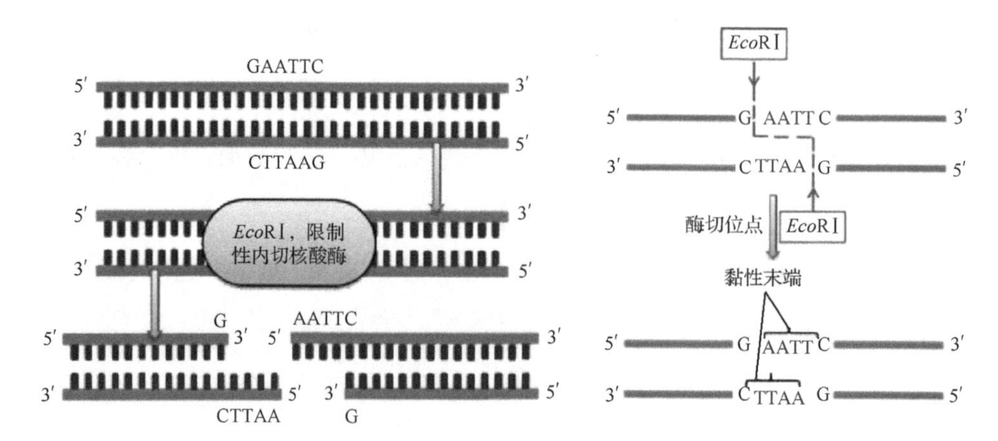

图 2.5　*Eco*RⅠ限制性内切核酸酶在 DNA 片段上的特定位点上的表达图示

根据限制性和修复系统可将限制性内切核酸酶分为 3 种类型。

Ⅰ型酶

限制性内切核酸酶消化和修饰的活化都表现出需要辅因子如 Mg^{2+}、S-腺苷甲硫氨酸(SAM)和三磷酸腺苷(ATP)。Ⅰ型限制性内切核酸酶裂解 DNA 1000bp 或更大的非特异性位点。相同的酶也形成甲基化反应并预先切割靶修饰 DNA，在基因操作实践中，这种类型的限制性内切核酸酶没有价值。

Ⅱ型酶

Ⅱ型酶具有限制裂解和修饰的两个独立蛋白质。在这种情形下，限制性活性并不依赖辅因子如 ATP 或 SAM，唯一需要的辅因子是 Mg^{2+}。这组酶的主要优势是，它们的专一性位点性质能水解 DNA 两条链中的磷酸二酯键。因此，这种类型的限制性内切核酸酶可以用来限制性消化和重组技术，通常的情况包括基因组作图、限制片段长度多态性(RFLP)、测序和克隆。

Ⅲ型酶

Ⅲ型酶与Ⅰ型酶类似，同时具有限制性消化和修饰两种活性。它们可以识别和裂解25～27bp 下游外部识别序列到 3′方向，还需要 Mg^{2+}活化。

Ⅱ型限制性内切核酸酶产生 3 种类型的 DNA 末端，即 5′磷酸二酯键和 3′羟基端，如黏性 5′端(如 *Eco*RⅠ)、黏性 3′端(如 *Pst*Ⅰ)和平头末端(如 *Hae*Ⅲ)。表 2.2 提供了一些常用限制性内切核酸酶及其限制性位点。

表 2.2　一些常用限制性内切核酸酶

限制性内切核酸酶	生物	序列特异性	酶切位点	产生末端的性质
*Eco*R I	大肠杆菌	5′GAATTC 3′CTTAAG	5′……G↓AATTC……3′ 3′……CTTAA↑G……5′	黏性
*Bam*H I	解淀粉芽孢杆菌	5′GGATCC 3′CCTAGG	5′……G↓GATCC……3′ 3′……CCTAG↑G……5′	黏性
Bgl II	球形芽孢杆菌	5′AGATCT 3′TCTAGA	5′……A↓GATCT……3′ 3′……TCTAG↑A……5′	黏性
Pvu II	普通变形杆菌	5′CAGCTG 3′GTCGAC	5′……CAG↓CTG……3′ 3′……GTC↑GAC……5′	平头
*Hin*dIII	流感嗜血杆菌	5′AAGCTT 3′TTCGAA	5′……A↓AGCTT……3′ 3′……TTCGA↑A……5′	黏性
*Sau*3A	金黄色葡萄球菌	5′GATC 3′CTAG	5′……↓GATC……3′ 3′……CTAG↑……5′	黏性
Alu I	藤黄节杆菌	5′AGCT 3′TCGA	5′……AG↓CT……3′ 3′……TC↑GA……5′	平头
Taq I	水生嗜热菌	5′TCGA 3′AGCT	5′……T↓CGA……3′ 3′……AGC↑T……5′	黏性
*Hae*III	埃及嗜血杆菌	5′GGCC 3′CCGG	5′……GG↓CC……3′ 3′……CC↑GG……5′	平头
Not I	耳炎诺卡氏菌	5′GCGGCCGC 3′CGCCGGCG	5′……GC↓GGCCGC……3′ 3′……CGCCGG↑CG……5′	黏性

用重组 DNA 技术从一种生物转化到另一种生物，质粒以有用的载体起作用。在这一过程中，限制性内切核酸酶切割和将外源 DNA 片段插入到质粒载体中。连接涉及插入 DNA 分子与质粒载体 DNA 之间形成的磷酸二酯键。DNA 连接酶催化核酸末端相邻 3′羟基和 5′磷酰基之间形成磷酸二酯键(图 2.6)。限制性消化产生的黏性末端比平头末端更有用。盐和磷酸盐浓度在有效连接中发挥重要作用。

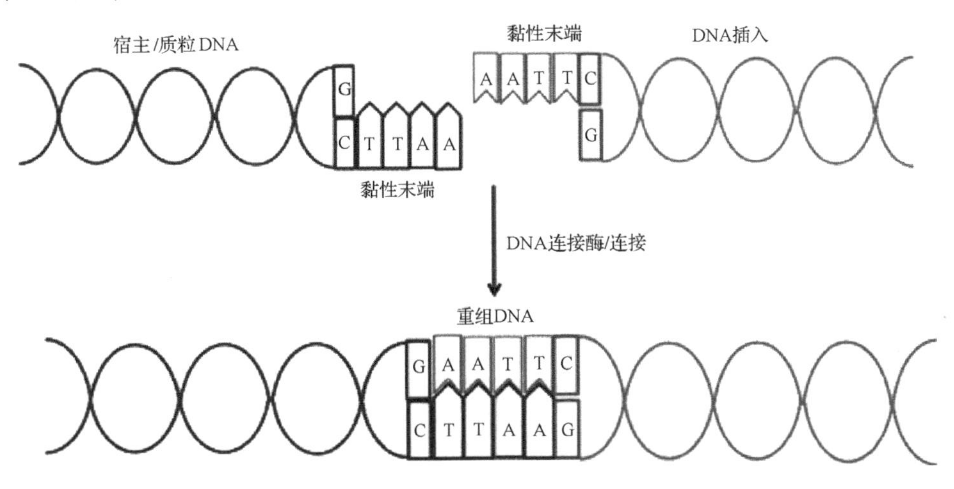

图 2.6　*Eco*R I 消化过程产生的两个黏性末端的连接

在大多数情况下，添加两个不同的酶用于插入到合适的载体，一个酶从 5′端插入，另一个从 3′端插入。用两个不同酶的优点是，它们确保插入的正确方向和防止载体自我连接。在连接反应之前，用磷酸处理载体主链可以使载体黏性末端的自连接降到最低。磷酸酶消除 5′磷酸，从而防止载体两个末端融合连接。在缺口封合过程中，DNA 连接酶使用了带切口的双链 DNA、ATP 和 Mg^{2+}。连接涉及三步：第一步，一磷酸腺苷(AMP)与 DNA 连接酶的活性部位 159 位点上的赖氨酸分子的氨基连接并从 ATP 释放焦磷酸(PPi)。第二步，腺苷酸连接酶变成了瞬时复合物，它们通过连续瞬时复合物寻找 5′磷酸化末端。当它找到后转移腺苷酸基到 5′磷酸化位点合适的位置，就变成了稳定的复合物，3′端可用于连接反应。第三步，连接酶催化攻击焦磷酸键上的羟基，3′端释放游离酶和 AMP(图 2.7)。

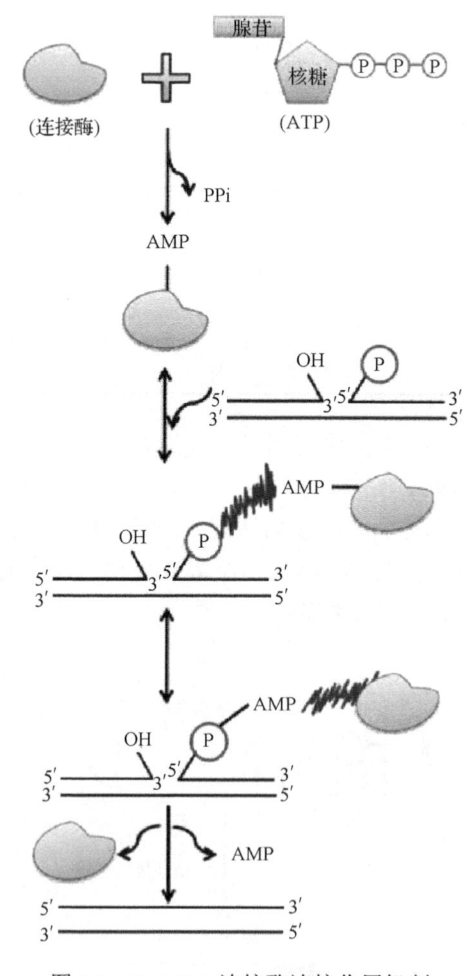

图 2.7　T4 DNA 连接酶连接作用机制

在体外有许多因素影响限制性内切核酸酶的活性，包括温度、缓冲系统、离子条件和 DNA 甲基化。大多数消化在 37℃完成。然而，某些限制性内切核酸酶如 *Sma* I 需要较低的温度(25℃)，而有些需要更高的温度(*Taq* Ⅰ：65℃)。缓冲系统是限制性内切核酸酶活动强制性条件，它们中的大多数酶在 pH 7.0～8.0 的范围内活性最高。大多数限制性内切核酸酶的活性还需要 Mg^{2+}；然而，在某些情况下，其他离子如 Na^+和 K^+也是必需的，这取决于酶的性质。特定的腺嘌呤甲基化或胞嘧啶核苷残基以不利的方式影响限制性内切核酸酶的作用。在这个实验中，pUC18 载体和 λDNA 将被 *Eco*R Ⅰ 和 *Hin*dⅢ双消化，接着通过连接作用将 λDNA 插入线性 pUC18 载体。

所需试剂及其作用

pUC18

pUC18 是具有抗生素耐药基因(Amp^R)和 β-半乳糖苷酶(*lacZ*；图 2.8)启动子的人工遗传改造的质粒。质粒内 *lacZ* 基因包含一系列独特的限制性位点的聚合接头(polylinker)区域。任何限制性内切核酸酶的消化作用都能单个剪切并使环状质粒 DNA 线性化，这可以使已经用相同的限制性内切核酸酶切割的外源 DNA 重组。

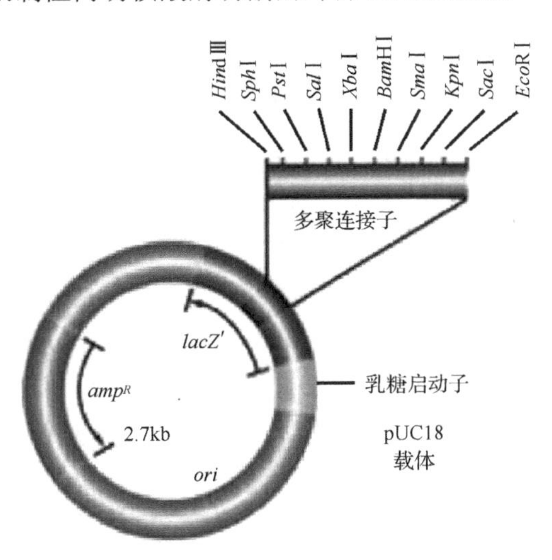

图 2.8　pUC18 质粒载体(彩图请扫封底二维码)

λDNA

λDNA 是从杆菌噬菌体或λ噬菌体中分离的 DNA 分子。噬菌体的遗传物质是线性的，双链具有 12bp 单链与 5′端互补。噬菌体 λDNA 已成为限制性消化的常见底物并生成更小的 DNA 片段。它已经广泛应用于限制性内切核酸酶活性研究和特异性分析、制备标准分子量 DNA 及克隆。

*Hin*dⅢ

*Hin*dⅢ是从流感嗜血杆菌(*Haemophilus influenza*)中水解分离的，在 Mg^{2+}存在下裂解

回文序列 AAGCTT 的Ⅱ型限制性内切核酸酶。消化后它会在 DNA 产生 5′端悬突和黏性末端。它是一个包括 4 个 β-折叠和单个 α-螺旋的同源二聚体。广泛应用于 DNA 测序和作图领域。

*Eco*RⅠ

从大肠杆菌中分离的 *Eco*RⅠ产生 5′端悬突的黏性末端，是 31kDa 亚基的同源二聚体酶。然而，*Eco*RⅠ显示非位点特异性切割，在不同溶液条件下称为星形活化。低盐浓度、高甘油浓度、过量的酶、高 pH 和存在有机溶剂的条件下可以诱导 *Eco*RⅠ星形活化。*Eco*RⅠ在克隆、DNA 筛选、DNA 片段删除和其他领域有着广泛的应用。

分析缓冲液

分析缓冲液包括：*Hin*dⅢ，10mmol/L Tris-HCl，50mmol/L NaCl，10mmol/L $MgCl_2$ 和 1mmol/L 二氯二苯三氯乙烷(滴滴涕，DDT)；*Eco*RⅠ，50mmol/L Tris-HCl，100mmol/L NaCl，10mmol/L $MgCl_2$ 和 5mmol/L 巯基乙醇。所有的酶都在最佳环境条件下工作，特异性缓冲液就提供了这样的最佳条件。分析缓冲液可用商业及相应的限制性内切核酸酶。

0.5mol/L 乙二胺四乙酸

为了终止 DNA 片段的进一步消化，加入含有乙二胺四乙酸(EDTA)的终止液。然而，热灭活是终止限制性反应最简单的技术。添加于 EDTA 螯合溶液中的 Mg^{2+}是影响限制性内切核酸酶发挥其作用必要的先决条件。因此，由于没有 Mg^{2+}而反应停止。

T4 DNA 连接酶

DNA 连接酶催化 DNA 分子 5′磷酰基和 3′羟基之间形成磷酸二酯键。T4 DNA 连接酶可以连接利用任何限制性内切核酸酶限制性消化的平头末端和黏性末端。使用 T4 DNA 的优点是，它可以修复双链 DNA 产生的缺口。在连接过程中，三个步骤产生双链 DNA：①通过酶的赖氨酸残基腺苷酸化作用释放磷酸基；②通过将 AMP 转移到 5′磷酸形成磷酸二酯键；③磷酸二酯键的形成。

5×连接缓冲液

5×最适活性连接缓冲液的构成包括：250mmol/L Tris-HCl(pH 7.6)，50mmol/L $MgCl_2$，5mmol/L ATP，5mmol/L DDT 和 25%(*m*/*V*)PEG 8000。连接缓冲液提供最佳反应条件和增强 DNA 连接酶活性的能源。

操 作 步 骤

限制性消化

1. 取两个高压热蒸汽处理过的干净微量离心管并相应地加入表 2.3 中的试剂。

表 2.3　限制性消化的反应混合物

pUC18 质粒的消化		λDNA 的消化	
成分	体积/μl	成分	体积/μl
pUC18 质粒（1μg/μl）	1	λDNA	1
*Hind*Ⅲ分析缓冲液（10×）	2	*Hind*Ⅲ分析缓冲液（10×）	2
*Hind*Ⅲ（10U/μl）	0.5	*Hind*Ⅲ（10U/μl）	0.5
*Eco*RⅠ（10U/μl）	0.5	*Eco*RⅠ（10U/μl）	0.5
灭菌 milli-Q 水	16	灭菌 milli-Q 水	16
总体积	20	总体积	20

2. 添加试剂后，轻轻混合组分并短暂离心。
3. 37℃孵化 4h。
4. 孵化后，添加 1μl 0.5% EDTA 溶液终止酶反应。
5. 1%琼脂糖凝胶加 5μl 消化样品检测限制性消化。
6. 消化产品存储于–20℃备用。

连接

1. 在 0.5ml 的微量离心管中加入表 2.4 中的组分。

表 2.4　连接反应混合液

成分	体积/μl
pUC18/*Eco*RⅠ/*Hind*Ⅲ（100ng/μl）	9
λDNA/*Eco*RⅠ/*Hind*Ⅲ（100ng/μl）	3
5×连接缓冲液	4
T4 DNA 连接酶（0.1U/μl）	1
灭菌 milli-Q 水	3
总体积	20

2. 轻轻混合组分并短暂离心。
3. 混合物于 16℃孵化 2h。
4. 样品保存于–20℃备用。

观　察

仔细观察消化产品凝胶电泳结果。通过测定限制性消化产生的 DNA 片段的近似大小也可以确定插入的方向。

疑难问题和解决方案

问题	引起原因	可能的解决方案
消化不完全或不消化DNA	DNA 性质确定可能不适合酶的消化	用线性或超螺旋 DNA 底物验证酶的活性
	DNA 不纯	去除干扰限制性内切核酸酶活性的杂质，如酚、氯仿、乙醇、洗涤剂、EDTA 或盐
	缺乏识别序列	通过特殊酶检查可以识别 DNA 序列的存在
	反应条件不合适	使用人工配置的反应缓冲液。使用新鲜配制的缓冲液
	酶的稀释不正确	使用有效结果合适的酶浓度
	酶部分或完全没有活性	检查试剂的有效期；使用新鲜的储备液
非典型带形	消化不完全	使用 5～10 倍过量限制性内切核酸酶正确消化 DNA
	酶星形活性	为了避免酶的星形活性，使用推荐的酶缓冲液和反应条件
	DNA 污染	用其他的限制性内切核酸酶
消化后凝胶上拖尾	底物不纯	设置无酶或用其他酶与 DNA 反应进行对照
	酶不纯	使用新鲜酶储备液
	蛋白质污染	电泳前样品用 1% SDS 65℃保温 10min
连接效果差	缓冲液成分降解	用新鲜连接缓冲液重新连接
	在连接混合物中有限制性酶的活性	用 0.5% EDTA 或 65℃保温 10min 终止限制性消化
	连接酶浓度低	使用高量的连接酶，如用 0.3～0.6WU/1μg 片段

注：SDS 为十二烷基硫酸钠，EDTA 为乙二胺四乙酸

注 意 事 项

1. 将限制性内切核酸酶和缓冲液总是保持在冰上，并尽可能把它们放回–20℃。
2. 打开之前总要轻轻旋转管底部的内容物。
3. 使用新鲜的高压蒸汽灭菌过的微量吸管头。
4. 检查吸量是否错误，或高或低的值均可能会改变反应。
5. 缓冲液和酶反应是高度敏感的，整个过程要戴手套。
6. 要完全彻底混合反应组分。
7. 当设置大量的反应时，主体混合物要含有水、缓冲液和酶，最后包含消化的 DNA。
8. 不要忘记灭活酶以适合下游应用。

操 作 流 程

限制性消化

将表 2.3 中提到的反应组分加入到两个管中，一个管为 pUC18，另一个管为 λDNA

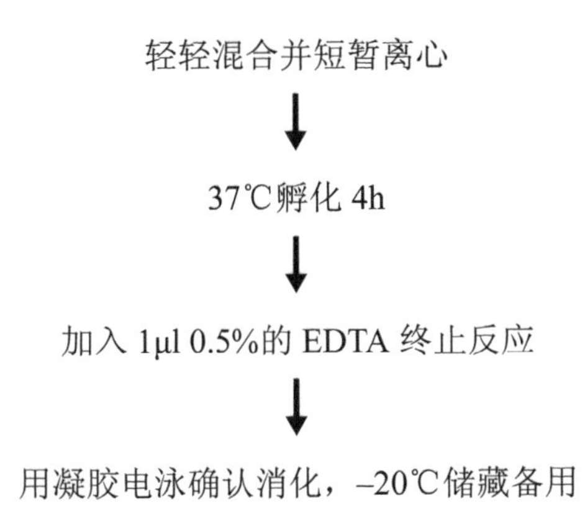

连接

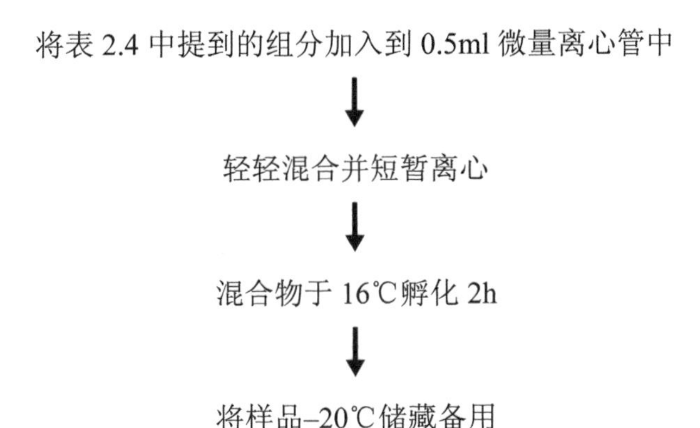

实验 2.4　克隆所需合适载体系统的选择

导　　言

现在，大多数分子生物学实验都涉及将一个生物的遗传物质转移到另一个生物。在细菌的系统中，遗传物质自然转移有 3 种方式：转化、转导和接合。然而，对于任何特定基因序列转移到另一个宿主系统都必须要有运送体或载体。将基因克隆到一个新的宿主有 3 个先决条件：首先，应该用标准化方法将目的基因引入到潜在的宿主；其次，引入的 DNA 应该保持在新宿主内作为一个复制子或通过整合到染色体或预先存在的质粒中；最后，吸收的基因应该保留并能在新宿主系统中表达。

载体用于将单分子 DNA 扩增成许多拷贝。DNA 片段应该插入到克隆载体而克隆载体将携带目的基因进入新的宿主。克隆载体的DNA分子必须具备一个复制起始点(ORI)，即细菌细胞的复制能力。现在大多数的商用载体都是转基因的质粒或噬菌体。其他可用载体包括柯斯质粒载体、细菌人工染色体(BAC)和酵母人工染色体(YAC)。

在 19 世纪 70 年代，从第一代通用克隆载体的构建开始直到今天才有了市场上克隆载体的巨大数量和品种。因此，选择合适的专一性质粒或载体已成为一个关键的步骤。虽然有众多品种的商业可用载体，选择合适的系统要考虑几个标准，即大小、插入拷贝数、兼容性、可选择的标记、克隆位点和专一性载体功能。尽管有许多质粒可用，但它们都是从自然细菌细胞中分离而衍生的质粒。商品克隆载体是按这样一种方式设计的，即它们在 DNA 重组技术实践中变得非常有用。所有的商用质粒克隆通常在 3 种情形下使用：

一个复制起始点(ORI)：这是确保质粒的 DNA 序列将被细菌复制机制所识别并能随着细菌基因组进行复制。质粒仍将在单个细菌细胞内作为一个独立的单位保留并可以高拷贝数复制。

一个可选择的标记：虽然到目前为止已经发现了很多技术，但转化效率太低。由于这个制约，作为载体的质粒必须具有某些可选的标记，这个标记允许转化细胞生长，而没有这个标记转化的细胞就不会生长。最常用的选择标记为抗生素抗性基因如 Amp^R 基因。转化后，阳性转化细胞将在含有氨苄青霉素的培养基上生长。

多克隆位点(MCS)：限制性内切核酸酶在特定的 DNA 序列上切割。因此，质粒含有多个限制性内切核酸酶位点将会非常有用，因为在选择不同限制性内切核酸酶来设计一个实验的方案会有灵活性。

商用载体的一个详尽的清单和它们的用途列于表 2.5 中。

表 2.5　通常使用的克隆载体

质粒/载体	特性	商品来源
pUC18、pUC19	大小(2.7kb) 高拷贝数 多拷贝数 氨苄青霉素抗性标记 蓝-白斑筛选	英国，新英格兰 Biolabs 公司
pBluescript 载体	来源于 pUC 单链 ORI T7 和置于 MCS 侧面的 SP6 启动子	美国 Stratagene 公司
pACYC 载体	低拷贝数(15 拷贝/细胞) p15A ORI	英国，新英格兰 Biolabs 公司
Spercos	柯斯质粒载体 两个 cos 位点 插入大小为 30～42kb 氨苄青霉素选择标记 T3 和 T7 启动子旁侧克隆位点	美国 Stratagene 公司

续表

质粒/载体	特性	商品来源
EMBL3	λ 复制载体 MCS 位点：*Sal* Ⅰ、*Bam*H Ⅰ、*Eco*R Ⅰ	美国 Promega 公司
λ ZAP	λ 载体 体外删除进入 pBluescript 噬菌粒载体 克隆能力 10kb 蓝-白斑筛选	美国 Stratagene 公司
pBeloBAC11	BAC 载体 插入达到 1Mb T3 和 T7 启动子旁侧克隆位点 蓝-白斑筛选 Cos 位点 LoxP 位点	英国，新英格兰 Biolabs 公司
pALTER-Ex1，pALTER-Ex2	大肠杆菌载体 T7 启动子 四环素选择标记	美国 Promega 公司
pBAD/His	大肠杆菌载体 araBAD 启动子 氨苄青霉素选择标记 来源于 pUC	Invitrogen 公司
pCal-n	大肠杆菌载体 T7-lac 启动子 氨苄青霉素选择标记 蛋白酶切割位点 *Thr* 来源于 ColE1	美国 Stratagene 公司
pcDNA 2.1	大肠杆菌载体 T7 启动子 氨苄青霉素选择标记 来源于 pUC	美国 Invitrogen 公司
pDUAL	大肠杆菌载体 T7-lac 启动子 卡那霉素选择标记 蛋白酶切割位点 *Thr* 来源于 ColE1	美国 Stratagene 公司

续表

质粒/载体	特性	商品来源
pGEX-2T	大肠杆菌载体 tac 启动子 氨苄青霉素选择标记 蛋白酶切割位点 Thr 来源于 pBR322	瑞典 Pharmacia 公司
pHAT20	大肠杆菌载体 tac 启动子 氨苄青霉素选择标记 蛋白酶切割位点 EK 来源于 pUC	美国 Clontech 公司
pLEX	大肠杆菌载体 P_L 启动子 氨苄青霉素选择标记 来源于 pUC	美国 Invitrogen 公司
pQE-60	大肠杆菌载体 T5-lac 启动子 氨苄青霉素选择标记 来源于 Co1E1	荷兰 Qiagen 公司
pRSET	大肠杆菌载体 T7 启动子 氨苄青霉素选择标记 蛋白酶切割位点 EK 来源于 pUC	美国 Invitrogen 公司

注：MCS 为多克隆位点；BAC 为细菌人工染色体；kb 为千碱基对；ORI 为复制起始点

克隆载体的不同类型

可以根据克隆实验的类型选择克隆载体的类型。克隆载体有一小段 DNA 是外源 DNA 插入片段。这种插入可以通过处理载体及限制性内切核酸酶插入，创建相同的接口，随后将片段连接在一起。许多类型的可用载体包括转基因质粒、噬菌体、BAC 和 YAC。

质粒载体

质粒载体用于克隆的 DNA 片段大小为几碱基对到几千碱基对，即 100bp～10kb。质粒的克隆策略取决于起始信息和期望的终点，包括蛋白质序列、定位克隆信息、mRNA 序列、cDNA 库、已知或未知的 DNA 序列、基因组 DNA 库和聚合酶链反应（PCR）产物的性质等。利用质粒作为克隆载体有很多优势，因为它们体积较小，环状性质、独立于宿主细胞复制，几个拷贝的存在和通常的抗生素抗性。因此，它们很容易操作、更稳定、促进复制，以及克隆后很容易检测到它们的存在和位置。此外，作为载体系统质粒也有一定的缺点，如它们不能接受大片段，DNA 片段合适范围为 0～10kb 和可用的标准方法转化效率非常低。质粒的特征使其适合克隆载体讨论如下。

额外染色体 DNA 分子的自我复制

质粒是环状、双链 DNA 分子，不同于细菌的染色体 DNA。质粒的大小为从几千碱基对到超过 100kb。除了宿主细胞的染色体 DNA 外，每个细胞分裂之前质粒 DNA 也会发生复制，并且至少一个拷贝分离到每个子细胞中。质粒含有许多负责抗生素耐药性的基因，这些基因可以传播耐药质粒，从而扩大环境中的耐药细菌。这种耐药表型可视为用于克隆实验的标记。

质粒可被工程设计用作克隆载体

用于 DNA 重组技术的大多数质粒可以在大肠杆菌中复制。克隆期间使用合适的载体可以轻松地操作。例如，可以减少天然质粒的长度约 3kb，因为它们大多数包含许多 DNA 克隆不必要的核苷酸序列。用于克隆质粒中所需的核苷酸序列应包括 ORI、耐药基因和外源 DNA 可以插入的区域(图 2.9)。

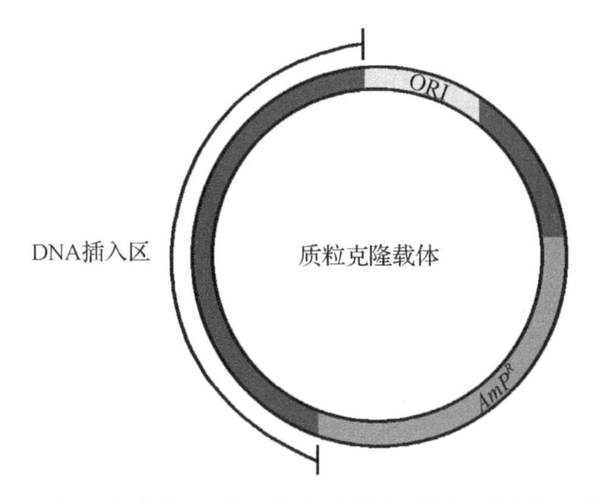

图 2.9　从质粒衍生的简单克隆载体，能在大肠杆菌中复制的环形双链 DNA 分子

简化质粒 DNA 复制

ORI 是存在于质粒 DNA 上负责其复制的 50～100bp 专一性 DNA 序列。负责其复制的宿主酶结合在 ORI 区域起始质粒的复制。一旦启动，整个质粒可以根据核苷酸序列独立的复制。因此，存在于质粒上的任何外源序列都可以用分子克隆需要的一段引物进行复制。

从复杂的混合物中更好地分离 DNA 片段

已经插入到质粒载体上的约 20kb 的外源 DNA 片段对子细胞负责，它们与剩余细胞有清晰的区别。由于单个菌落生长的细胞都是来自于连续克隆转化的单个克隆细胞，插入质粒 DNA 的克隆 DNA 片段可以容易地从菌落中分离而进一步使用。

限制性内切核酸酶的良好作用

由于大多数限制性内切核酸酶都是由细菌本身衍生或合成的，如果不能正常甲基化，他们会产生相同的限制性内切核酸酶。在这方面，质粒载体限制性消化非常有用，用于靶基因克隆和表达分析。

多连接子的存在

质粒载体可以轻松插入多连接子位点，如合成的多克隆位点(MCS)序列(图 2.10)，在体外它含有几个限制性酶切位点的拷贝。当这个载体靶向某个限制性内切核酸酶时，它识别多连接子的序列，切割该位点为进一步插入质粒产生黏性末端。

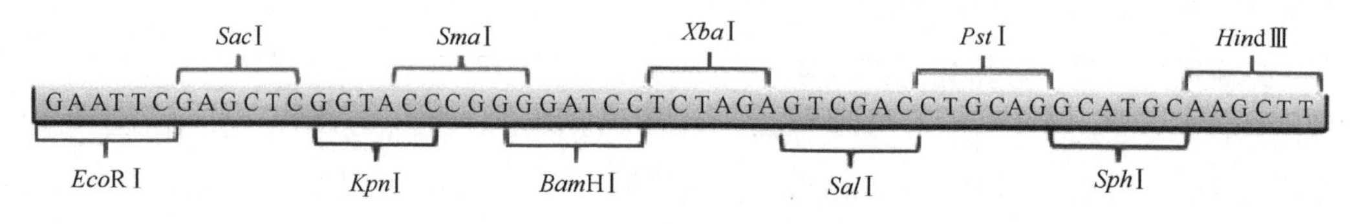

图 2.10 多连接子序列的图示

λ 噬菌体

λ 噬菌体是细菌病毒，它利用大肠杆菌作为宿主，具有典型的噬菌体头、尾结构和尾纤维。λ 噬菌体基因组由 48.5kb 线性 DNA 与 12 碱基黏性末端单链 DNA(ssDNA)所组成，两端是互补的并可以互相杂交拥有结合末端。当感染大肠杆菌宿主时，λ 噬菌体在 *cos* 位点开始它的生命循环周期。柯斯质粒可以被定义为一种含有 λ 噬菌体 *cos* 序列的杂交质粒。使用柯斯质粒的主要优势是，它们可以转移 37～52kb DNA，而一般质粒只能转移 1～20kb。它们对克隆大插入子拥有强大的选择性，柯斯质粒可以使噬菌体粒子保持在溶液中。图 2.11 提供了柯斯质粒的一般结构。

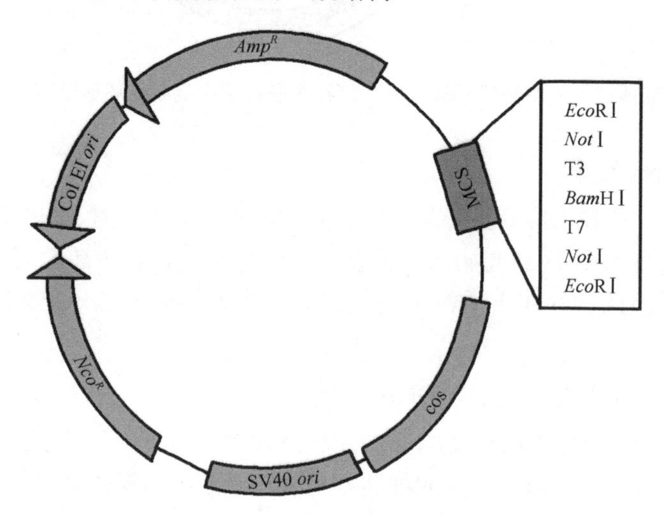

图 2.11 柯斯质粒 pWE15 8.2kb 的一般结构

酵母人工染色体（YAC）

YAC 是能在常见的细菌和酵母宿主复制的遗传工程质粒穿梭载体。使用这样一个载体系统最大的优点是在细菌中扩增和操作时的灵活性，它们呈递环形和较小（大约 12kb）的 DNA，而当引入一个酵母宿主时，它们成为线性和较大（即几万碱基对）的 DNA。

YAC 在原核细胞中能克隆传送 100kb～10Mb 的大 DNA 插入子的克隆工具。最后嵌合人工酵母染色体的 DNA 是线性 DNA 分子与聚合末端。此外，它们有细菌 ORI、通过细菌和酵母的宿主系统传送 YAC 的选择性标记。

逆转录病毒载体

逆转录病毒载体用于将新的或改变的基因引入到人类及动物细胞的基因组中。病毒逆转录酶将病毒 RNA 转化为 DNA 随后有效地整合到宿主基因组中。任何外源或突变宿主基因引入到逆转录病毒基因组可以整合到宿主染色体并无限期地保留。大部分的逆转录病毒载体的应用包括致癌基因与人类基因的研究。

表达载体

表达载体是用于产生蛋白质的结构和功能研究所需的大量特异性蛋白质。当蛋白质由罕见的细胞组分组成并难以分离时它们是非常有用的。表达载体有 3 种类型：①拥有从更多 mRNA 编码到更多蛋白质的强启动子表达载体；②拥有诱导启动子如药物诱导［异丙基硫代-β-D-半乳糖苷（IPTG）或阿拉伯糖］和热诱导的表达载体；③拥有便于表达蛋白质的亲和纯化融合标签的表达载体，如 6-组氨酸标签、谷胱甘肽转移酶（GST）标记或麦芽糖结合蛋白标记等。

然而，使用细菌表达系统有许多缺点，包括：

低表达水平：可以通过改变启动子、质粒、细胞类型或加入在第 2 个质粒稀有编码子的稀有 tRNA 来解决这个问题。

严重的蛋白质降解：使用蛋白酶体抑制剂和其他蛋白酶抑制剂及低温诱导可能解决这个问题。

错误折叠蛋白质：用分子伴侣 GroEL 共表达和使用不同的重折叠缓冲液可能解决这个问题。

专一性克隆载体

TA 克隆已经成为当今分子生物学和克隆领域非常有用的技术。已经构建了大部分 DNA 聚合酶，包括 *Taq* DNA 聚合酶可以将额外的非直接模板核苷酸加到扩增 DNA 的 3′端。*Taq* 聚合酶通过末端拟转化酶将单链 3′ A 加到双链 DNA 的平头末端。因此，两端拥有 3′端悬突的 *Taq* 聚合酶可以扩增大多数的 PCR 产物（图 2.12）。因此，靶 DNA 载体尾与双脱氧胸苷三磷酸（ddTTP）只能添加 T 残基到每个平头末端上。TA 克隆试剂盒适用于的不使用限制性内切核酸酶的商用即时克隆反应。

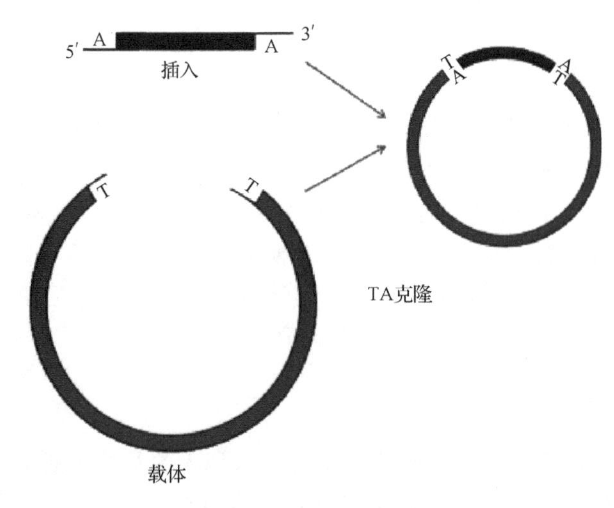

图 2.12　TA 克隆过程的图示

使用 TA 克隆载体比其他可用克隆方法有更多优势，包括不需要限制性内切核酸酶产生线性载体。除此之外，这个过程操作更简单和更快速。在设计引物时没有必要添加限制位点，在没有找到可行的克隆位点的地方，这种技术就非常有用。然而，这种方法的主要缺点是不可能进行定向克隆。因此，这些基因有 50%的机会被克隆到相反的方向。

选择合适克隆载体的标准

插入位点

对宿主系统来说，克隆 DNA 的大小是选择载体系统至关重要的因素。大多数质粒可以携带大约 15kb 的 DNA 片段。更大的插入长度会在宿主系统中产生复制和质粒稳定性问题。因此，发现了能传输更大基因序列的其他几个载体。能够携带 DNA 大片段的这些载体主要用于构建代表整个基因组的文库，并可进一步检测克隆携带的目的 DNA 而筛选克隆子。

λ 载体

λ 噬菌体基因组有 48 502bp，而在宿主系统中，它可适应两个生命周期，即裂解周期或溶原性周期。噬菌体的裂解性生命周期可以用于克隆的目的。取代基因对溶原性生命循环与外源 DNA 负责，不影响裂解周期而使 λ 噬菌体适合克隆载体。λ 载体可容纳 5～11kb 大小的插入子。

柯斯质粒

柯斯质粒是容纳黏性末端位点的传统载体系统，即 λ 噬菌体系统中的 cos。在这种情况下，载体线性 DNA 片段与载体 DNA 在体外连接，然后转移到噬菌体。众所周知，柯斯质粒产生大插入数据库。然而，载体加上插入柯斯质粒的长度最理想范围应为 28～45kb。

细菌人工染色体(BAC)

BAC是含有*oriS*和*repE*组成的环状DNA分子。在这种情形下，平均插入大小是120kb；但它可以增加到350kb。在一些新BAC中已经引入了某些位点来恢复克隆的DNA。BAC通过将DNA与线性载体连接和通过电穿孔引入到宿主系统的相似过程克隆DNA。

拷贝数

根据质粒复制子，不同的靶向载体有不同的拷贝数。在某些情况下，如维护和后续操作，产生较大产量的插入DNA是必需的。因此，在这种情况下，可以使用高拷贝数载体。依赖ColE1复制子可以实现载体系统高拷贝数。野生型ColE1复制子产生15～20个拷贝；然而，基因工程在RNA II的点突变可调节突变子增加到500～700个拷贝。相反，在某些情况下，高拷贝数可能使克隆出现问题。高拷贝数对细胞某些膜蛋白产生毒性作用。即使表达的蛋白质很少，存在的高拷贝数仍然呈现毒性作用。因此，低拷贝数的载体还是需要的。常用载体的一些例子及其拷贝数见表2.6。

表2.6　常用载体及其拷贝数

载体	复制子	拷贝数	性质
pBR322	ColE1	15～20个	高拷贝数
pACYC	p15A	18～22个	高拷贝数
pSC101	—	大约5个	低拷贝数
BAC	—	每个细胞1个	低拷贝数
pUC19	pMB1	超过100个	高拷贝数

注：BAC为细菌人工染色体

兼容性

存在于相同细胞中的不同质粒有时成为彼此不兼容，从而共享相同的遗传机制。出现这种情形主要是不同的质粒有共同的复制功能并分配到子细胞中。因此，在细胞生长过程中，由于这样的竞争有可能失去一种质粒。另外，一个更小的质粒载体和一个更大的载体可能不是同时在一个宿主系统中持续的复制，因为大的质粒需要更多的时间复制，被快速复制的小质粒淘汰出局。例如，含有基于hColE1复制子载体不能用含R6K或p15A复制子的载体持续维持。然而，只有当相同宿主系统使用2个载体时，才有可能出现兼容性的问题。

可选择标记

细菌系统额外染色体DNA的引入减少了细菌的生长速率。这是因为细菌需要复制自己的遗传系统加上插入DNA的载体。在这个过程中，细菌可能倾向于失去细胞质中插入的质粒。这个问题出现的关键是高拷贝数质粒和大质粒。然而，位于质粒遗传机制的选择压力可以诱导细菌系统内载体的适当保留。大部分的天然质粒携带某些抗生素抗性基因。因此，应慎重选择不应出现在宿主系统中的标记。所以，插入质粒或载体进入之前应该直接检查和了解宿主系统的基因型。

某些载体系统拥有一个以上的抗生素抗性基因盒。例如，pACYC177 含有氨苄青霉素和卡那霉素抗性标记。多数携带专一性克隆位点的新载体如多连接子或 MCS。在这种情况下，插入 DNA 的克隆不干扰后续载体功能和稳定性。最常见的抗生素抗性标记包括氨苄青霉素、卡那霉素、四环素和氯霉素。

氨苄青霉素：氨苄青霉素抑制负责细菌肽聚糖合成的细菌转肽酶。因此，它在对数期杀死了细菌细胞而不是在稳定期。β-内酰胺酶破坏抗生素的 β-内酰胺环而对这种抗生素产生抗性。在大多数克隆载体中，氨苄青霉素抗性基因型由 *bla* 基因编码。

卡那霉素：卡那霉素与 3 个核糖体蛋白质和 30S 核糖体亚基中的 rRNA 相互作用，因此要防止延长链复合物的形成以免抑制蛋白质合成。赋予卡那霉素抗性的氨基磷酸转移酶由分别衍生于 Tn903 和 Tn5 的 *aph*(3′) *I* 和 *aph*(3′) *II* 基因编码，通过将 ATP 的磷酸转移到卡那霉素从而失去活性。这两种抗性基因型有不同的基因序列和不同的限制性内切核酸酶图谱。

氯霉素：氯霉素是广谱抗生素，抑制核糖体肽基转移酶的活性从而抑制蛋白质合成。然而，氯霉素乙酰转移酶(CAT)通过乙酰辅酶 A 传递一个乙酰基给氯霉素使其失活从而赋予氯霉素抗性。

四环素：四环素与 30S 核糖体亚基结合，因此阻碍了氨酰 tRNA 与受体位点附着而抑制蛋白质合成。细菌某些流出蛋白通过催化耗能输出四环素到细胞外赋予抗性，如 *tetA*、*tetB*、*tetC*、*tetD* 和 *tetE*。

克隆位点

一般来说，克隆涉及载体限制性内切核酸酶的消化和用相同的限制性内切核酸酶插入 DNA 序列，生成兼容末端，由 DNA 连接酶进一步连接。为了获得兼容的黏性末端和载体 DNA 片段，载体和插入 DNA 序列应该具有相同的限制性内切核酸酶位点。但是，由于分子生物学技术的发展，任何平头末端片段都可以与任何其他平头末端片段连接，并且由限制性消化产生的悬突可以形成平头末端。就这点而言，载体系统中 MCS 或多连接子增加了限制性内切核酸酶的广泛选择。这也限制了克隆位点只在一个小区域的特定位置插入 DNA。MCS 也容许使用通用引物在它的位置中插入的任何 DNA 进行扩增和检测。

结　论

在特定工作中，研究人员在大量的可选载体中选择合适载体系统面临着巨大的挑战。因此，如上面所讨论的，很少的应用因素可以引导他们快速选择合适的载体。由于技术和资源的进步，大量包含足够特性的商业可用载体对许多应用都适合。因此，靶向载体应该覆盖研究者的大多数工作需求。

实验 2.5　蓝-白斑筛选验证转化

目的：用蓝-白斑筛选方法验证细菌系统是否成功转化。

导　言

蓝-白斑筛选是利用大肠杆菌 *lacZ* 基因表达对含有插入 DNA 质粒细菌菌落的可视检测。转化后插入 DNA 存在于载体时，有机会获得两种菌落，即只拥有载体的菌落和拥有重组载体的菌落。然而，检测插入目的 DNA 存在的单菌落是耗时检测。因此，蓝-白斑筛选技术已经成为有用的技术，因为它花更少的时间和更少的劳力。这种技术依赖于选择性培养基上菌落颜色的识别，筛选出成功转化的重组载体。

尽管抗生素胁迫用作选择阳性转化的标记，但它允许载体和重组载体的转化株的生长。因此，需要一些其他鉴定阳性重组载体和非重组载体的方法。抗生素胁迫对转化株的选择经过多年应用，目前采用蓝-白斑筛选策略。在蓝-白斑筛选中，DNA 克隆到 *lacZ* 基因限制性内切核酸酶位点。*lacZ* 编码 β-半乳糖苷酶，该酶降解二糖乳糖形成单糖葡萄糖和半乳糖。然而，当该基因的功能被插入的基因片段干扰时，*lacZ* 就不能产生功能 *lacZ* 来实现其递送功能。半乳糖苷是乳糖类似物，特别是在与 β-半乳糖苷酶相互作用时产生颜色变化。

原　理

由乳糖操纵子 *lacZ* 编码的 β-半乳糖苷酶蛋白是同源四聚体。β-半乳糖苷酶通过水解催化 β-半乳糖苷变成单糖，在半乳糖及其有机部分之间形成 β-半乳糖苷键。该酶表现出的 α-互补是蓝-白斑筛选的基础。该酶分裂成两个肽 lacZα 和 lacZΩ，当组合在一起时就形成了功能酶(图 2.13)。

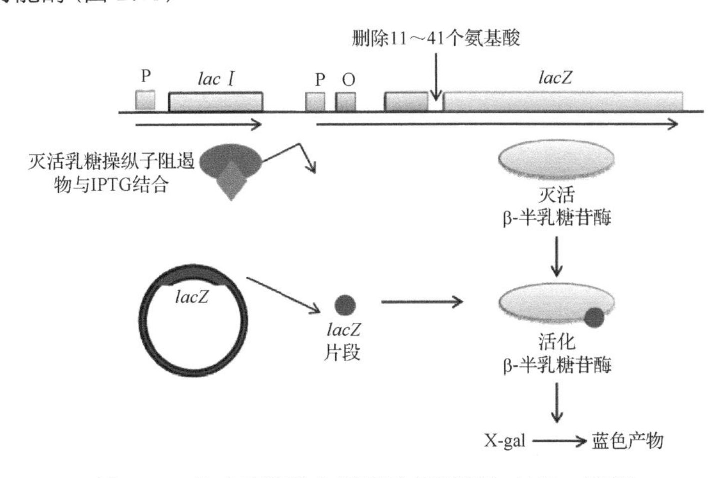

图 2.13　蓝-白斑筛选分析图示(彩图请扫封底二维码)

蓝-白斑筛选技术破坏 α-互补过程。在多克隆位点携带 *lacZα* 序列的质粒被限制性内切核酸酶消化而适应插入 DNA。因此，该基因被破坏，α-肽的产生被中断。最后，含有插入物质粒的细胞不能形成有功能的 β-半乳糖苷酶。存在体外的活性 β-半乳糖苷酶由一种无色的乳糖类似物(X-gal)裂解，以形成 5-溴-4-氯-吲哚丁酸。5-溴-4-氯-吲哚丁酸二聚体及其氧化物形成 5,5′-二溴-4,4′-二氯-靛蓝亮蓝色的不溶性色素。因此，蓝颜色菌落含有功能性 β-半乳糖苷酶基因，证明载体存在不间断的 *lacZα*。相反，白色菌落证明 X-gal 没有水解，因此证明使活性 β-半乳糖苷酶形成的 *lacZα* 插入序列不存在(图 2.14)。

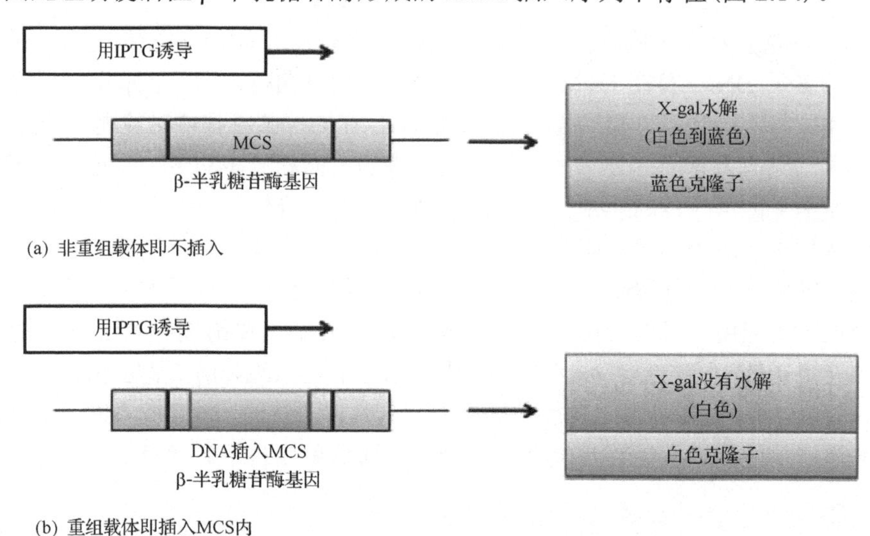

图 2.14　选择重组载体蓝-白斑筛选的原理

使用 pUC 系列质粒载体的最大优势是在一个区域内存在限制性酶切位点，称为多克隆位点(MCS)。此外，部分 MCS 对 β-半乳糖苷酶多肽编码。在宿主大肠杆菌中的 pUC 质粒使用过程中，该基因被诱导物 IPTG(异丙基硫代-β-D-半乳糖苷)所开启。随后，功能酶将无色底物中蓝色不溶性材料半乳糖苷水解成为蓝色菌落。这种精妙系统使许多载体系统的重组子迅速得到初始鉴定。但是，这种筛选方法和抗生素抗性基因插入失活并不能提供特征信息和 DNA 插入的适当方向；它只提供载体状态信息。这种筛查技术的局限性使它可以应用于某些选定的宿主系统，如 XL1-Blue、XL2-Blue、DH5αF′、DH10B、JM101、JM109 和 STBL4。

所需试剂及其作用

半乳糖苷

半乳糖苷(X-gel)，即 5-溴-4-氯-吲哚丁酸-β-D-吡喃半乳糖苷(BCIG)，由半乳糖、吲哚及酶催化产生的蓝色不溶性化合物组成。它是一种乳糖类似物，因此可以通过 β-半乳糖苷酶裂解产生半乳糖和 5-溴-4-氯-3-羟基吲哚。其适用于大多数的分子克隆实验，便于识别 *lacZ* 基因编码活性酶。在报道基因分析 *lacZ* 使用半乳糖苷的反应如图 2.15 所示。

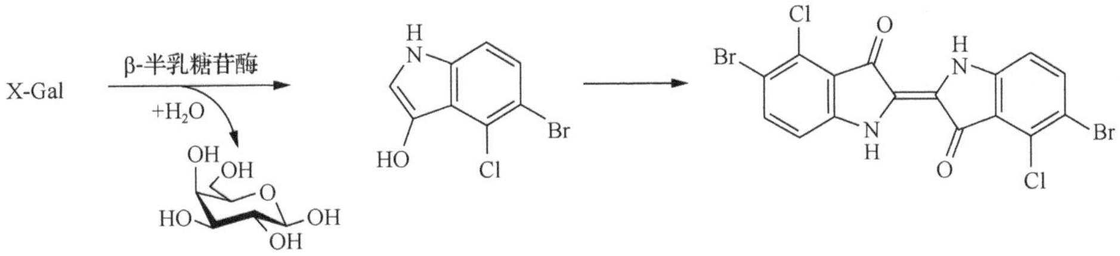

图 2.15　半乳糖苷结构和β-半乳糖苷酶作用末端产物

半乳糖苷对光敏感且不溶于水。应该用铝箔包裹以保护它免受光照，可以溶解于DMSO溶液。蓝-白斑筛选需要的半乳糖苷储备液为20mg/ml。

异丙基硫代-β-D-半乳糖苷(IPTG)

异丙基硫代-β-D-半乳糖苷是能够诱导大肠杆菌乳糖操纵子转录的模拟异乳糖分子。由于IPTG不被β-半乳糖苷酶水解，它的浓度在整个实验过程中保持不变。用于体外乳糖操纵子的IPTG有效浓度范围为100μmol/L到1.5mmol/L。然而，使用IPTG浓度取决于使用过程中所需的诱导强度。

抗生素

应该使用合适的抗生素选择标记去选择适当的转化株菌落。除了异丙基硫代-β-D-半乳糖苷和半乳糖苷外，在选择压力下通过限制非转化子生长，抗生素可以正确选择转化株。使用抗生素识别特定基因产生的蛋白质。当培养皿含有像氨苄青霉素、卡那霉素等抗生素时，耐药的细菌同样可以生长，那些没有抗性基因型的细菌则不能生长。

pBluescript 载体质粒

pBluescript是一种商品载体质粒，包括一个MCS和氨苄青霉素抗性标记。载体MCS存在于*lacZ*基因中，因此当细菌表达时产生蓝色菌落。这可以通过IPTG诱导和半乳糖苷而实现。在蓝-白斑筛选过程中，质粒可作为一组对照实验，补充氨苄青霉素、IPTG和半乳糖苷使培养皿产生蓝色。

反应产物转化

实验2.3中的反应产物可用于该实验。产物包括感受态细胞和拥有载体和插入序列的感受态细胞。这种筛选技术可以验证转化和正确克隆实验。

操 作 步 骤

1. 用氨苄青霉素作为选择标记准备LB琼脂培养基平板。

2. 添加氨苄青霉素到平板中的终浓度应该为50μg/ml。为了准备100ml的培养基，将50μl 100mg/ml氨苄青霉素储备液加到相同的平板中。

3. 在固体培养基中涂布50μl 10mmol/L IPTG储备液。培养基中IPTG的最后浓度范围应该为 0.1～0.5mmol/L。

4. 在固体培养基中涂布 100μl 20mg/ml 储备液。培养基中半乳糖苷最终浓度应为 20μg/ml。

5. 将平板在层流空气中孵育几分钟使培养基适当干燥。

6. 由于半乳糖苷对光敏感，所以用铝箔包裹储存于 4℃。

7. 将 50～100μl 转化反应产物涂布到每个平板上。

8. 在对照平板中，只涂布 50μl pBluescript 载体。

9. 将平板在 37℃培养 24h 并观察出现的蓝色或白色菌落。

观　　察

蓝-白斑筛选技术不是一个选择技术，因为它不杀死不需要的细菌；所以它是一种筛选技术。因此，接下来要观察补充半乳糖苷和 IPTG 的 LB 琼脂上培养生长细菌的颜色变化。

条件	观察
非转化细菌	在氨苄青霉素平板上不生长
只有载体的转化细菌	蓝色菌落
有载体＋插入 DNA 的转化细菌	白色菌落
对照组	蓝色菌落

疑难问题和解决方案

问题	引起原因	可能的解决方案
都是白色菌落但没有插入	IPTG 使用不合适	在培养基表面涂布 30μl 的 100mmol/L IPTG 溶液
	平板上半乳糖苷分布不均匀	在培养基表面涂布 50μl 的 2%半乳糖苷溶液
	平板储藏不恰当	平板储藏于 4℃黑暗中
		不能使用超过 4 个月的半乳糖苷琼脂平板
	可能颜色没有充分显现	延长孵育时间
	可能载体没有 α-互补	检查载体 *lacZ* 基因 α-互补
都是有重组 DNA 的蓝色菌落	克隆插入在 α-肽框架内	执行其他筛选技术如 PCR 验证转化
	使用的大肠杆菌拥有完整的 β-半乳糖苷酶基因	使用含有 *lacZ6M15*、允许 α-互补的 *lacZ* 部分缺失的合适大肠杆菌
蓝-白斑筛选的各种问题	琼脂平板上半乳糖苷和(或)IPTG 的量不正确	检查加入正确量的 IPTG 和半乳糖苷到平板上
卫星菌落	抗生素降解或过期	检查抗生素有效期；避免反复冻融
	平板上太多菌落	更高稀释的平板
	平板孵育时间过长	37℃培养过夜观察结果
	使用氨苄青霉素	使用羧苄青霉素代替氨苄青霉素减少卫星菌落

注 意 事 项

1. 所有的试剂于–20℃保藏，使用前放冰上融解。

2. 试剂在–20℃保藏不要超过 6 个月。

3. 使用 DMSO 或二甲基甲酰胺(DMF)溶解半乳糖苷。不要在水中混合半乳糖苷而制备储备液。

4. 不要将蓝-白斑筛选试剂暴露于光线下，因为可能引起半乳糖苷的降解，形成一些黄色杂质。

5. 在 β-半乳糖苷酶位点插入 DNA 小片段插入框不会干扰导致形成蓝或亮蓝色重组质粒的耐受细菌菌落的活性。

6. 整个实验过程中必须戴手套。

7. 不要暴露 IPTG 和半乳糖苷，因为它们有毒。

操 作 流 程

分别加入终浓度 0.1～0.5mmol/L IPTG、20μg/ml 半乳糖苷和 50μg/ml 氨苄青霉素制备平板

在暗条件下 4℃储藏备用

在平板上涂布 100μl 转化反应产物

平板于 37℃培养过夜

检测蓝色和(或)白色菌落的存在

经 PCR 验证白色菌落中靶基因片段的存在

使用这些白色菌落作为插入 DNA 的阳性转化株提供下游应用

实验 2.6　PCR 验证克隆

目的：通过聚合酶联反应验证阳性转化株的克隆。

导　言

在克隆和转化技术中，最重要的是选择含插入靶基因的正确克隆产物提供给下游应用。现今有许多技术可用于阳性转化株的筛选和选择，如蓝-白斑筛选、抗生素胁迫下选择和更多其他方法；然而，它们全部都有缺陷及它们中的每一种方法也都有自己的不足。使用蓝-白斑筛选技术有许多缺点，如用于产生重组菌株的载体可能不包含功能性 *lacZ* 基因进而导致非功能性 β-半乳糖苷酶。因此，细胞不能产生蓝色并多次给出假阳性结果。这些假阳性克隆并不是由于重组而可能只是由于背景载体造成的。在某些情况下，白色菌落不包含 DNA 片段，而是在不当限制性消化期间产生的其他 DNA 小片段连接进入载体 MCS 和扰乱了 *lacZα* 片段。最终它阻止 *lacZ* 基因的表达并产生假阳性结果。

此外，转化进入宿主菌株后少数线性载体可能自连接在一起。因此，没有 lacZ 产生，最终它们无法将半乳糖苷转化为蓝色的终产物。相反，某些蓝色菌落也可能包含插入 DNA 片段。当插入在 *lacZα* 基因框架内和没有终止密码子时，它会导致融合蛋白的表达且仍然有 *lacZα* 的功能。最后，这种方法的主要缺点是半乳糖苷是非常昂贵、不稳定的，且使用起来较麻烦。因此，PCR 克隆方法被认为是鉴定目的 DNA 插入阳性克隆子合适的有效替代方法。

原　理

适当限制消化和(或)简单的 PCR 克隆后插入 DNA 序列与设计载体 MCS 结合。载体设计以这样一种方式进行，即它们包含某些通用引物识别序列，用于扩增插入序列。因此，它对于鉴定载体中靶基因序列的存在是非常有用的。例如，在 TOPO TA 克隆载体中，人工设计 T7 和 M13 引物用于载体插入 DNA 的扩增。同样，在 pGEMT 载体中，T7 和 SP6 引物用于 DNA 插入序列的扩增。

设计引物的靶区域存在于载体 MCS 序列的上游和下游。因此，不管怎样插入到载体 DNA 的 MCS 中，它们都产生与插入靶 DNA 几乎一样大小的扩增产物(图 2.16)。因此，DNA 片段进入宿主细胞确切片段转化后，对扩增产物进一步测序，根据大小，可以证明正确的克隆。

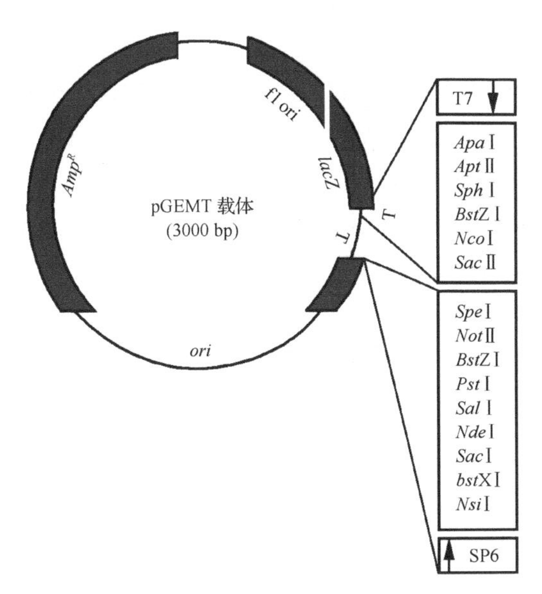

图 2.16　pGEMT 载体图谱和用通用引物的序列参考点

目前，用合适的引物序列设计了很多载体用于扩增克隆片段和克隆实验的验证。表 2.7 提供了可用于验证 PCR 克隆结果的 DNA 载体和通用引物。

表 2.7　用于验证克隆的通用引物及其序列

载体	引物	引物序列(5′→3′)	制造商
pGEMT	T7	TAATACGACTCACTATAGGG	美国 Promega
	SP6	ATTTAGGTGACACTATAG	
TOPO 克隆载体	T7	TAATACGACTCACTATAGGG	美国 Invitrogen
	M13	CAGGAAACAGCTATGACC	
pGEMT14-ccdB	LP1rev	GGGCCCCTGGAACAGAACTT	德国欧洲分子生物学实验室
	LP2 for	CGCCATTAACCTGATGTTCTGGGG	
pDONR P4-Plr	B4	GGGGACAACTTTGTATAGAAAAGTTG	美国 Invitrogen
	B1r	GGGACTGCTTTTTTGTACAAACT TG	
pDONR221/207	B1	GGGGACAAGTTTGTACAAAAAAGCAGGCT	美国 Invitrogen
	B2	GGGGACCACTTTGTACAAGAAAGCTGGGT	
毕赤酵母	3′AOX1	GCAAATGGCATTCTGACATCC	美国 Invitrogen
	5′AOX1	GACTGGTTCCAATTGACAAGC	
pAc5.1/V5-His A，B 和 C	Ac5 正向	ACACAAAGCCGCTCCATCAG	美国 Invitrogen
	a-因子	TACTATTGCCAGCATTGCTGC	
甲醇毕赤酵母表达载体	AUG1 正向	CAATTTACATCTTTATTTATTAACG	美国 Invitrogen
	AUG1 反向	GAAGAGAAAAACATTAGTTGGC	
pBlueBac4.5	cI 正向	GGATAGCGGTCAGGTGTT	美国 Invitrogen
	BGH 反向	TAGAAGGCACAGTCGAGG	
pMT/V5-His	MT 正向	CATCTCAGTGCAACTAAA	美国 Invitrogen
	M13/pUC 反向	AGCGGATAACAATTTCACACAAGG	
pUni	pUni 正向	CTATCAACAGGTTGAACTG	美国 Invitrogen
	pUni 反向	CAGTCGAGGCTGATAGCGAGCT	

除了通用引物，基因特异性引物可用于扩增已克隆到载体系统的靶基因序列。这种技术需要从宿主细胞纯化质粒，质粒可利用基因转移性引物作为扩增目的 DNA 片段的模板 DNA。例如，如果我们在大肠杆菌 TOPO 质粒克隆了 *merA* 基因片段，质粒/载体可以从宿主细胞中分离，随后使用基因特异性引物，即 merAF (5′-TCGTGATGTTCGACCGCT-3′) 和 merAR (5′-TACTCCCGCCGTTTCCAAT-3′) 扩增 *merA* 基因。用基因特异性引物扩增的 DNA 片段证实基因产物克隆可成功进入宿主细胞从而进行下游应用。

所需试剂及其作用

质粒 DNA 模板

质粒 DNA 模板包含采用实验 1.3 描述的方案从宿主细胞分离的质粒 DNA。然而，进行 PCR 扩增之前应该了解模板 DNA 的合适浓度。高质量的目的 DNA 大约需要 10^4 拷贝检测 25～30 个循环的产物。质粒和病毒模板用 1pg～1ng。

正向引物和反向引物

正向引物和反向引物要求可用于基因片段的扩增和克隆。可以通过使用专门针对载体系统的通用引物或使用对靶基因专一性引物扩增靶基因。

Taq 聚合酶

在 PCR 过程中除了进行 DNA 片段的扩展外，这个酶能够耐受 PCR 过程中使蛋白质变性的条件。它的活性最适温度为 75～80℃，半衰期 92℃大于 2h、95℃ 40min 和 97.5℃ 9min，且具有 72℃不到 10s 复制 1000bp DNA 序列的能力。然而，使用 *Taq* 聚合酶的主要缺点是它缺乏 3′→5′外切核酸酶校对活性，因此复制的保真度较低。它生产的 DNA 产品 3′端有 A 悬突，最终在 TA 克隆中有用。一般来说，50μl 总反应使用 0.5～2.0 单位的 *Taq* 聚合酶，但理想情况下用量应该为 1.25 单位。

脱氧核糖核苷三磷酸

脱氧核糖核苷三磷酸(dNTP)是 DNA 新链的构件。在大多数情况下，它们是 4 种脱氧核苷酸即 dATP、dTTP、dGTP 和 dCTP 的混合物。每次 PCR 反应大约需要每种脱氧核苷酸 100μmol/L。dNTP 储备液对融化和冰冻循环非常敏感，冻融 3～5 次后，PCR 反应效果不佳。为了避免此类问题，将其分装成持续两个反应的酶量(2～5μl)并在−20℃冻结保存。然而，在长期冻结过程中，少量的水蒸发到瓶壁上从而改变 dNTP 溶液的浓度。因此，在使用之前必须离心，建议用 TE 缓冲液稀释 dNTP，因为酸性条件下会促进 dNTP 水解而干扰 PCR 结果。

缓冲液

每种酶都需要一定的如 pH、离子强度、辅因子等条件，这些条件是通过缓冲液加到反应混合物中获得的。在某些情况下，在非缓冲液中改变pH，酶就会停止工作，通过加入PCR缓冲液可以避免这种现象。大多数的PCR缓冲液组成几乎是一样的：100mmol/L Tris-HCl，pH 8.3，500mmol/L KCl，15mmol/L $MgCl_2$和0.01%(*w*/*V*)明胶。PCR缓冲液终浓度应该为1×每反应浓度。

二价阳离子

DNA聚合酶发挥作用需要二价阳离子的存在。从本质上讲，它们保护三磷酸的负电荷和允许3′羟基氧攻击α-磷酸基的磷而连接到新进核苷酸的5′碳上。所有破坏核苷二磷酸和核苷三磷酸的磷酸键的酶都需要二价阳离子的存在。1.5～2.0mmol/L $MgCl_2$为最适*Taq* DNA聚合酶活性条件。如果Mg^{2+}浓度太低，将见不到PCR产物；如果Mg^{2+}浓度太高，将获得非目的PCR产物。

操 作 步 骤

1. 根据实验1.3的方案，从白色菌落中分离质粒DNA。
2. 从细菌溶菌物获取模板DNA完成PCR反应。
3. 在0.2ml薄壁微量离心管中混合DNA模板、引物、dNTP和*Taq*聚合酶，按顺序加入储备液(10×缓冲液、15mmol/L $MgCl_2$、10mmol/L dNTP、1mmol/L引物、1U/μl *Taq*聚合酶、10μg/μl模板)。

灭菌milli-Q水	12.5μl
10×反应缓冲液	2.5μl
$MgCl_2$	0.5μl
dTNP混合物	2.0μl
引物(正向)	2.0μl
引物(反向)	2.0μl
DNA模板	2.5μl
Taq DNA聚合酶	1.0μl

4. 由于吸量体积小很难做到准确，有时可能出错，可以制备主体混合物，将所有反应中共同组分合并到一个管中，使一个反应体积与总样品量相乘。之后，主体混合物整除每个管的量，最后将模板DNA分别添加到每个管内。
5. 将管按顺序放置于PCR仪器的每个孔内。
6. 按以下程序进行扩增：

盖子预热	98℃
初始变性	95℃ 5min
30 个循环	
变性	94℃ 1min
退火	54℃ 1min
延伸	72℃ 1min
最终延伸	72℃ 4min
冷却保存	4℃无限

7. PCR 循环结束，取出 PCR 产物，在含有溴化乙锭的 1%琼脂糖凝胶上点样电泳，紫外光下观察。

观　察

扩增的 DNA 产物在琼脂糖凝胶用标准 DNA 进行验证。由于插入的 DNA 片段大小是已知的，所以可根据它在凝胶中期望的位置证实合适片段的存在。凝胶中同样大小 DNA 片段的存在证明目的 DNA 片段已克隆到宿主系统。扩增产品的浓度可以使用 Nano-drop 超微量紫外分光光度计测量。测量 260nm 和 280nm 的 OD 值，显示 16S rRNA 基因扩增产物的质量和数量。

疑难问题和解决方案

问题	引起原因	可能的解决方案
出现更大的扩增产物	用通用引物扩增	用基因专一性引物扩增模板
产物测序出现比确定大小的基因片段更小的序列	用基因专一性引物进行测序反应	用通用引物重新测序；你将获得靶基因一样长度的序列
无 PCR 产物	不正确的引物	使用合适引物，要么用对载体特异性通用引物，要么使用载体或基因专一性引物
	不正确的退火温度	根据仪器说明书设置正确退火温度
多带或非特异性带	不正确的退火温度	增加退火温度或根据使用手册设置
产物大小不正确	不正确的退火温度	对通用引物及基因专一性引物采用合适的退火温度
	PCR 试剂浓度错误	根据操作手册使用 PCR 组分最适浓度

注：PCR 为聚合酶链反应

注 意 事 项

1. 使用有过滤器的吸管头。
2. 在分装条件下存储材料和试剂，并在适当隔离条件将它们添加到反应混合物中。

3. 开始分析之前所有组分均在室温下解冻。
4. 解冻后，将混合组分短暂离心。
5. 在冰上或冷却水浴快速操作。
6. 在进行 PCR 反应时应始终戴着护目镜和手套。

操 作 流 程

从 IPTG+半乳糖苷＋氨苄青霉素平板上挑取白色菌落并从菌落中分离质粒

建立 PCR 之前在冰上解冻所有试剂

按要求量加入除模板外主要混合物的所有试剂

将主要混合物分装到单个 PCR 管中，并加入相应的模板

按操作步骤中提到的设置 PCR 条件

从 PCR 仪中取出样品并储存于 4℃

进行琼脂糖凝胶电泳检测是否正确扩增

第 3 章　分子微生物学先进技术

实验 3.1　cDNA 的合成

目的：从大肠杆菌分离的总 RNA 合成 cDNA。

导　言

互补 DNA(cDNA)是从信使 RNA(mRNA)合成的 DNA。该反应由两种酶催化：逆转录酶和 DNA 聚合酶。按照中心法则，DNA 转录成 mRNA，随后被翻译成执行细胞功能的蛋白质。原核和真核 mRNA 之间的主要区别是外显子中的内含子序列存在与否。在真核 mRNA 转录过程中，内含子序列被拼接，能进一步翻译成氨基酸以执行期望功能。原核基因不含内含子，它们的 RNA 不被剪切和拼接。互补 DNA 用于基因克隆和基因探针或创建 cDNA 文库。cDNA 广泛应用于以 cDNA 为模板通过定量实时 PCR(qRT-PCR)监测特异性功能基因的表达水平。

cDNA 可以被定义为 mRNA 分子的双链 DNA(dsDNA)译本。在大多数情况下，cDNA 是利用一种特异性酶从 mRNA 中制备的，该酶称为逆转录酶(此酶最早是从逆转录病毒中分离的)。逆转录酶从 mRNA 合成单链 DNA 模板，此模板可以进一步用作 dsDNA 合成的模板。在分子生物学研究中，cDNA 有许多用处，包括基因克隆、基因探针、构建 cDNA 数据库或基因表达等，还可以为编码蛋白质的 cDNA 片段在 5′→3′端杂交设计序列特异性引物。经过扩增，扩增产物两端可以用核酸酶剪切，并插入到表达载体。由于表达载体可以容易地在宿主细胞内实施自我复制，因此可用于蛋白质翻译和目的基因表达模式研究。

原　理

随着基因工程领域的发展，基因表达模式分析已经成为找出目的基因是否打开或关闭的不可或缺的工具。为此，mRNA 可以被定位、量化并由 DNA 编码并翻译产生相应的蛋白质。由于 RNA 不稳定和脆弱的性质，其很容易被无处不在的核糖核酸酶所降解。为了克服这个问题，用包含 mRNA 全序列的 RNA 制备 cDNA，可以进一步用于后续研究。然而，许多引物可以满足每个 cDNA 合成的需要，如寡脱氧胸腺苷酸、序列特异性引物或随机引物。当 mRNA 大部分有 poly(A)尾时，可使用寡脱氧胸腺苷酸引物。相反，如果需要从RNA池中产生特定的cDNA片段，可以使用只与特定RNA结合的序列特异性引物。要设计特定的引物，就应该了解目的mRNA，最好是3′端序列。对于未知序列较短的DNA片段来说，可以使用随机混合引物。使用随机引物的优势是增加了RNA整个5′端到cDNA的转化效率。因此，在这方面随机引物的发现是非常有用的(图3.1)。

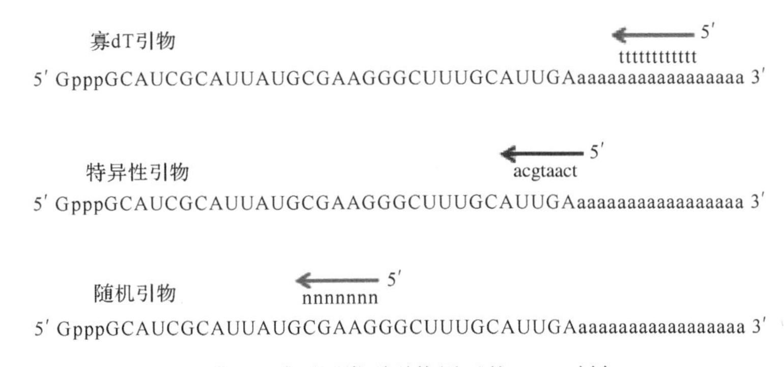

图3.1　采用3种不同类型引物用于从RNA制备cDNA

cDNA合成依赖于从mRNA快速和可靠的dsDNA合成。在许多情况下，单克隆小鼠白血病病毒(M-MLV)逆转录酶用于从mRNA合成cDNA第一链(Zhu et al.，2001)。第一链合成后，单一反应系统允许立即合成双链cDNA，可以减少步骤间的提取和沉淀(图3.2)。

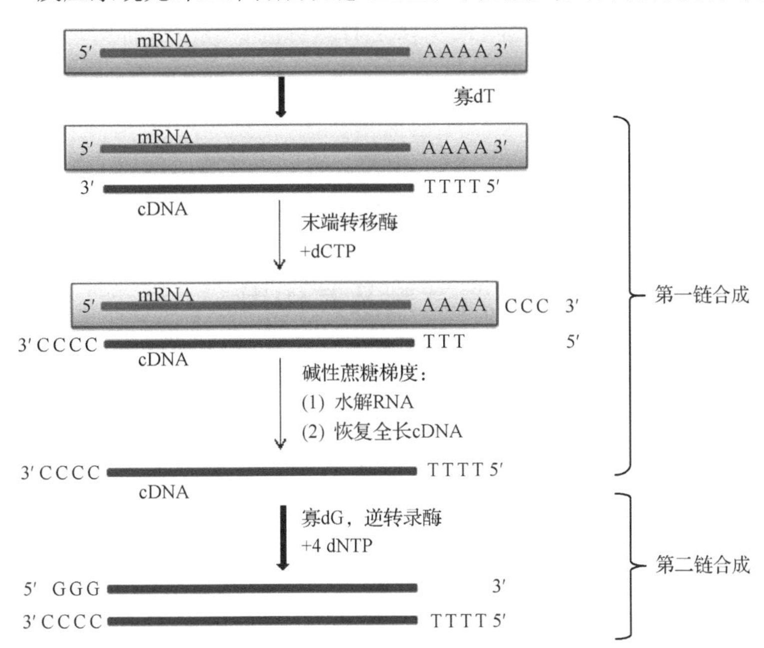

图3.2　逆转录酶从mRNA合成cDNA第一链和第二链

逆转录酶对来自mRNA的cDNA合成起着关键作用。在体内条件下，这种酶负责病毒RNA的转录形成dsDNA插入宿主基因组。这对病毒复制是至关重要的，然而当用于细菌和其他真核系统时逆转录酶有产生cDNA的能力。逆转录酶具有多种复杂功能，它作为一个依赖RNA的DNA聚合酶从RNA转录单链DNA(图3.3)，以这种方式证明了核糖核酸酶 H(RNaseH)的活性，其为逆转录酶的亚基。此外，它作为依赖 DNA 的 DNA 聚合酶转录 DNA 第二链与 DNA 第一链互补。然而，逆转录酶是许多病毒包括 HIV(艾滋病病毒)和 HTLV-Ⅰ(人类 T 淋巴细胞白血病病毒Ⅰ型)的感染性质的核心。逆转录酶最重要的应用包括逆转录聚合酶链反应(RT-PCR)，即用于探测疾病如癌症和研究在各种环境条件下原核和真核系统许多基因的表达水平的强大工具。

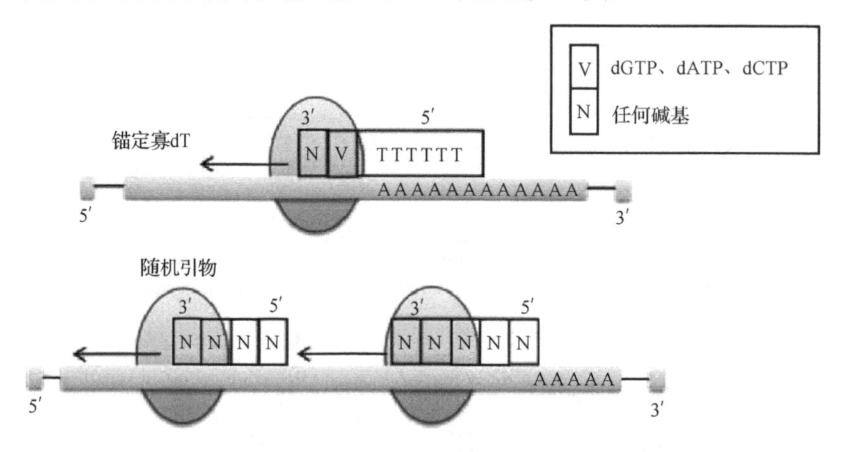

图 3.3　反转录酶从 mRNA 合成 cDNA

用逆转录酶从 RNA 模板制备 DNA 拷贝有充分的记载。这种方法包括来自 mRNA 的 cDNA 合成，即 mRNA 通过寡脱氧胸腺苷酸引物对 poly(A)RNA 形成短双链区，从 mRNA 合成 cDNA。虽然这种酶总是不产生全长转录物，但所有的互补链由短发夹环来完成。最终为第二条链合成提供了现成的引物，可以由逆转录酶或 DNA 聚合酶来完成。在下游应用之前，使用单链专一性核酸酶 S1 删除发夹环。

所需试剂及其作用

当前实验旨在为从总 RNA 分离 *czrCBA* 基因制备 cDNA。使用美国 Thermo Scientific RevertAid 第一链 cDNA 合成试剂盒操作方案。

逆转录酶

逆转录酶是用于从 mRNA 模板通过逆转录合成 cDNA 的酶。从逆转录酶病毒分离的逆转录酶可以作为依赖 RNA 的 DNA 聚合酶、核糖核酸酶 H 和依赖 DNA 的 DNA 聚合酶发挥作用。广泛研究和使用的逆转录酶已经从 HIV1(人艾滋病病毒 1)、M-MLV[莫洛尼(氏)鼠白血病病毒]和 AMV(苜蓿花叶病毒)中分离出来。与经典 PCR 技术相反，逆转录酶可以用于以 RNA 为模板合成 DNA。

RiboLock 核糖核酸酶抑制剂

核糖核酸酶抑制剂(RI)是 50kDa 的胞质蛋白，以无活性形式出现。RI 和靶核糖核酸酶之间形成的复合物是已知的最强大的生物相互作用之一。这些化合物有高含量半胱氨酸成分并对氧敏感，它们由 α-螺旋和 β-螺旋交替组成主链。尽管序列亲和力低，但 RI 能与各种核糖核酸酶结合。然而，它们对 RNA 的亲和力呈现出高度的细胞毒性和抑制细胞生长的作用，因此在实验室条件下应该谨慎处理。

随机六聚体/寡脱氧胸腺苷酸

这些随机合成的六碱基寡脱氧核苷酸序列，增加了 DNA 序列中随机点的退火潜力。这就是引物对第一链 cDNA 合成的作用。该引物主要合成有 5′和 3′羟基端单链 18-聚体寡核苷酸。

反应缓冲液

缓冲液使反应混合物中所有组分在实验中保持稳定形式。缓冲液含有 dNTP 及在最适条件下负责 DNA 合成的阳离子，如 K^+和 NH_4^+。然而，来自于不同制造商的缓冲液的确切成分有所不同。

操 作 步 骤

从 RNA 中去除基因组 DNA

1. 按以下顺序将试剂加入到无核糖核酸酶的管内：

RNA	1μl(1μg/μl)
10×含有 $MgCl_2$ 的反应缓冲液	1μl
脱氧核糖核酸酶 I	1μl
无核酸酶水	7μl

2. 37℃孵化 30min。
3. 加 1μl 50mmol/L 的乙二胺四乙酸(EDTA)(在 50ml milli-Q 水中溶解 0.731g EDTA 制备 50mmol/L 的 EDTA)并在 65℃孵化 10min。选择使用苯酚∶氯仿萃取法(参见实验 1.4)。
4. 以制备的 RNA 作为逆转录的模板。

合成第一链 cDNA

1. 解冻后，混合和短暂离心组分并将其置于冰上。
2. 按以下顺序添加到无菌、无核酸酶的 200μl 管中：

总 RNA	1μl(0.1～5.0ng/μl)
随机六聚体引物	1μl
无核酸酶水	10μl

3. 如果 RNA 中 GC 含量丰富，就轻轻混合，短暂离心并在 65℃保温 5min。
4. 按以下顺序加入组分：

5×反应缓冲液	4μl
核酸酶抑制剂(20U/μl)	1μl
10mmol/L dNTP 混合液	2μl
逆转录酶(200U/μl)	1μl
无核酸酶水	12μl

5. 轻轻混合并离心。
6. 寡脱氧胸腺苷酸或基因专一性引物，42℃孵化 60min 用以合成 cDNA。
7. 加热到 70℃ 5min 终止反应。
8. 反应产物直接用于 PCR 扩增，或–20℃储存小于一周或–80℃长期储存。

cDNA 第一链的 PCR 扩增

1. 将第一链 cDNA 合成产物直接进行 PCR 或 qRT-PCR。
2. 已合成的 cDNA 通过后继反应进行 *czrCBA* 基因的扩增。
3. 加入以下组分：

灭菌 milli-Q 水	12.5μl
10×反应缓冲液	2.5μl
$MgCl_2$	2.5μl
dTNP 混合物	0.5μl
czrCBA F	1.0μl
czrCBA R	1.0μl
模板 DNA	4.0μl
Taq DNA 聚合酶	1.0μl

4. 按以下程序进行扩增：

盖子预热	98℃
初始变性	96℃ 5min
30 个循环	
变性	95℃ 15s
退火	49℃ 30s
延伸	72℃ 1min
最终延伸	72℃ 10min
冷却保存	4℃无限

5. PCR 循环结束，取出 PCR 产物，在含有溴化乙锭的 1%琼脂糖凝胶上电泳，并在紫外光下观察。

6. 产物储存于–20℃直到下一步用于 qRT-PCR 定量分析。

观　　察

仔细观察实验中合成的双链 cDNA 的凝胶图谱。观察 cDNA 在凝胶上的数量和位置与用于研究 RNA 的不同。当使用基因专一性引物用于 cDNA 制备时，对应于目的基因大小，仔细观察扩增产物的大小。

疑难问题和解决方案

问题	引起原因	可能的解决方案
产率低，RNA 缩短了 PCR 产物	可能存在生物特异性带	在甲醛/琼脂糖/EB 凝胶上电泳样品测定浓度和分析质量
	RNA 浓度低，但质量好	用更多的 RNA 和更多的 PCR 循环重复实验
	cDNA 第一链合成之前或合成过程中 RNA 部分分解	用新鲜的 RNA 重复实验
	RNA 的质量不好，含有抑制 cDNA 合成的杂质	为了去除杂质，用乙醇洗涤两次或用不同的技术分离 RNA
没有扩增产物	操作步骤错误	用包括阳性对照的合适引物
	RNA 样品分解	用甲醛琼脂糖凝胶电泳测定 RNA 的完整性
	RNA 浓度太低	增加 RNA 样品量
	随机引物：RNA 的比例太高	合适的比例
意外的带	基因组 DNA 污染	使用 DNA 酶处理制备的 RNA
	无特异性引物	提高退火温度，减少引物和 RNA 浓度，还可以在不添加 5′引物，用 3′引物检查非特异性引发
	RNA 降解	检查凝胶上 RNA 质量，如果可能制备新鲜的 RNA 样品
	从其他反应中带来	小心避免任何污染机会

注 意 事 项

1. 由于 RNA 性质非常不稳定，要将样品保持放在冰上。
2. 避免阳光直射样品。
3. 不要旋涡混合 RNA。
4. 在处理 RNA 时总是戴手套，勤换手套和用 70%的乙醇喷雾于手套上。
5. 为了避免降解，工作要迅速并保持 RNA 在冰上。
6. 使用核酸酶污染去除剂 RNase Zap 清洗设备和工作台，完全消除核糖核酸酶污染。
7. 遵循微生物无菌技术。
8. 尽可能少用手拿试管，避免接触盖子内部和不使用时保持试管关闭。
9. 总是使用无核酸酶试管和盖子，一旦包装被打开，应小心保持无菌。
10. 存储 RNA 样本远离扩增 PCR 产物和质粒。

操 作 流 程

所有试剂在冰上解冻，短暂离心组分

加入 1μg RNA，1μl 10×反应缓冲液，1μl DNA 酶 I，以及无核酸酶水，37℃孵育 30min，尽可能除去 DNA 污染

这样准备的 RNA 作为模板用于逆转录反应

加入 0.1～5.0ng 总 RNA，1μl 随机六聚体引物和无核酸酶水，总体积为 12μl

轻轻混合并离心，42℃孵育 60min，通过 70℃ 5min 终止反应

加入以下成分：灭菌 milli-Q 水 12.5μl，10×反应缓冲液 2.5μl，$MgCl_2$ 2.5μl，dNTP 混合物 0.5μl，czrCBA F 和 czrCBA R 引物各 1.0μl，模板 DNA 4.0μl 和 *Taq* 聚合酶 1.0μl

采用 PCR 程序：96℃ 5min；30 个循环：95℃ 15s，49℃ 30s，72℃ 1min；接下来 72℃最后延伸 10min 和冷却保存在 4℃

PCR 产物通过 1%琼脂糖凝胶电泳验证插入的目的基因扩增情况

储备于–20℃用于 qRT-PCR 分析

实验 3.2　qRT-PCR 分析基因表达

目的：测定从细菌细胞分离的 *czrCBA* 基因的表达水平。

导　　言

用于靶 DNA 同步扩增和量化的技术称为 DNA 定量聚合酶链反应或实时 PCR

(qRT-PCR)。基于 PCR 的原理，量化可以是绝对拷贝数或相对标准 DNA 拷贝数。自从使用DNA-插入荧光染料或荧光指示剂标记序列专一性DNA探针以来已经有了很大的进步。实时 PCR 也称为动态 PCR，与其他常见的技术，如 Northern 印迹和 Southern 印迹技术相比较，这种技术被认为是量化靶基因最敏感的技术。这种技术对检测单细胞 RNA 水平非常敏感。

细胞转录 RNA 并通过基因转录调节基因表达水平。因此，通过细胞表达基因的数量来衡量样本中存在的特定基因 mRNA 转录拷贝数。PCR 采用逆转录酶从 RNA 合成 cDNA，在实验 3.1 中已有详细的描述。靶 DNA 可以从合成的 cDNA 扩增，DNA 样本可以在每次循环后进行定量检测。

qRT-PCR 和 DNA 微阵列是基因表达分析最先进的方法。它们有许多优点超过其他差异显示、核糖核酸酶保护实验和 Northern 印迹等旧方法。它可以用来相对和绝对量化 DNA。因此，它也可以应用于量化内源性基因的 mRNA 表达水平及稳定或瞬时转染基因。到目前为止，这是定量分析 mRNA 表达水平最敏感的技术。在实验室，qRT-PCR 多应用于诊断及研究目的，包括传染病、癌症和异常基因的诊断。在微生物学实验中，qRT-PCR 主要应用于食品安全领域，食品变质和发酵及饮用水质量微生物风险评估。在生物修复研究中，qRT-PCR 是用于检测有毒污染物生物修复基因表达水平的有用技术。

原　理

在定量 PCR 中，靶序列扩增的 DNA 产物与使用荧光报道分子的荧光强度相联系。有两种方法来计算初始模板的数量，即在每个反应结束时(端点 qPCR)或在扩增仍进行中(实时 qPCR)。在这方面，报道分子的使用是至关重要的，这可能是：①用荧光染料标记寡核苷酸如 TaqMan 探针组成序列专一性探针，或②DNA 与荧光核酸染色液 SYBR Green 等非特异性结合。在选择探针检测的 DNA 数量应该考虑：敏感性水平、准确性、可用预算、可用的技能和专业知识设计及优化 qPCR 检测。

DNA 结合染料如 SYBR Green 易于使用且成本低廉。SYBR Green 具有在无 DNA 溶液中显示低强度荧光的独特属性，然而，当结合 dsDNA 时，荧光水平增加 1000 倍。因此，用于 PCR 循环结束时进行荧光测定，监测扩增 DNA 增加的荧光量。因为它可以与任何 dsDNA 结合增加荧光水平，这种特异性极大地减少了 PCR 产物非特异性扩增和引物二聚体的形成。然而，扩增子在解链温度(T_m)特征融解峰有别于所需的扩增子人工扩增，即在较低的温度解链，因此，出现宽峰。此外，为准确地检测 DNA 片段，水解探针如 6-羧基荧光素(FAM)、四氯-6-羧基荧光素(TET)、六氯-6-羧基荧光素(HEX)、6-羧基四甲基罗丹明(TAMARA)、4-(二甲氨基偶氮)苯-4-羧酸(DABCYL)可以使用。在 PCR 过程中，探针对靶 DNA 退火并促进 *Taq* 聚合酶切割探针，从而增加荧光发射。因此，增加的荧光强度与扩增子产物量成正比(图 3.4)。

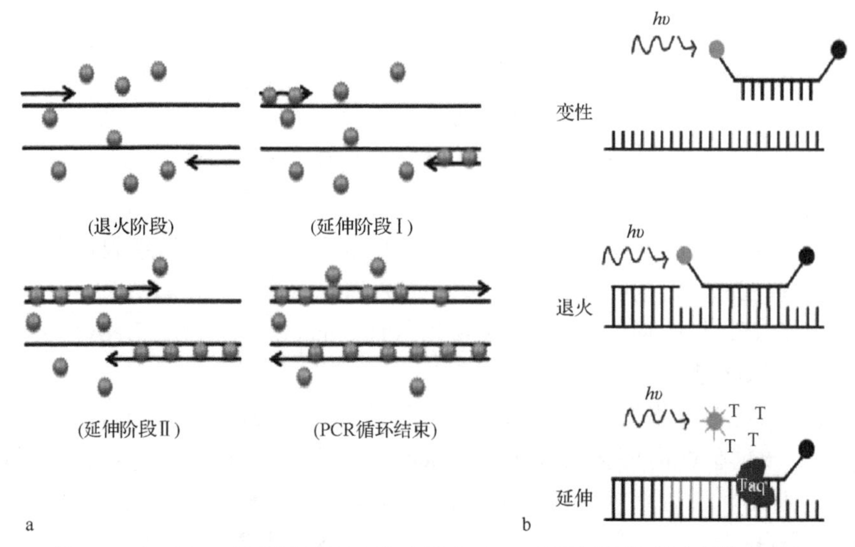

图 3.4　在 qRT-PCR 测定基因表达水平中 DNA 复制过程中荧光探针的作用

a. 插入 DNA 探针 SYBR Green；b. 探针 TaqMan 的水解

在实时 PCR 实验中，由于 RNA 初始量之间的小差异，cDNA 合成和 PCR 扩增的效率差异导致了特异性错误的出现。因此，为了避免这样的问题，细胞 RNA 与参考基因一起扩增，以便获得正常结果。常规化使用的常见基因大多称为管家基因，包括 β-肌动蛋白、磷酸甘油醛脱氢酶(GAPDH)和 16S rRNA。从理论上讲，这些基因在整个生长期都以恒定水平表达，在不同的实验条件下仍然保持恒定，因此，与 qRT-PCR 分析相关的一些重要的条件讨论如下(图 3.5)。

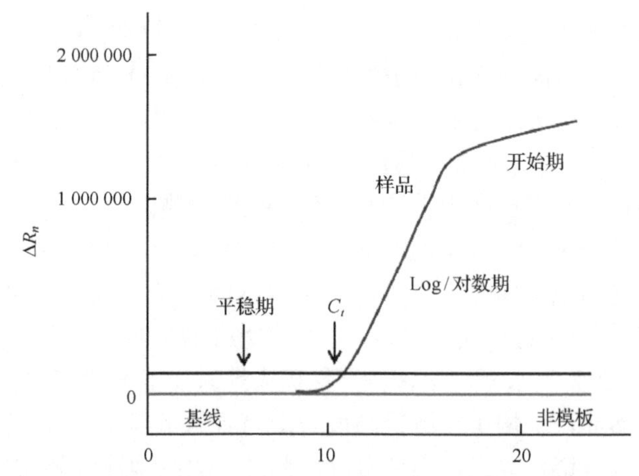

图 3.5　常用于 qRT-PCR 的单链扩增模型曲线

ΔR_n 是每个时间点产物发射的荧光，通过基线的发射荧光；C_t 是循环阈值

基线：qRT-PCR 的基线是 PCR 循环，其中报道荧光信号是积累的而不是仪器检测到的。通常，仪器的软件设置基线为 3～15 个循环；然而，它可以根据用户的要求进行修改。

ΔR_n：可以由设计软件使用公式 R_{nf}–R_{nb} 进行计算，R_{nf} 是产物在每个时间点的发射荧光，R_{nb} 是从基线校正的发射荧光。这些值通常按循环数绘制，并且应该注意 ΔR_n 值不应超过基线。

阈值：根据基线的变化，通过软件程序可以选择任意阈值。通常是 3～15 个循环之间的平均信号标准偏差的 10 倍。上面的荧光信号检测阈值点被认为是一个真实的信号，可用作样本已知循环阈值(C_r)。阈值可以手动改变以获取跨过整个曲线的指数扩增区域。

C_t：C_t 是报告荧光大于阈值检测水平的部分 PCR 循环数。RT-PCR 中的 C_t 值负责产生准确和再生的数据。在指数阶段，反应组分成为限制因素，因此，C_t 值成为可再生的、拥有同样起始拷贝数的复制反应。

PCR 扩增反应一般遵循以下公式，即 $A=B(1+e)^n$，其中 A 代表扩增产物，B 是输入模板，n 是循环数，e 是扩增效率。然而，RT-PCR 扩增效率取决于许多因素：逆转录的有效性、Mg^{2+}、dNTP/引物浓度、酶活性、pH、退火温度、循环数、温度的变化和管的变更等。由于 PCR 产物是几百万倍扩增的结果，上述因素的微小变化都会对终产量产生明显的影响。因此，需要一个适当的对照对 RT-PCR 结果进行合适的分析。在这方面，qRT-PCR 依赖于下面的公式，即 $A/A'=B(1+e)^n/B'(1+e)^n$，其中 A 为扩增产物，B 为输入模板，A'为对照扩增产物，B'为对照输入模板，e 为扩增效率，n 为循环数。因此，扩增效率的任何影响同样影响模板。在扩增过程中它提供了实验和对照模板两者的线性关系，即 $A/A'=B/B'$。

所需试剂及其作用

SYBR Green

SYBR Green 是导致 DNA 染色复合物在 λ_{max} 497nm 吸收蓝光和 λ_{max} 520nm 发出绿光的不对称花青染料。相比而言，该染料与单链 DNA 结合更优于与双链 DNA 结合(图 3.6)。在大多数 qRT-PCR 实验中，SYBR Green 是用来量化 dsDNA 的。SYBR Green 的其他应用包括 DNA 在琼脂糖凝胶电泳的可视化及流式细胞仪和荧光显微镜中细胞内的 DNA 标记。

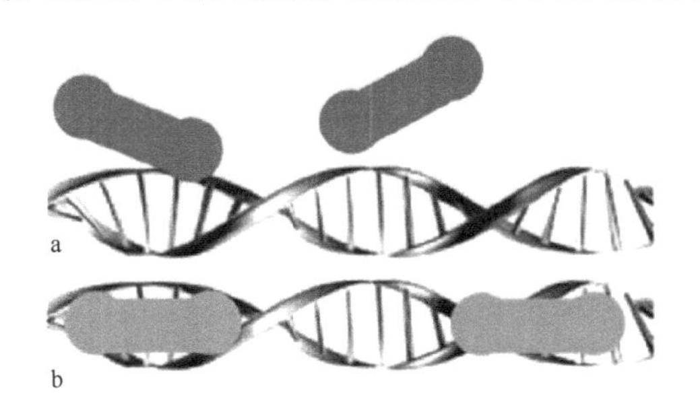

图 3.6　与 dsDNA 结合后 qRT-PCR 增加的密度

a.没有结合 SYBR Green；b. 结合 SYBR Green 的荧光

正向引物和反向引物

正向引物用于扩增靶基因和持家基因从 5′到 3′方向靶 DNA 有义链。以类似的方式，反向引物扩增靶基因的 5′到 3′方向反义链。在这个实验中，将使用 16S rRNA 基因(16S 正向 5′-AGAGTTTGATCMTGGCTCAG-3′和 16S 反向 5′-ACGGCTACCTTGTTACGA-3′)

和 *czrCBA* 基因(czrCBA 正向 5′-TCCTCAAATCCGAACTGGGC-3′和 czrCBA 反向 5′-GCTCGATGGCGAATTGGATG-3′)引物。

无核酸酶水

无核酸酶水是用来制备相同反应体积和浓度从而补偿原料体积的差异。用于这个目的的水应该无核酸酶，以便防止反应混合物中 DNA 和 RNA 的降解。

模板 DNA/cDNA

样品 DNA 应从靶生物基因组 DNA 样品或基于 RNA 的互补 DNA 中提取，cDNA 需要扩增检查各种条件下的表达水平。

操作步骤

实验前的准备

1. RT-PCR 反应开始前，RNA 分离和 cDNA 制备应遵循前面章节中描述的方案进行。从 LB 肉汤培养基添加了 1250ppm* Cd 如 $CdCl_2$ 的 LB 肉汤培养基中生长的细菌细胞分离 mRNA 制备 cDNA。

2. 所有需要的试剂应该在冰块上孵化正确解冻。

RT-PCR 反应实验设置

1. 确保工作区域清洁不受任何干扰。

2. 1.5ml 微型离心管内(表 3.1)制备 PCR 主体混合物，当处理多个样品时能一致性最大化和劳动力最小化。

表 3.1　主体混合物的组分和组分量

主体混合物的组分	体积/μl	终浓度
SYBR Green RT-PCR(2×)主体混合物	35	1×
参考染料	0.7	—
10μmol/L 正向引物	3.5	0.5μmol/L
10μmol/L 反向引物	3.5	0.5μmol/L
cDNA	13	—
milli-Q 水	14.3	—
总数	70	—

3. 准备每个样本一式三份，即为目的基因和持家基因。制备的主体混合物应总是超过可能需要的移液量。

4. 对于每一个反应，总量应至少为 5μl。

* $1ppm=10^6$

5. 在这个实验中，应测定两组基因(目的基因 *czrCBA* 和持家基因的 16S rRNA)在两种条件下(对照和 1250ppm 的 Cd 如 $CdCl_2$)的基因表达水平。

6. 彻底混合 SYBR Green、水和参考染料并等份分装到 0.5ml 的 PCR 管中。

7. 在两个管中加入等体积(每管 3.5μl)的靶引物和持家基因引物，彻底混合并分装于两个管内。

8. 对每个反应管加入 13μl 模板 cDNA，并等量分成三份，盖上封口膜。

9. 用盖子盖紧封口膜并瞬时离心将内容物带到管底。

10. 按照制造商的操作手册设置仪器。典型的 PCR 程序包括用于质量控制分析的 DNA 熔解曲线。

11. 将管插入 RT-PCR 系统并启动程序。

12. 设置 PCR 程序：初始变性为 95℃ 2min，紧随其后为 40 个循环：95℃ 15s，53℃ 30s，60℃ 45s 和熔解曲线(图 3.7)。

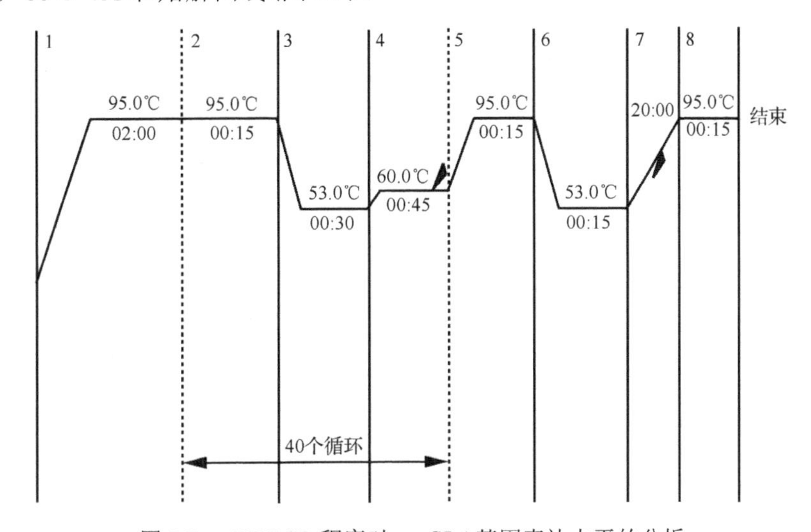

图 3.7　qRT-PCR 程序对 *czrCBA* 基因表达水平的分析

13. 完成这个程序后，保存实验并启动分析。

结果分析

1. 转到文件→新建→分析[=相对量化($^{\Delta\Delta}C_t$)研究]→下一个板块名。

2. 添加板块→选择你的文件→完成。

3. 主窗口右下角→线颜色=检测器。

4. 分析→分析设置→检测器→全部→自动 C_t(以系统默认值开始)→自动基线(默认值开始=3～15 个循环)→校准样品→选择样品条件，如将要与实验比较的对照→内参对照检测器应该设为持家基因＝16S rRNA→应用→确定和再分析。

5. 基因表达表→你的图会突出显示 16S rRNA 设置为零的每个基因的处理和未处理的条件。从样品总窗口左下角导出数据并手工绘制 3 个实验对另一个实验的 $^{\Delta\Delta}C_t$ 值，证明它们具有统计学意义(该程序不能做这个工作，因为它要以不同实验设置处理 3 个实验条件，n=3）。观察 SYBR Green 的相对量实际上是目的基因相对于对照或持家基因表达水平的相对量。在 qRT-PCR 分析中应细心进行以下观察。

位置	名字	C_t SYBR	SYBR 平均 C_t	SYBR 误差 C_t	SYBR 表达水平	SYBR 范围
A1	靶基因					
A2	靶基因					
A3	靶基因					
B1	持家基因					
B2	持家基因					
B3	持家基因					

疑难问题和解决方案

问题	引起原因	可能的解决方案
无扩增	酶无活性	循环前进行 15min 活性检测
	退火问题	检查最适退火温度
	延伸时间	为更大扩增子增加延伸时间
	设计的引物差	用新鲜的稀释引物在琼脂糖凝胶上检测引物二聚体
	产物太长	理想的扩增子大小应该在 80～200bp 变化
	循环太少	推荐 PCR 循环数为 40 个
	模板不纯或浓度低	纯化模板，使用达到 500ng 的模板
	染料层错误	检查与实验相应的仪器设置
没有在模板控制中扩增	引物二聚体	用模板的系列稀释和产物在琼脂糖凝胶上电泳可轻易检测出来
	杂质	使用前纯化模板，全部用新鲜试剂重复实验
灵敏度低	蒸发	不要使用角池或用更密封的胶带
	引物二聚体	用模板的系列稀释和产物在琼脂糖凝胶上电泳可轻易检测出来
	退火步骤	检查最适退火温度
	延伸步骤	对长扩增子增加延伸时间
	引物浓度错误	推荐引物浓度为 0.4μmol/L
扩增异常	执行太多循环	减少循环数
	错误的测定步骤	检查测定步骤，设定正确的循环期
	仪器需要校正	可能是反射镜未对准或灯的问题而产生误差
	反应体积太少	一些仪器只有至少在 15μl 才能准确阅读
孔与孔之间差异大	选择平板差	不要使用黑色的或磨砂平板
	低质量的退火材料	使用高质量光学清洁胶带
	仪器需要重新校正	按照制造商的操作手册
	蒸发	不要使用拐角孔或用更密封的胶带
	在瓶内形成了梯度浓度	使用前颠倒混合两次

注 意 事 项

1. 进行这个实验时要一直戴手套。
2. 尽量使用无菌一次性塑料制品。
3. 用灭活核酸酶处理玻璃制品和塑料制品。
4. 指定一个特定的区域工作。用灭活核酸酶商用试剂处理工作区的表面。
5. 尽可能购买无 RNA 酶的试剂。
6. 合成的 cDNA 总是存储在–80℃直到进一步使用。

操 作 流 程

准备含有 SYBR Green、水和参考染料的主体混合物，并等份分装到 0.5ml 的 PCR 管中

加入等体积靶引物和持家基因引物，彻底混合并分成两份

每个反应管加入模板 cDNA 并转移到一式三份 Ep 管中

设置 PCR 程序：起始变性 95℃ 2min；接着 40 个循环：95℃ 15s；53℃ 30s；60℃ 45s 和熔解曲线

程序完成后，保存数据并开始分析

用正常获得的数据与持家基因获得的数据对照观察目的靶基因表达水平的差异

实验 3.3　用报道基因方法进行基因表达分析

目 的：通过萤光素酶报道基因法研究 *czrCBA* 基因转录水平表达。

导　　言

报道基因已成为研究基因表达与调控不可分割和广泛使用的工具。转录调控加上报道基因的基因表达广泛应用于许多生理过程研究，如细胞内信号传导、受体活动、mRNA加工、蛋白质折叠和蛋白质的相互作用等。在表达载体中报道基因沿着目的基因克隆，然后转移到细胞表达载体。报道基因要么产生酶(如萤光素酶)要么产生蛋白质(如绿色荧光蛋白)。然后通过直接测定报道蛋白本身或报道蛋白的酶活性验证细胞内报道基因的存在。受体基因用于研究目的基因在细胞中是否得到稳定表达。

发光是由于化学反应而不产生热量或任何热变化的光发射。生物荧光是来自生物源的发射光，而化学发光是来自非生物源由于化学反应的发射光。生物荧光反应被广泛使用，因为它们是天然来源，可以提供比其他任何荧光方法高 1～1000 倍的灵敏度。不同于化学发光，完全依靠环境条件，生物发光分析独立于环境分子。

生物发光存在于许多生物体包括腔肠动物、棘皮动物、蘑菇、昆虫、细菌等。萤光素酶提取于萤火虫(*Photinus pyralis*)和海肾(*Renilla reniformis*)，常用作报道基因。萤火虫的萤光素酶分析是最常用的，报道基因活性可以在翻译时立即可见，该蛋白质不经过翻译后加工，在翻译后可以立即使用。它产生非常高的光量子效率，可提供快速检测。萤火虫萤光素酶的基因编码已经合并到许多报道载体，如 pGL4 表达载体的 cDNA 克隆。

细胞保持固有的复杂环境，从单个报道基因获得的数据可能是不够的。双重报道分析一般以最小的努力获得额外的信息。双萤光素酶分析系统包含两个同时在每一个细胞表达的不同萤光素酶报道基因。最常见的双萤光素酶分析是检测萤火虫和海肾萤光素酶活性。这些萤光素酶使用不同的底物，从而可以区分酶特异性。除了第一试剂激活萤火虫萤光素酶外，又添加了第二试剂灭活萤火虫萤光素酶并激活海肾萤光素酶。

原　　理

生物荧光反应两种试剂是必需的，即①萤光素酶和②萤光素酶底物。萤火虫萤光素酶是一个 61kDa 的单体酶，这种酶用 ATP 和 Mg^{2+}为辅因子催化 D-萤光素两步氧化反应。在第一步中，ATP 激活荧光素羧酸盐产生活性混合酸酐中间体。然后激活中间体与氧反应并产生双氧乙烷，进一步分解成氧化产物氧化萤光素和二氧化碳(图 3.8)。通常反应产生 550～570nm 区的光，可以用光度计测定。与底物混合后萤光素酶萤光产生一段时间迅速衰减。辅酶 A 还可以增加测定敏感性并获得持续稳定的发光，在几分钟内缓慢衰减。

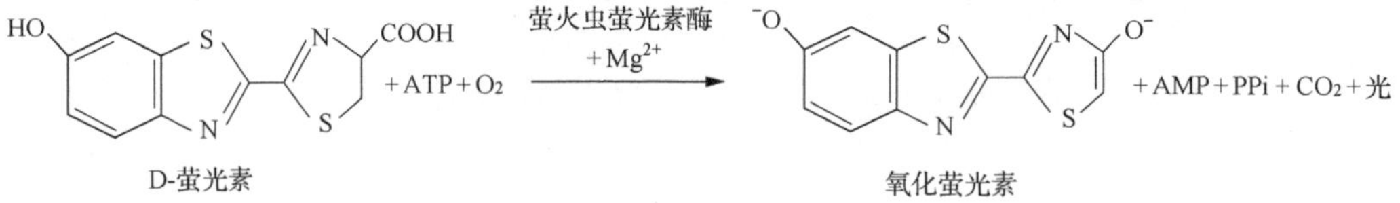

D-萤光素 $+ATP+O_2$ —(萤火虫萤光素酶 $+Mg^{2+}$)→ 氧化萤光素 $+AMP+PPi+CO_2+$光

图 3.8　萤光素酶活性对 CO_2 和光产生的反应机制

构建表达载体包含 *luc* 启动子基因。当表达载体转入细胞中，该构造获得整合，最终被细胞自身的体系翻译。当目的基因经过转录翻译时，同时 *luc* 基因被翻译。*luc* 基因最终表达萤光素酶产物，在其底物存在下发光(图 3.9)。转化细胞内的荧光直接与稳态 mRNA 水平成正比。由于这个属性，可以研究基因表达和与基因表达相关联的细胞事件。因此，萤光素酶实验应用于许多领域，如分子生物学、生物化学、基因调控、DNA 重组技术等。

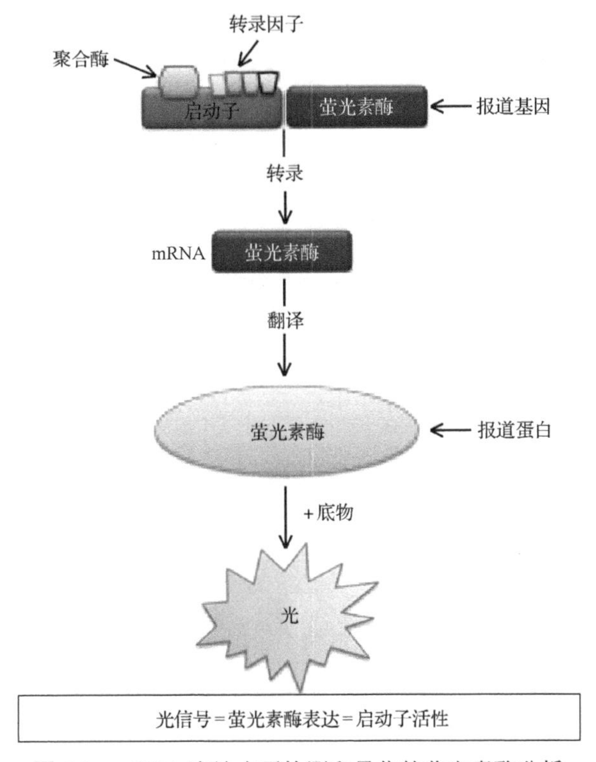

图 3.9　mRNA 表达水平检测和量化的萤光素酶分析

强大的可控启动子是外源基因高效表达和同源基因最适利用的基本要求。因此，在大多数情况下，启动子分析取决于其与报道基因的融合，报道基因可以被分析用以监测转录水平。

所需试剂及其作用

萤光素酶底物

在大部分实验中，海肾萤光素酶底物用于这一目的。它是独特设计依赖腔肠素的具有保护氧化位点的化合物。这些修饰有助于减少底物降解和自发光。它为体内应用提供了更为光明的前景。

磷酸缓冲液

在这个实验中所有所需试剂的制备应该使用磷酸缓冲液(pH 7.4)。使用以下组分制备所需的浓度(表 3.2)。

表 3.2 磷酸盐缓冲液组分

组分	终浓度/(mmol/L)	制备 2L 溶液的量/g
Na_2HPO_4	58	16.5
NaH_2PO_4	17	4.1
NaCl	68	8.0

1.8L 去离子水溶解上述组分。添加 0.1mol/L 氢氧化钠调 pH 至 7.4。添加去离子水到终体积 2L。室温储存备用。

溶菌酶

溶菌酶是通过催化水解肽聚糖中 *N*-乙酰胞壁酸和 *N*-乙酰 D 葡萄糖胺残基之间 β-1,4-糖苷键，破坏细菌细胞壁的糖苷水解酶。溶菌酶的共同来源包括一系列的分泌物如眼泪、唾液、母乳和黏液。因此，存在于细菌细胞内的遗传物质——溶菌酶会在溶液中裂解细菌细胞和在萤光素酶测定过程中发挥作用。

操 作 步 骤

细菌细胞裂解

1. 为通过添加溶菌酶终浓度 1mg/ml 的 1～10ml 细菌培养物制备 1ml 的细胞裂解缓冲液。
2. 1～10ml 细菌培养物 4℃ 6000r/min 离心 5min。如果需要可在萤光素酶活性初始测定后测定最适浓度。
3. 小心去除上清液，不要扰动细胞沉淀。
4. 用 1ml 的裂解缓冲液重新悬浮细菌细胞沉淀和用漩涡振荡器完全混合。
5. 在室温下孵育 5～10min。
6. 裂解产物室温下 14 000r/min 离心 1min 除去不溶性碎片。
7. 细菌细胞提取液–70℃储存备用，但贮藏期不应超过 1 个月。

萤光素酶分析

1. 将 20～100μl 细胞提取液加入分析比色皿中。确保每个样品使用完全相同体积。
2. 将提取物转移到光度计或闪烁计数器开始化学发光反应。推荐每个反应设置使用 96 孔微量滴定板。
3. 在 15～25℃注射 100μl 含有萤光素酶底物的萤光素酶检测试剂启动反应。
4. 添加萤光素酶检测试剂之前立即轻轻旋涡混合。
5. 加入测定试剂 5～10s 后开始检测内发射光 0.5～10s。
6. 发射光几乎恒定 20s 后，光产生减少，半衰期约 5min。此时停止反应。

观　　察

依据萤光素酶诱导靶基因的表达水平可用光度计测定产生的光。使用适当的内部对照如持家基因的表达水平来测定靶基因的表达水平。

实验设置	靶基因发光	持家基因发光	表达水平
对照			
实验 1			
实验 2			

疑难问题和解决方案

问题	引起原因	可能的解决方案
萤光素酶活性不完全	萤光素酶启动子可能被非特异性核酸酶破坏	合成一对基于载体序列侧翼克隆位点的引物进行 PCR。如果没有获得带，启动子可能被破坏
没有萤光素酶活性	孵育时间过长	由于萤光素酶反应非常快，注意加入试剂后马上进行检测
	试剂过期	如果观察到萤光素酶无活性，就按顺序用新鲜试剂完成对照组实验
DNA 的量与萤光素酶结果不正确	目的基因表达可能干扰了 TK 报道子表达影响细胞生长	尝试靶基因与多于一个持家基因的正常表达水平进行标准化实验

注 意 事 项

1. 萤光素酶检测底物是轻度刺激物。因此需采取适当的预防措施，防止皮肤和眼睛接触。

2. 萤光素酶反应很快。因此在每种试剂加入后，应尽快进行实验，最好在 1min 内完成。

3. 对于分析优化，每一孔的最佳细胞数应由细胞的连续稀释法决定。

4. 在开始实验之前，一定要解冻所有的试剂。

5. 在进行实验时，一定要戴手套。

操 作 流 程

以终浓度 1mg/ml 加入溶菌酶制备裂解缓冲液

1～10ml 细菌培养物 4℃ 6000r/min 离心 5min，小心去除上清液，不要扰动细胞沉淀

用 1ml 裂解缓冲液重新悬浮细菌细胞沉淀并旋涡混合，室温下孵育 5～10min

将裂解液室温下 14 000r/min 离心 1min，除去不溶性碎片，将细菌细胞提取液储存于–70℃备用

将 20～100μl 细胞提取液放到分析比色皿中并放入到光度计中

注射 100μl 萤光素酶分析试剂，加入后立即混匀，15～25℃开始反应

加入分析试剂 1～5s 后开始测定 0.5～10s 的发射光

发射光稳定 20s 后，停止反应

实验 3.4 基因表达半定量分析

目的：通过半定量方法测定从细菌细胞总 RNA 分离的 *merA* 基因表达水平。

导　言

PCR 的原理产生了许多其他技术如定量 PCR 和半定量 PCR。半定量 PCR 通过来自 cDNA 的目的基因扩增和随后在琼脂糖凝胶上与持家基因比较测定强度水平来检测基因表达水平。在这种情况下，获得带的强度水平比通过人工或软件程序测定更重要。qRT-PCR 和半定量 PCR 之间的主要区别是，半定量 PCR 是对 PCR 反应末期核酸的定量，而 qRT-PCR 是对每个循环后的定量。

虽然早期 PCR 还没有很大的定量能力，但现在对于核酸的复制、精确性、准确定量已轻而易举。PCR 关键因素的量化能力包括扩增步骤的优化。优化包括核酸制备、引物设计及其使用、缓冲液使用和循环参数的变化。最近开发了在 PCR 第一个循环中识别不需要的杂交事件的形成和随后过程中的毁灭性影响。这种影响的克服可通过高温启动反应用室温来代替，从而提高了 PCR 的灵敏度 1000 倍。在大多数的 PCR 条件下，整体运行效率都小于 100%，而典型的扩增从第 15～30 个循环保持效率为 70%～80%，这取决于起始物的数量。

半定量 PCR 一般用于某些目的基因与持家基因相比较的表达水平的初步研究。这种技术广泛应用于环境微生物学领域的降解基因的量化。在临床微生物学中，它是用来检测和量化赋予病原微生物毒性的有毒基因。通过半定量 PCR 获得的初步结果与 qRT-PCR

结果相关联，以获得目的基因在不同环境条件下表达水平的清晰图像。

原　理

PCR是通过缓冲系统、dNTP、引物、聚合酶和二价阳离子等的组合作用而扩增一组基因的技术。在这个过程中，PCR最终循环后的拷贝数取决于所用模板的初始拷贝数。然而，这可以作为分析靶基因表达水平的优势，间接地测定所使用的模板的拷贝数。

当基因表达时，形成mRNA，随后翻译成功能蛋白，按生命中心法则开展进一步的细胞活动。因此，基因获得高表达时，它往往会形成更高层次的RNA和蛋白质。RNA通过逆转录酶的作用转录回到cDNA，从合成的cDNA扩增靶基因，在实验条件下来测定它的拷贝数。正常的PCR机制只有扩增所需目的基因，并不能显示存在样本中DNA的确切拷贝数。DNA插入染料如EB可间接用于这一目的，其与DNA样本结合并紫外光照射下发光。EB与dsDNA分子结合强度与出现在凝胶上的DNA成正比。因此，可通过测定紫外光下EB的强度间接确定目的基因的表达水平(图3.10)。

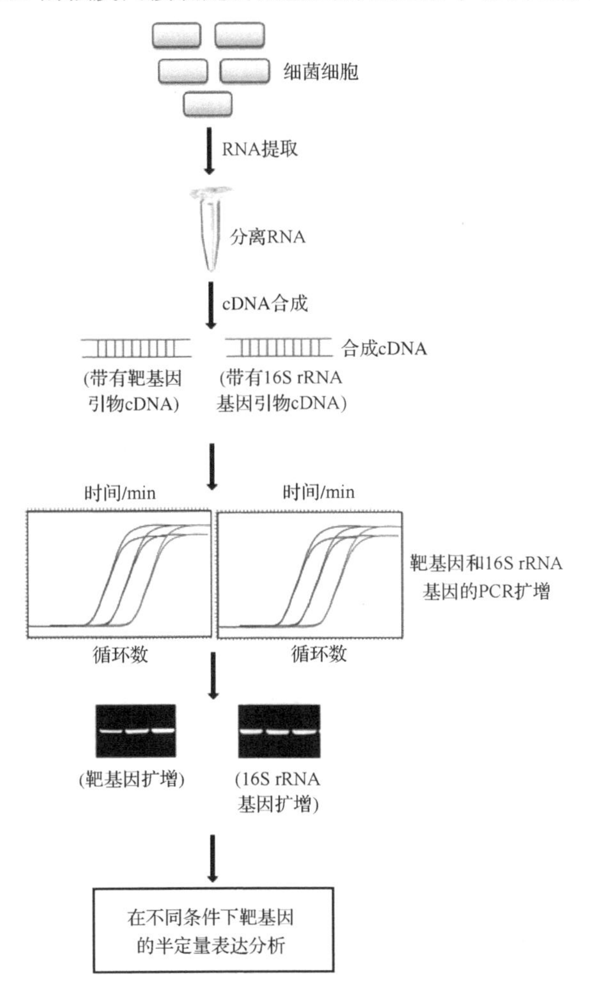

图3.10　正常靶基因与持家基因如16S rRNA的半定量PCR图(彩图请扫封底二维码)

然而，基于目的基因的强度不能确定表达水平。因此，任何持家基因的表达水平都是测定表达的相对水平。在细菌的系统中，16S rRNA 基因被认为是持家基因，它们的序列存在于所有形式的细菌中，在不同环境条件下该基因的表达水平被认为是不变的。为了研究目的基因的表达水平，持家基因在正常的环境条件获得的数据应正常。在这个实验中，将研究 *merA* 基因的表达水平。

merA 是编码汞离子还原酶的抗汞细菌系统的功能基因。已报道 *merA* 在低盐度条件下表达水平更高。*merA* 负责使无机汞相挥发成更少毒性的汞，即汞(Hg^0)元素。

Quantity One®一维分析软件 V4.6 提供热循环器(美国 Bio-Rad)是用于测定凝胶上带强度水平的有用工具，可以进一步分析测定目的基因相对表达水平。这个过程被称为半定量 PCR，因为它不提供 PCR 循环后基因确切拷贝数信息，以及它是通过测定 EB 暴露于紫外光的强度水平而测定目的基因的一种间接方式。

所需试剂及其作用

cDNA 模板

在靶基因引物和 16S rRNA 基因引物的 PCR 中使用逆转录酶从分离的 mRNA 中制备 cDNA。实验 3.1 中讨论了合成 cDNA 的详细操作。所有测试样品中的 cDNA 浓度应统一，它们应是高纯度且没有任何脱氧核糖核酸酶或核糖核酸酶污染的。

PCR 缓冲液

通过将缓冲系统添加到反应混合物中而获得促进每种酶活性 pH、离子强度、辅因子等的最适条件。在许多情况下，在非缓冲液中改变 pH，酶就会停止工作，这种现象可通过在 PCR 体系中加入缓冲液而避免。在大多数例子中，PCR 缓冲液由 100mmol/L Tris-HCl，pH 8.3，500mmol/L KCl，15mmol/L $MgCl_2$ 和 0.01%(*w*/*V*)明胶组成。在所有情况下，PCR 缓冲液的终浓度应该是 1×每反应浓度。

dNTP

脱氧核糖核苷三磷酸(dNTP)是 DNA 新链的构件。在大多数情况下，它们是 4 种脱氧核苷酸即 dATP、dTTP、dGTP 和 dCTP 的混合物。每次 PCR 反应大约需要每种脱氧核苷酸 100μmol/L。dNTP 储备液对融化和冰冻循环非常敏感，冻融 3～5 次后，PCR 反应效果不佳。为了避免此类问题，将其分装成持续两个反应的酶量(2～5μl)并在–20℃冻结保存。然而，在长期冻结过程中，少量的水蒸发到瓶壁上从而改变 dNTP 溶液的浓度。因此，在使用之前必须离心，建议用 TE 缓冲液稀释 dNTP，因为酸性条件下会促进 dNTP 水解而干扰 PCR 结果。

正向引物和反向引物

在 PCR 反应中引物定义为设计从整个 DNA 中扩增目的 DNA 片段的互补 DNA 分子。

引物诱导聚合酶开始反应。由于没有可用的游离羟基，DNA 聚合酶不能直接从模板开始合成新的 DNA 链。因此，当引物与 DNA 模板接触就为 DNA 聚合酶开始作用提供了游离的羟基。在目的基因半定量表达分析中，目的基因和持家基因(在本例中为 16S rRNA)的正向引物和反向引物用来扩增对应的基因。

Taq 聚合酶

Taq 聚合酶是 1965 年 Thomas D. Brock 首次从嗜热细菌水生栖热菌(*Thermus aquaticus*)分离的热稳定 DNA 聚合酶。该酶能够耐受 PCR 过程中使蛋白质变性的温度。其活性最适温度为 75～80℃，半衰期为 92.5℃大于 2h、95℃ 40min 和 97.5℃ 9min，且具有 72℃不到 10s 复制 1000bp DNA 序列的能力。然而，使用聚合酶的主要缺点是它缺乏 3′→5′外切核酸酶校对活性，因此复制的保真度较低。它也生产 3′端有 A 悬突的 DNA 产物，黏性端最终在 TA 克隆中有用。一般来说，50μl 总反应使用 0.5～2.0 单位的 *Taq* 聚合酶，但理想情况下用量应该为 1.25 单位。

溴化乙锭

溴化乙锭(EB)是在琼脂糖凝胶电泳过程中用于荧光标记的插入试剂。当暴露于紫外光下，它产生橙黄色荧光，与 DNA 分子结合后其荧光强度增加了 20 倍。分子生物学中使用 EB 主要用于核酸的检测。EB 在水溶液中受紫外激发，其最大吸收峰在 210～285nm；它发射波长 605nm 的橙色光。DNA 分子中 EB 的结合模式是插入碱基对之间，这种结合可能改变电荷、重量、构象及 DNA 分子的灵活性。通过 PCR 产物在凝胶相对移动的位置与标准分子质量相比而测定扩增 DNA 的分子大小，迁移率对大小测定非常关键。

操 作 步 骤

1. 在冰上解冻 PCR 所有试剂和实验 3.1 准备的储存在–80℃的 cDNA。

2. 用不同基因引物组为 *merA* 基因和 16S rRNA 的扩增分别制备反应混合物，按下表添加试剂。

10×PCR 缓冲液(10×)	2.5μl
$MgCl_2$(10mmol/L)	2.5μl
dNTP (10mmol/L)	0.5μl
正向引物(1mmol/L)	1.0μl
反向引物(1mmol/L)	1.0μl
Taq 聚合酶(1U/μl)	1.0μl
milli-Q 水	12.5μl
cDNA 模板	4.0μl

3. 由于小体积移液管很难掌握且往往不准确，所以可以配制主体混合物，主体混合物含有所有反应常见组分乘以每管反应体积与总样品量。之后，将主体混合物适当分装到每个管，例如，如果加 4μl DNA 模板，应该加 21μl 反应混合物，制备总量为 25μl。

4. 将每个管按行放入 PCR 仪反应孔中。

5. 按下列程序进行扩增。

盖子预热	98℃
初始变性	96℃ 5min
30 个循环	
变性	95℃ 15s
退火	49℃ 30s
延伸	72℃ 1min
最终延伸	72℃ 10min
冷却保存	4℃无限

6. 将扩增的 DNA 产物在 1%琼脂糖凝胶上电泳获清晰带谱。

7. 用 Quantity One®软件在凝胶软件系统中观察并获取凝胶图像。

8. 按所需条带数创建泳道进行分析。

9. 检测条带并通过删除带图标而删除不需要检测的带。

10. 根据靶基因与持家基因带标准化强度获得目的带的强度(图 3.11)。

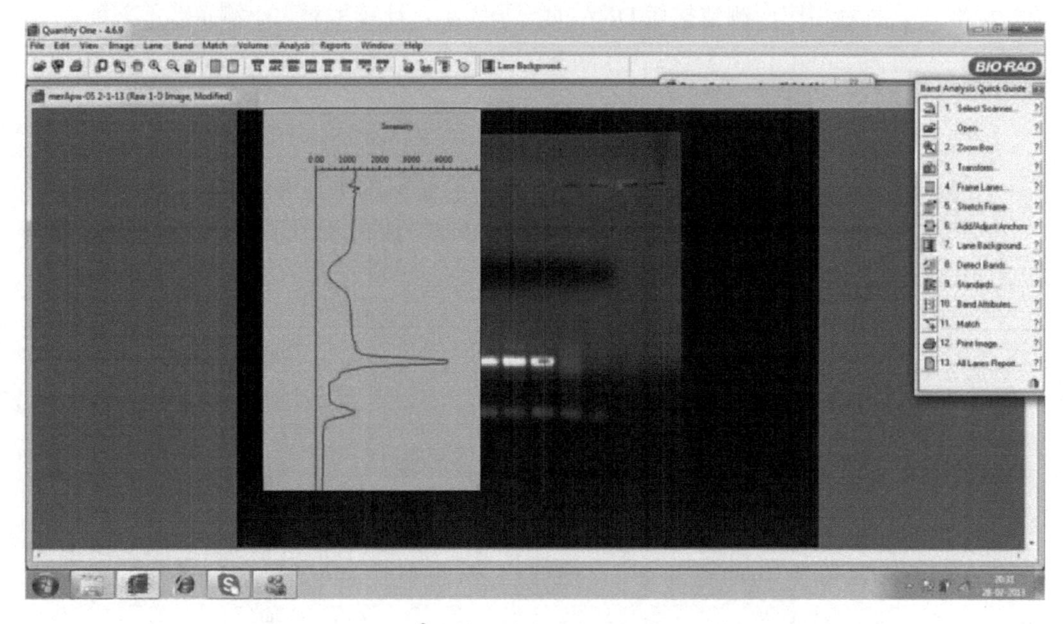

图 3.11　通过 Quantity One®软件创建泳道中带的测定(彩图请扫封底二维码)

11. 输出带分析报告并获得峰值强度、平均强度和相对强度(图 3.12)。

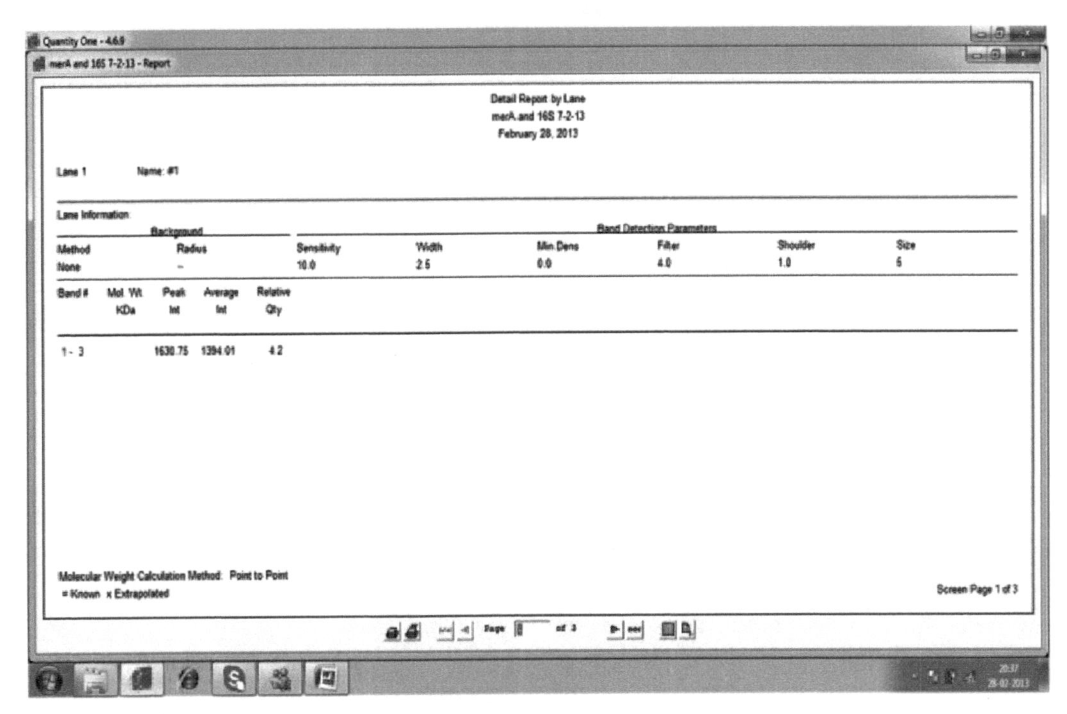

图 3.12　靶基因和持家基因强度规范化后软件对带分析产生的报告

观　　察

获得目的基因和持家基因谱带后仔细分析并获得数据。绘制获得强度和获得相对于持家基因的表达模式在不同实验条件下基因表达水平之间的图谱。

观 察 表 格

电泳带编号	带的属性	分子质量/kDa	峰值强度	平均强度	相对强度
目的基因 1					
目的基因 2					
目的基因 3					
持家基因 1					
持家基因 2					
持家基因 3					

疑难问题和解决方案

问题	引起原因	可能的解决方案
不正确的产物大小	不正确的退火温度	用网络软件重新计算引物的 T_m 值
	引导错误	验证模板 DNA 内有没有额外的互补区
	Mg^{2+}浓度不恰当	用 0.2～1mmol/L 增量调整 Mg^{2+}最适浓度
	核酸酶受污染	用新鲜溶液重新反应
没有扩增产物	不正确的退火温度	重新计算引物的 T_m 值，通过低于引物 T_m 值 5℃开始实验正确的梯度退火温度
	设计的引物差	检索重组引物设计文献，验证引物内部和相互都无互补，视情况增加引物长度
	引物专一性差	验证寡核苷酸与适当的靶序列互补
	引物浓度不足	正确的引物浓度范围应在 0.05～1μmol/L，参考专一性产物文献作为理想条件
	模板质量差	用琼脂糖凝胶电泳分析 DNA，DNA 模板在 A_{260}/A_{280} 的值
	循环数不足	用更大循环数重现进行反应
多产物/非专一性产物	过早复制	用热启动多聚酶，用预冷的组分在冰上构建反应，将 PCR 预热到变性温度再加样品
	引物退火温度太低	增加退火温度
	Mg^{2+}浓度不正确	用 0.2～1.0mmol/L 增量调整 Mg^{2+}浓度
	引物过量	引物浓度正确的范围应在 0.05～1μmol/L，参考专一性产物文献作为理想条件
	模板浓度不正确	低灵活性模板(如质粒、λ 噬菌体、BAC DNA)，每 50μl 反应使用 1pg～10ng DNA；高灵活性模板(如基因组 DNA)每 50μl 反应使用 1ng～1μg 模板

注 意 事 项

1. 使用带有过滤器的吸管头。

2. 尽量在单独的条件下存储材料和试剂，并在单独隔离空间内将它们添加到反应混合物中。

3. 在开始分析前所有组分于室温下解冻。

4. 解冻后，短暂离心混合组分。

5. 在冰上或冷浴中快速操作。

6. 进行 PCR 反应期间应一直戴着护目镜和手套。

操 作 流 程

PCR 及制备 cDNA 需要的所有试剂在冰上解冻

要么配制主体混合液，要么分别配制单独分离 cDNA 反应混合液

把管放入 PCR 仪，用前面章节描述的程序扩增靶基因及 16S rRNA 持家基因

PCR 扩增后产物在 1%琼脂糖凝胶上电泳并在紫外光下观察扩增产物

用 Quantity One®软件分析靶基因和持家基因带的强度

相对于持家基因强度规范靶基因强度

从 Quantity One®软件输出带的峰值强度、平均强度和相对强度的分析报告

对在各种条件下靶基因表达图谱分析获得的数据作图

实验 3.5　Northern 印迹

目的：通过 Northern 印迹分析基因表达谱。

导　　言

Northern 印迹是用于检验和测定特定基因表达水平的技术。在 Northern 印迹操作过程中，RNA 样品由琼脂糖凝胶电泳根据它们的大小进行分离，随后使用杂交探针对靶基因序列部分互补进行检测。这种技术可以根据在不同环境条件下 RNA 的量检测基因的表达水平。无论原核还是真核系统，这种技术可用于与参考基因比较检测基因的上调或下调。Northern 印迹结果有许多在线数据库如 BlotBase。BlotBase 是一个包括超过 650 个基因的超过 700 个出版物的在线数据库。检索结果提供了关于印迹 ID、种类、基因、表达水平、印迹图谱的信息和链接这个工作源头的出版物。

除了 RT-PCR、核糖核酸酶保护实验、芯片分析和基因表达系列分析以外，该技术可以应用于研究基因表达。所有用于基因表达分析、芯片分析的技术被认为是最先进的技术，大多数情况下，从 Northern 印迹获得数据与芯片分析结果相一致。除此之外，Northern 印迹可以检测芯片不能检测的基因表达发生的微小变化。然而，在 Northern 印迹一次只能研究一个基因，而芯片一次可以研究成千上万个基因。这种方法的主要缺点是，在实验中 RNA 的介入更容易通过环境污染而降解，尽管可以通过适当对玻璃制品消毒和对塑料制品用焦碳酸二乙酯(DEPC)处理而避免。与 RT-PCR 相比，该技术可能敏感性差，但通过减少假阳性结果而具有较高的特异性。

尽管这种技术具有许多优于其他基因表达技术的优势，但使用某些有毒化学物质如甲醛、放射性物质、溴化乙锭、DEPC 和紫外光对接触可能会造成健康危害。然而，操作相对简单、廉价和不受人工制品干扰。最近发现杂交膜和缓冲液有提高该技术敏感性的作用。

原　　理

RNA 是一种在微生物核酸新陈代谢中起重要作用的无处不在的小分子基团。RNA 在存储、影响和翻译生物体的遗传信息中起着重要的作用。和 DNA 分子一样，RNA 也是由核糖和磷酸组成的主链，侧链有嘌呤和嘧啶含氮碱基。与 DNA 相反，RNA 分子以单链执行它们的功能。它可以很容易地与它们互补的核苷酸序列杂交；该属性已被 Northern 和其他 RNA 分析技术所揭示。

随着 RNA 在各种代谢途径和事件中所起的关键作用，随后导致蛋白质合成，监测其主要数量同样可以对细胞内发生的事件产生有用的了解。Northern 印迹在识别和量化 RNA 水平和随后的基因表达模式与表达水平方面是最有用的技术。

该技术包括从目的细胞形成的 RNA 分子分离，然后通过琼脂糖凝胶电泳和聚丙烯酰胺凝胶电泳分离 RNA。最后，凝胶中分离的 RNA 由印迹技术转移到固体基质中。包含分离 RNA 分子的固体基质通过与基质中 RNA 序列互补的专一性杂交标记探针处理。没有结合的探针可以从基质中冲洗掉。标记探针结合与基质中 RNA 序列互补，用合适的探测器进行检测(图 3.13)。

印迹是 RNA 分子通过毛细管作用被动转移到基质的过程。主要有两种不同的印迹技术，即毛细管转移和电印迹。毛细管转移包括 RNA 分子被动转移到基质，如有毛细管驱动力的滤纸、尼龙膜或硝基纤维素膜。凝胶可以放置在浸泡于盐溶液或缓冲液中的海绵上和在放了许多纸巾的凝胶上放置硝化纤维素膜。溶液通过凝胶和通过硝化纤维素膜需要 12～16h。相反，电印迹涉及使用的电流将凝胶中的 RNA 分子转移到基质中(图 3.14)。

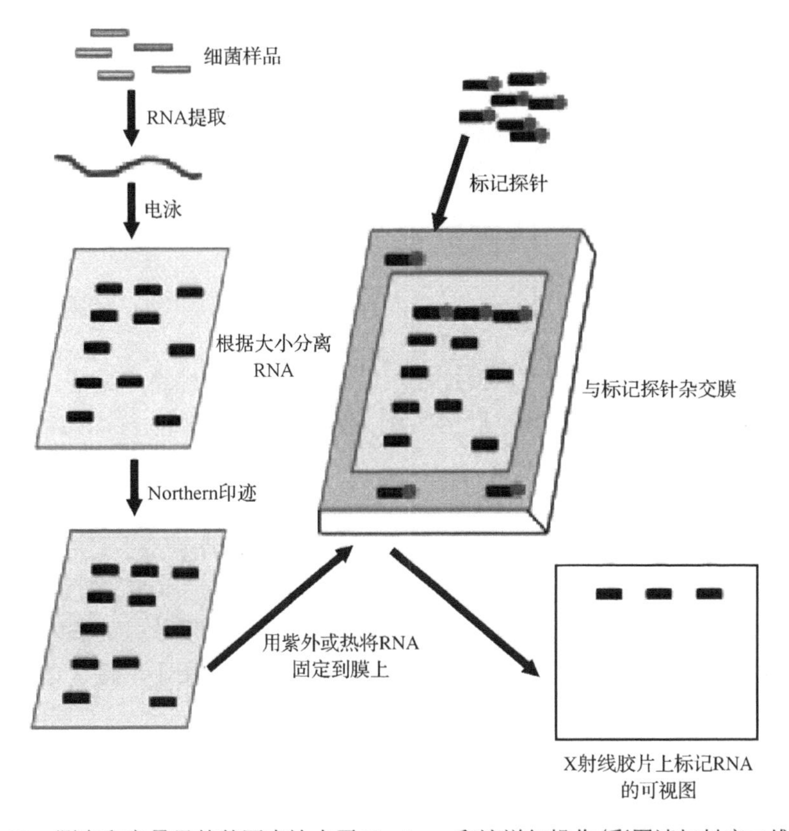

图 3.13　测定和定量目的基因表达水平 Northern 印迹详细操作(彩图请扫封底二维码)

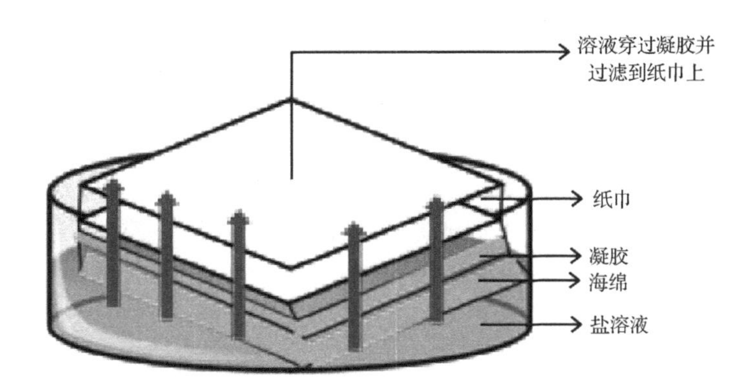

图 3.14　RNA 分子毛细管转移到硝酸纤维薄膜(彩图请扫封底二维码)

这一步紧随其后的是确保 RNA 分子与通过紫外光处理而获得吸附后的固体基质适当结合。紫外光引起 RNA 分子广泛交联，以确保适当的 RNA 分子吸附到膜上，经真空干燥可以长期储存。杂交原理是基于这样的事实，即两个互补单链 DNA 分子相互配对，它们独立于核酸的来源和性质。

Northern 印迹的应用包括用已知的 RNA 序列去设计合适的检测探针。这些就是研究与靶 RNA 互补的标记核苷酸序列。设计所需的探针有很多方法，通过在实验室合成相应的 cDNA 或用合适的质粒研究 RNA 表达水平；一旦获得序列就可以用适当的放射性探针进行标记。在大多数情况下，放射性标签采用 ^{32}P 以 ^{32}P-adCTP 形式插入序列。探针另一个化学标记方法用酶水解形成化学荧光物质来完成，采用合适的设备进行测定。在另一个方案中，核苷酸探针能直接与酶结合使测定更高效。

所需试剂及其作用

RNA 样品

Northern 印迹测定需要大量的 RNA 拷贝。分离的 RNA 样品应通过分光光度计或超微量分光光度计彻底检查其量和纯度。实验 1.4 提供了分离 RNA 样品的详细操作。

琼脂糖凝胶

琼脂糖凝胶提供了分离 RNA 合适的基质系统。2%的琼脂糖凝胶适合适当 RNA 分子的分离。通过琼脂糖凝胶电泳可以分离总 RNA 或 mRNA。因为凝胶上分离有很多不同的 RNA 分子，所以一般来说呈现拖尾而不是分离带。然而，甲酰胺的加入导致变性琼脂糖凝胶的形成。由于 RNA 可以形成许多不同的二级结构，如果不保持合适的变性状态可能会影响电场的迁移率。

盐溶液/缓冲液

在 Northern 印迹过程中，采用柠檬酸钠缓冲液(SSC)作为杂交缓冲液。这个缓冲液在 Northern 印迹洗涤步骤中受到严格控制。当 SSC 用 20×浓度时，在真空转移期间它可以防止琼脂糖凝胶干燥。20×储备液由 3mol/L 氯化钠和 300mmol/L 柠檬酸三钠(pH 7.0)组成。

标记探针

探针是放射性标记的单链核酸，用于鉴定与膜结合的互补核酸序列。放射性标记包括酶掺入 ^{32}P、^{33}P 或 ^{35}S。放射性标记提供 RNA 分子的最敏感的检测，其检测极限为 0.01pg。非放射性探针标记包括探针连接抗体定向抗酶。固定化探针可以用酶检测并分解形成化学荧光或化学荧光底物产生光信号。除此之外，探针还可以用生物素标记，通过链霉亲和素/亲和素酶结合而测定。

低严格度和高严格度缓冲液

杂交后，通过反复改变低严格度和高严格度缓冲液而冲洗掉没有杂交的探针。用低严格度缓冲液洗涤以去除杂交溶液及没有杂交的探针，而高严格度缓冲液则去除部分杂交分子。低严格度缓冲液可以通过添加 2×SSC 与 0.1% SDS 制备，而高严格度缓冲液通过增加 0.1×SSC 和 0.1% SDS 来制备。

马来酸缓冲液

马来酸缓冲液用作阻断剂并且应用焦碳酸二乙酯(DEPC)处理。在 65℃热水浴中不断搅拌适当混合可能需几小时才会正常溶解，确保妥善溶解和高压灭菌并存储在 4℃。用 0.1mol/L 顺丁烯二酸、0.15mol/L 氯化钠和加氢氧化钠调 pH 至 7.5 进行制备。这个缓冲液通过添加 10ml 的 1mol/L 顺丁烯二酸(配制 1mol/L 马来酸：11.607g 的马来酸用 100ml milli-Q 水溶解)和 15ml 的 1mol/L 氯化钠(配制 1mol/L 氯化钠：5.844g 氯化钠用 100ml milli-Q 水溶解)，添加氢氧化钠颗粒调节 pH 至 7.5，调终体积为 100ml。

检测缓冲液

通过增加 0.1mol/L Tris-HCl，0.1mol/L 氯化钠，pH 9.5 配制检测缓冲液。100ml 检测缓冲液的配制：加 10ml 的 1mol/L Tris-HCl(700ml milli-Q 水中溶解 121.1g Tris 碱，加盐酸调节 pH 至 9.5 并用 milli-Q 水调终体积为 1000ml)和 10ml 1mol/L 氯化钠(配制 1mol/L 氯化钠：100ml milli-Q 水溶解 5.844g 氯化钠)，调整 pH 至 9.5 和终体积为 100ml。

CSPD 储备液

3-(4-甲基螺旋{1,2-二氧戊环-3,2′-(5′-氯)三环(3.3.1.13,7)癸} 4-苯基)苯基磷酸二钠(CSPD)是碱性磷酸酶化学荧光底物，通过产生可见光并记录于胶片上可快速、敏感地检测分子。CSPD 储备液采用 980μl 检测缓冲液混合 20μl CSPD 形成备用储备液。

操 作 步 骤

印迹

1. 用 DEPC 处理过的水制备凝胶和洗涤。
2. 将凝胶在 250ml 转移缓冲液中孵化 20min。
3. 有选择地切断凝胶的一个角以确保随后步骤的方向正确。
4. 切出比凝胶的尺寸大 1mm 的膜。切除膜的一个角以便与凝胶相匹配。
5. 将膜悬浮在含有去离子水容器中直至吸湿沉下。
6. 用 10×SSC 浸泡膜 5min。

转移

1. 重叠两块印迹纸以便印迹纸末端搭在支持物边缘。
2. 在玻璃烤盘上放印迹纸和支持物。
3. 用转移缓冲液充满盘到支持物顶部。印迹纸湿透时用吸管去除所有气泡(如果有的话)。
4. 把凝胶放在湿印迹纸中心位置。
5. 用保鲜膜盖住凝胶的边缘防止液体从容器流到纸巾。
6. 凝胶顶部放一些转移缓冲液。
7. 在切除角上面放湿的尼龙膜，平稳地去除气泡(如果有的话)。

8. 将两张印迹纸切成凝胶同样大小，在转移缓冲液中湿润，再将它们放在尼龙膜上面并去除任何剩余的气泡。

9. 在纸巾上放一块玻璃板，玻璃板上放 400g 重物。

10. 孵化过夜使 RNA 分子高效向上转移到膜上。

11. 拆除系统和用铅笔仔细标记膜中凝胶泳道的位置。

12. 将膜转移到含 6×SSC 缓冲系统，23℃缓慢搅拌几分钟。

预杂交

1. 把适量的缓冲液(预杂交 20ml，杂交 5ml)吸入无菌管内，50℃水浴孵化。
2. 印迹膜保持在(准备好的)杂交瓶中。
3. 将适量预热的地高辛杂交缓冲液(DIG Easy Hyb)加入管中。
4. 小心去除膜和瓶壁之间的气泡。
5. 印迹在杂交槽中 50℃孵化 3h。在预杂交过程中保持瓶的旋转。

杂交

1. 丢弃预杂交剩余的缓冲液和将杂交缓冲液加入瓶中。
2. 仔细去除膜和瓶壁之间的气泡(如果有的话)。
3. 印迹在杂交槽 50℃旋转孵化 6～16h。

严格洗涤

1. 丢弃杂交溶液。
2. 加入 30ml 低严格度缓冲液到瓶中。
3. 杂交瓶在室温下旋转孵化 5min。
4. 高严格度缓冲液加热到 50℃。
5. 丢弃瓶中低严格度缓冲液。
6. 立即添加高严格度缓冲液到瓶内并于 50℃孵化。

检测

1. 丢弃高严格度缓冲液后加入 50ml 洗涤缓冲液。
2. 室温下印迹孵化 2min。
3. 丢弃洗涤缓冲液后添加 30ml 封闭液。
4. 将溶液在室温下连续旋转孵化 30min～3h。
5. 丢弃封闭液并添加 10ml 抗体到管中。
6. 在室温下连续旋转孵化膜 30min，丢弃抗体溶液。
7. 用 30ml 洗涤缓冲液洗涤膜两次。
8. 用 20ml 检测缓冲液平衡膜 3min。
9. 将膜保存在杂交袋并密封在容器内。

10. 为每 $100cm^2$ 膜用 1ml CSPD（碱性磷酸酶化学荧光底物）滴加到膜的表面，直到均匀浸泡整个表面。

11. 决不允许气泡被困在膜和容器表面之间。

12. 在室温下孵化 5min。

13. 将密封袋暴露于发光优化 X 射线胶片 15～20min。

14. 根据获得的结果，调整曝光时间以获得深或浅的带型。

观　　察

比较凝胶图谱和尼龙膜上带的出现，检测后找出表达目的 RNA。根据 RNA 的强度给出在目标环境条件下目的基因表达水平信息。

疑难问题和解决方案

问题	引起原因	可能的解决方案
敏感性低，带弱或无带	转移不完全	RNA 从凝胶上转移到膜上后，在紫外光观察凝胶找出凝胶中剩余的 RNA
	在膜上插入的 RNA 固定不合适	检查适当的紫外交联和烤箱温度
背景颜色浓	不合适洗涤或缓冲液污染	彻底洗涤膜
	镊子污染	使用含有标记探针杂交溶液前一定要清洗镊子
	探针加到了膜上	保持将探针加入到溶液中而不是膜上
不能脱去印迹重新杂交或膜部分干燥	过早复制杂交过程中无意停止了旋转	–20℃储藏印迹以延长时间直至 ^{32}P 衰减回基础水平
	杂交溶液体积不足未覆盖印迹	加足杂交缓冲液

注 意 事 项

1. 在实验室指定的特定区域进行所有实验。
2. 在指定地方储备全部试剂和化学物质。
3. 穿合适的实验防护物和戴一次性手套。
4. 所有的废料经 121℃高压灭菌妥善排除污染。

操 作 流 程

印迹

制备凝胶并用 DEPC 处理过的水冲洗

凝胶在 250ml 转移缓冲液中孵化 20min，用 10×SSC 缓冲液浸泡膜 5min

转移

放印迹纸和以玻璃烤盘作支持

将凝胶放在中心位置，末端盖上保鲜膜，凝胶上加少量缓冲液

凝胶上放湿的尼龙膜，裁剪与凝胶同样大小的印迹纸并放在膜上

在纸巾上放玻璃板，玻璃板上放 400g 重物，孵化过夜

预杂交

在灭菌试管内加适量缓冲液并在 50℃水浴中孵化

将适量预热的地高辛杂交缓冲液加到管中

在杂交槽中 50℃孵化印迹 3h，预杂交过程中保持瓶的旋转

杂交

丢弃预杂交剩余的缓冲液并将杂交液加入瓶中

在杂交槽中 50℃旋转孵化印迹 6～16h

检测

用低严格度缓冲液和高严格度缓冲液重复洗涤印迹

加测定缓冲液和 CSPD，室温下孵化 5min

将密封袋对 X 射线胶片暴露 15～20min 并分析谱带

实验 3.6　宏基因组 DNA 的分离

目的：从土壤样品中分离宏基因组 DNA。

导　　言

宏基因组学是对来自于混合生物群遗传物质(基因组)的研究。它通常是指微生物群落的研究。在大多数情况下，研究微生物简单系统替代像人类一样的复杂系统从而了解生命的生物学过程。微生物具有许多这样的属性，如复杂的有机体氨基酸生物合成、蛋白质合成和许多其他合成。它们拥有独特的原位降解废料的属性。由于它们的遗传和生物多样性，它们已经成为科学研究领域的巨大资源。然而，直到目前标准实验室实践中分离的细菌不到自然界中细菌总数的 1%。这为微生物的遗传和多样性分析留下了 99%的研究机会。在这方面，宏基因组是一个相对较新的研究领域，结合分子生物学和遗传学方法研究微生物多样性和遗传物质特性。

宏基因组学是核苷酸序列、结构，以及它们的调节及功能的综合研究。它通过从生物中提取的 DNA，插入到模式生物进行研究，以及在标准实验室条件下对模式生物 DNA 片段表达的研究。宏基因组学包含从环境样品分离全部遗传物质的操作和分类的系统研究。这个过程涉及遗传物质的分离、遗传物质的操纵、数据库构建和宏基因组数据库中遗传物质的分析。

许多微生物有降解废料、合成生物活性化合物、生产环境友好塑料和合成食品添加剂的潜力。从这些生物体分离 DNA 可以提供为它们优化适用环境的过程和为社会福利所用。然而，由于无效的实验室培养技术，这些微生物的潜在财富未得到相应开发，不了解或未经鉴定。在这方面，宏基因组学是分析自然环境样品大量的微生物多样性的强大技术。该技术的优点是不管实验室培养技术可用性如何，它都能有效地描述样品中遗传多样性。从宏基因组学分析获得的信息提供了工业应用、治疗和环境可持续性的洞察力。直到现在，宏基因组学是分子生物学的新领域，可能发展成为了解微生物多样性的标准技术。

原　　理

直接培养或间接分子工具可以有效地用于探索土壤中微生物多样性。用传统的方法分离和培养微生物只能分析 0.1%～1.0%的微生物多样性，因此，大多数土壤微生物群落尚待探索。在大多数情况下，这涉及遗传物质的分离、数据库的构建和宏基因组数据库中遗传物质的分析(图 3.15)。

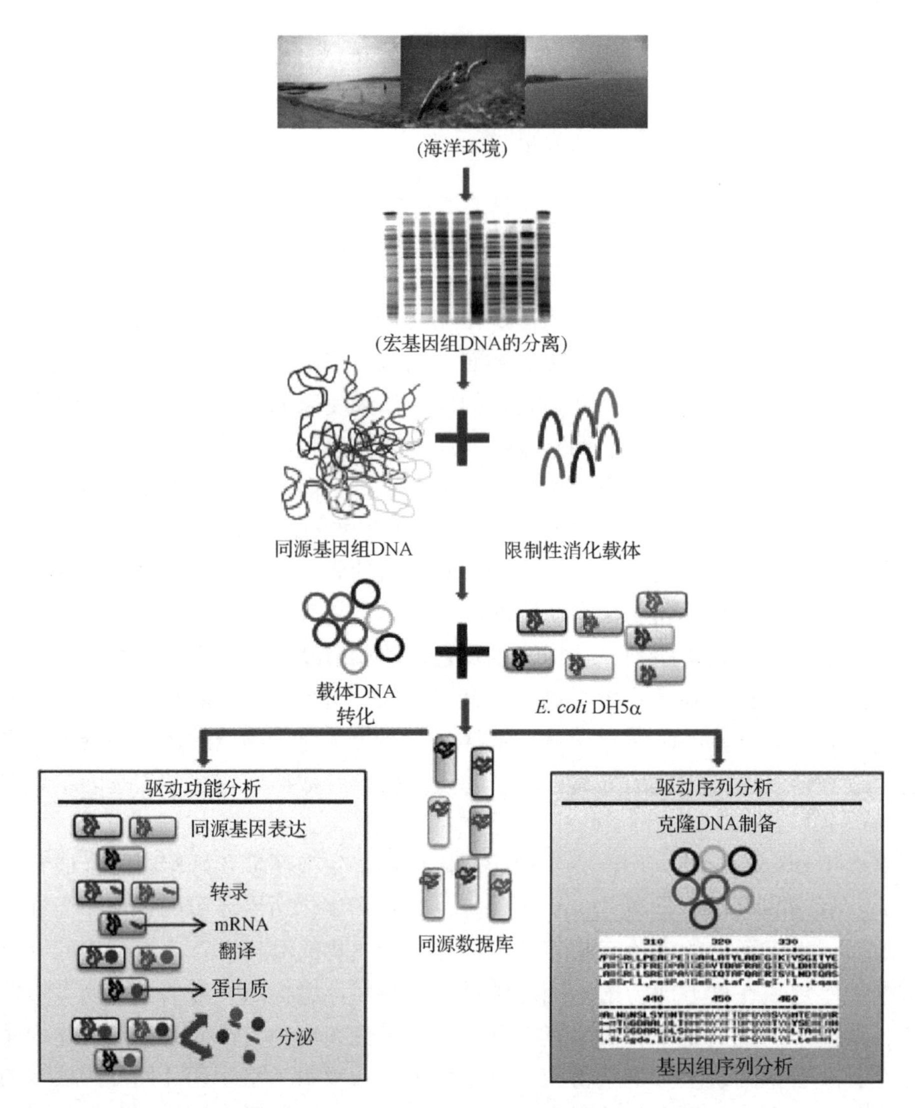

图 3.15　培养和非培养微生物生物活性化合物的宏基因组学分析(彩图请扫封底二维码)

在宏基因组学中，可以分析来自任何环境直接分离的遗传物质样品。主要是由古细菌、细菌、显示多样化细胞壁成分的对不同细胞壁溶解敏感的原生生物组成的土壤或沉积微生物群落。因此，有两种宏基因组提取方法：直接提取法就是在细胞裂解在土壤样品中的地方重新获得 DNA；间接提取法就是从样品中首先清除细胞然后将溶出的 DNA 提取出来。土壤或沉积物是不同物质的复杂基质，如 DNA 的主要污染物腐殖酸，通常在 DNA 分离过程中共提取。因此，DNA 进一步处理得到丰硕的结果之前去除腐殖酸是非常重要的。

一个地区的微生物多样性不同于另一个地区，所以要仔细收集研究地点的土壤样本。收集到的样本包含大量的微生物多样性和它们的细胞可能被化学方法(如碱处理)

或物理方法(如超声波)所破坏。一旦 DNA 游离于细胞，利用 DNA 的物理和化学性质优势就能与其他细胞组分分离。有许多 DNA 分离技术，包括密度离心、亲和结合、溶解度或沉淀。收集 DNA 后，它可以用于模式生物操作。由于基因组 DNA 非常大，可以用限制性消化切割成小片段，小片段与合适载体系统结合。载体除了含有一定的选择性标记外应有自我复制属性。然后包含宏基因组 DNA 片段的载体可以导入合适的模式生物中。这样让模式生物生长从而表达其中的目的基因。宏基因组数据库 DNA 片段分析涉及生物体的物理和化学性质测定。可以了解基因表达属性和化学性质，也可以分析模式生物合成的产物而研究生物表型。可以通过 Sanger 方法测序或新一代测序技术获得宏基因组学清晰思路，以及通过 DNA 序列有效描述信息编码。从宏基因组分析获得的信息有助于确定结构、组织、进化和 DNA 起源，可进一步用于环境效益的科学方法。

所需试剂及其作用

提取缓冲液

DNA 对 pH 高度敏感，因此在 DNA 提取的整个过程中需要缓冲系统保持稳定的 pH。技术的改进包括添加 EDTA 隔离 Mg^{2+}和 Ca^{2+}等二价阳离子，防止 DNA 酶降解 DNA。提取缓冲液的构成是：100mmol/L Tris-HCl(pH 8.0)，100mmol/L EDTA 钠(pH 8.0)，100mmol/L 磷酸钠(pH 8.0)和 1.5mol/L 氯化钠。提取缓冲液可以混合配制：混合 10ml 的 1mol/L Tris-HCl(配制 1mol/L Tris-HCl：在 700ml milli-Q 水中溶解 121.1g Tris 碱加盐酸调节 pH 为 8.0，终体积为 1000ml)，10ml 的 1mol/L EDTA(准备 1mol/L EDTA 钠：在 400ml milli-Q 水中加 186.1g 的 EDTA 钠，用氢氧化钠调节 pH 为 8.0，终体积为 500ml)，10ml 1mol/L 磷酸钠(配制 1mol/L 磷酸钠：将 6.8ml 1mol/L 磷酸二氢钠与 93.2ml 1mol/L 磷酸氢二钠混合)和 30ml 5mol/L 氯化钠(配制 5mol/L 氯化钠：100ml milli-Q 水中溶解 29.25g 氯化钠)，终体积为 100ml。

裂解缓冲液

裂解缓冲液有助于裂解可培养和不可培养微生物的细胞壁，从而使细胞的遗传物质可以很容易出来。SDS 和 CTAB 是促进细胞裂解释放 DNA 的洗涤剂。裂解缓冲液的构成包括：20% SDS 和 1% CTAB。因此，准备 100ml 的裂解缓冲液：100ml milli-Q 水中加 20g SDS 和 1g CTAB，高压灭菌和室温下储存。

氯仿：异戊醇

在宏基因组 DNA 提取过程中，24∶1 的氯仿和异戊醇混合物可消除膜上结合蛋白和脂质。氯仿：异戊醇是结合蛋白质和细胞膜脂质并溶解它们的典型洗涤剂。以这种方式扰乱细胞膜结合到一起的化学键并引起破坏。然后脂质和蛋白质形成复合物而从溶液中沉淀。因为这样的事实，脂质和蛋白质是无水化合物，DNA/RNA 是含水化合物，洗涤剂与无水化合物结合。

异丙醇

DNA 高度不溶于异丙醇，因此，异丙醇溶于水形成使 DNA 在溶液中聚合和沉淀的溶液。异丙醇已作为乙醇更好的替代物，因它对低浓度 DNA 沉淀有更大的潜力。使用异丙醇的另一个主要优点是需要的蒸发时间更短。

操 作 步 骤

1. 在 50ml 无菌离心管内将 5g 的土壤样品与 13.5ml DNA 提取缓冲液(100mmol/L 三羟甲基氨基甲烷/盐酸、100mmol/L EDTA 钠、100mmol/L 磷酸钠、1.5mol/L 氯化钠，pH 8.0)和 100μl 10mg/ml 蛋白酶 K 混合。
2. 混合物在 37℃ 225r/min 连续振荡孵化 30min。
3. 在每个样品中加 1.5ml 的裂解缓冲液(20% SDS 和 1% CTAB)65℃孵化 2h，期间每 20min 轻轻倒置一次。
4. 室温下混合物 6000×*g* 离心 10min。
5. 收集上清液并转移到高压灭菌的 50ml 新离心管中。
6. 混合同等体积的氯仿∶异戊醇(24∶1 *V*/*V*)。
7. 混合物在 7000×*g* 离心 30min 并收集水相到新离心管中。
8. 加 0.6 倍体积(如 100μl 上清液加 60μl 异丙醇)的异丙醇沉淀 DNA，室温下孵化 1h。
9. 7000×*g* 4℃离心 30min，弃上清液。
10. 用 1ml 冷的 70%乙醇洗涤沉淀。
11. 200μl 无菌 milli-Q 水或 TE 缓冲液溶解沉淀。
12. 用 1%琼脂糖凝胶电泳检查提取的宏基因组 DNA 和使用超微量光度计分析 DNA 的质量。

观　　察

采用琼脂糖凝胶电泳和紫外-可见光分类光度计检测分离的 DNA 数量和质量。下列为 1cm 光径，在 260nm 处的光密度(OD_{260})为 1.0 的溶液。

a.50mg/ml dsDNA 溶液。

b.33mg/ml ssDNA 溶液。

c.20～30mg/ml 寡核苷酸溶液。

d.40mg/ml RNA 溶液。

结 果 表 格

样品	DNA 组分	$OD_{260/280}$[a]	参考文献
对照组 1			
样品 1			
样品 2			

a.纯 DNA $OD_{260/280}$ 为 1.8，纯 RNA 为 2.0。因此参考值 $OD_{260/280}$ 小于 1.8 为有更多的蛋白质污染，大于 1.8 为有更多 RNA 污染

疑难问题和解决方案

问题	引起原因	可能的解决方案
RNA 污染	如果细菌生长每毫升比 1×10^9 个细胞还高得多的密度，那么 RNA 污染的机会就越多	细菌生长大于等于 10^9 个细胞/ml
	可能没有加 RNA 酶	将 RNA 酶（400μg/ml）加到分离 DNA 样品中
蛋白质污染	如果细菌生长每毫升比 1×10^9 个细胞还高得多的密度，那么 RNA 污染的机会就越多	细菌生长大于等于 10^9 个细胞/ml
		DNA 溶液中加 2～3 倍体积 100%的乙醇和 1/20 溶液体积的 5mol/L 氯化钠。–20℃孵化混合 10min。离心，弃上清液，加 500μl 70%乙醇
DNA 浓度太低	可能培养体积太少	细菌培养生长到 10^9 个细胞/ml 或重复离心收集更多沉淀
DNA 沉淀后产生不溶性颗粒	DNA 沉淀干燥用哪种方法？放置多长时间？	高真空长时间干燥可能造成 DNA 过度干燥。作为酸性 DNA 在稍碱性溶液如 TE 或 10mmol/L Tris, pH 8.0 缓冲液中比水溶解更好
DNA 降解了	细菌菌株被认为是有问题的吗？	不要让细菌培养超过 16h

注 意 事 项

1. 切断使用的吸管头以避免机械破坏 DNA。
2. 根据 DNA 的来源有蛋白酶 K 可延长孵化期。
3. 应该重复酚氯仿萃取法操作以获得纯的 DNA。
4. 在整个实验中使用无 DNA 酶的塑料制品和试剂。
5. 经常用于分子生物学实验室的苯酚、氯仿可能是最危险的试剂。苯酚是可导致严重烧伤的强酸；氯仿是一种致癌物质。应小心处理这些化学试剂。
6. 分离基因组 DNA 期间戴手套和护目镜。

操 作 流 程

在 50ml 无菌离心管中将 5g 沉淀样品与 13.5ml 提取缓冲液混合

37℃ 225r/min 振荡孵化 30min

混合 1.5ml 20% SDS，混合物于 65℃孵化 2h，期间每 20min 轻轻倒置一次

室温下 6000×*g* 离心 10min 并转移上清液到 50ml 新离心管中

加入等体积氯仿：异戊醇(24：1 *V*/*V*)

4℃ 7000×*g* 离心 30min，弃水层

室温下用 0.6 倍体积异丙醇沉淀 DNA 1h

用冰冷乙醇洗涤并用 milli-Q 水溶解，4℃储存备用

实验 3.7　细菌细胞质粒消除

目的：获得质粒消除的细菌细胞。

导　言

质粒是有自我复制能力而对宿主染色体没有帮助的额外染色体 dsDNA 分子。来自环境样本的许多细菌品种都含有质粒 DNA，并且在细胞分裂时保证质粒成功分配到每个细胞，即每个细胞都接收到一份质粒 DNA 拷贝。在大多数情况下，质粒 DNA 负责功能基因介导的抗性如抗抗生素和重金属抗性等现象。在这方面，质粒消除是用化学制剂如吖啶黄或吖啶橙在体外完全消除细菌质粒的过程。

在实验中含有质粒的细菌通常需要开发质粒消除引出物以便获得有质粒和缺乏质粒细菌之间的清晰比较。然而，某些细菌质粒耐受自发的分离和删除；而它们中的大多数都是稳定的，因此需要某些消除剂或其他物理方法如升高生长温度和胸腺嘧啶饥饿用于自发分离质粒。在大多数细菌菌株中，消除剂不能产生理想的效果，对于所有的质粒来说不存在任何一种黄金标准方案。

在质粒稳定的情形下，它的特性的缺失是难以测定的，但可以用不同的消除剂处理细菌。这些试剂包括使 DNA 突变的化学或物理试剂，干扰它们的复制、影响结构组分或影响细菌细胞的酶。在这一点上，从细菌中消除质粒，培养建立特异性质粒遗传特性和表达特征载体，与消除质粒菌株不表达质粒特性和再引入质粒能反应呈现的特异性表型特征相一致。质粒消除效率依赖于质粒的性质及宿主系统。在大多数情况下，消除实验可以使用用于常规细菌培养的条件来完成。如果处理时间较长，则应该使用较低浓度的试剂。然而，如果使用吖啶橙，应该保持在 pH 7.6 培养及在黑暗中孵化。

原　理

亚抑制浓度的化学试剂如吖啶橙和 SDS 可能导致质粒消除产生消除质粒衍生代。发现吖啶橙和溴化乙锭作为插入剂对多种细菌有效。虽然大部分对各种属的细菌质粒消除都有所应用，但在许多情况下，它们的效果不可预测。然而，在大多数情况下，直到目前为止质粒复制的原理还不为人所知，不过，研究表明，由于热诱导或使用溴化乙锭或吖啶橙而出现质粒复制的干扰(图 3.16)。相反，质粒消除主要干扰携带质粒细菌的生长和自发出现质粒传代的减少。这种情况主要发生在吖啶橙、十二烷基硫酸钠和尿素的使用中。然而，使用丝裂霉素 C 对质粒消除也证明有效。

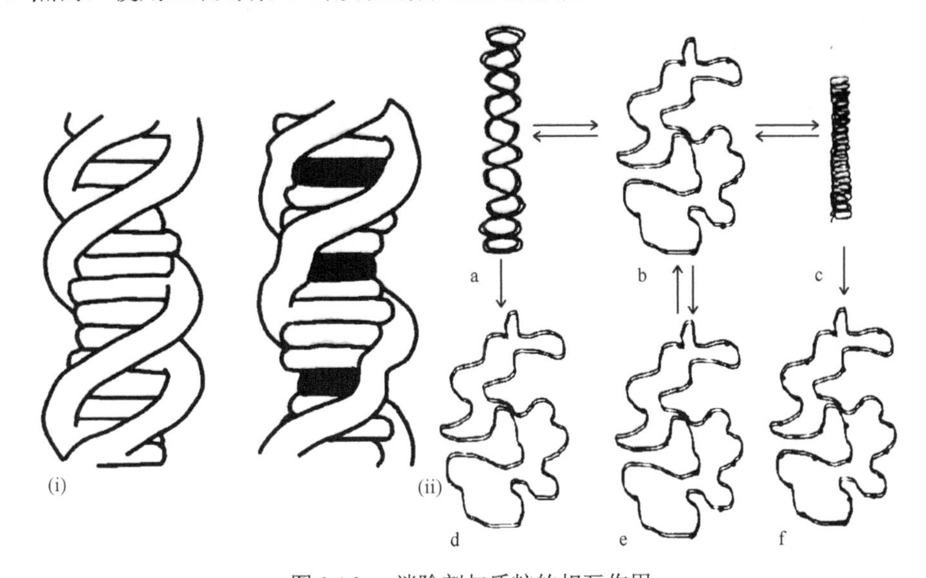

图 3.16　消除剂与质粒的相互作用

(ⅰ)溴化乙锭与质粒 DNA 的相互作用；(ⅱ)溴化乙锭在质粒 DNA 定向上的影响：a. 有超螺旋转角的无色分子，b. 与加入的溴化乙锭形成正向超卷曲，c. 与产生松弛质粒的质粒 DNA 染料可逆结合，d～f. 与产生保留彻底松弛质粒的质粒 DNA 染料可逆结合

抑制细菌外排泵的化学试剂与抗菌和抗质粒活性之间有关。质粒消除在很多化合物中只出现在他们的亚致死浓度。亚致死浓度的化学试剂允许细菌生长，这是质粒消除的先决条件。由于这样的事实，质粒复制依赖于细菌复制，从而影响后代的性质。当携带乳糖操纵子质粒的细菌与亚抑制浓度化学试剂孵化时，并接种于含有四溴荧光素亚甲蓝

(EMB)无药物培养基，基于菌落出现的颜色，如深紫色菌落(lac^+菌株)和粉红色菌落(lac^-菌株)而筛选出消除质粒菌株。

通过粉红色菌落划分的数量与菌落总数可以测定质粒消除的比例。在亚抑制浓度中基团A和基团B中大部分取代基吩噻嗪类拥有质粒消除高活性。在90%消除活性质粒与最小抑菌浓度(MIC)值为 3.1μg/ml 的这组中，2-氯-10(-2-甲基酰胺)-吩噻嗪是最活跃的试剂。在大多数情况下，质粒复制的抑制由超螺旋结构复制起点外部的单一缺口造成的，从而导致质粒DNA进一步松弛。这些化合物插入质粒可通过DNA熔点的增加和圆二色性进行验证。因此，当用琼脂糖凝胶电泳分析质粒外形时，异丙嗪处理质粒 DNA 其超螺旋形式将缺失。然而，开环和线性质粒比例将会增加。

在另一种方法中，可以通过阻断 DNA 促旋酶的活性抑制质粒的复制。随后，防止超螺旋转角进入质粒DNA。已报道异丙嗪、丙咪嗪是合适的质粒消除剂，发现它除了插入dsDNA分子外还作为与异丙嗪互作的特异性结合位点。已观察到抗质粒化合物也能抑制质粒转移，在许多情况下，抑制了反式接合 DNA 合成和交配配对形成。

所需试剂及其作用

吖啶橙

吖啶橙是一种结合核酸的染料，可用于测定细胞周期信息。它可渗透细胞壁，并容易通过插入或静电附着与核酸相互作用。这种染料能在荧光显微镜中发挥作用。还可以通过使用吖啶橙与 DNA 形成复合物发射绿色光，与 RNA 分子结合发射橙色光来研究DNA和RNA。

LB肉汤培养基

LB肉汤培养基是一种营养丰富的培养基，它使许多种细菌(包括大肠杆菌)快速生长并获得良好的培养物。在分子生物学研究中，它是大肠杆菌细胞培养物最常用的培养基。容易配制、大多数大肠杆菌菌株能快速生长、随时可用和组分简单是 LB 肉汤培养基流行的原因。在正常摇瓶培养条件下，LB肉汤培养基可以支持大肠杆菌生长到2～3 OD_{600}。

Muller-Hinton琼脂培养基

它是微生物生长培养基，主要用于抗生素敏感性实验。之前用它来分离脑膜炎菌属(*Neisseria*)和莫拉克斯氏菌属(*Moraxella*)的菌种。根据临床和实验室标准研究所(CLSI)，Muller-Hinton琼脂(MHA)培养基已被推荐用于抗生素敏感性实验。

青霉素和环丙沙星大肠杆菌抗性培养物

抗生素抗性是接触一定浓度抗生素中细菌可以存活的现象。而且能抗多种抗生素的细菌被称为多重耐药细菌。这些抗生素耐药基因型主要发生在细菌质粒中，从而产生抗性。

操 作 步 骤

1. 将一满环培养物(青霉素和环丙沙星耐药大肠杆菌)接种到5ml LB肉汤培养基中，于37℃培养24h。

2. 按照制造商的说明配制50ml的LB肉汤培养基并高压灭菌。

3. 高压灭菌后，加入吖啶橙原液(终浓度为0.10mg/ml)，混匀。

4. 将生长过夜的抗生素耐药大肠杆菌培养物接种到有吖啶橙的LB肉汤培养基中。

5. 在37℃ 180r/min剧烈摇瓶培养24h。

6. 培养后，用拭子将生长的培养物接种到制备的MHA平板上。

7. 按制造商的说明把青霉素和环丙沙星圆纸片放入已接种的平板上。

8. 培养皿于37℃培养24h并观察实验区直径的毫米数。

9. 按照制造商提供的图表，找出实验区直径与抗性或细菌培养物敏感表型之间的相关性。

观　　察

观察实验区直径(mm)和比较培养物质粒消除前和消除后的值。

结 果 表 格

细菌培养物	实验区直径/mm		参考(R/S/I[a])
	青霉素	环丙沙星	
消除前的大肠杆菌			
消除后的大肠杆菌			

a. 抗性/敏感性/中间型

疑难问题和解决方案

问题	引起原因	可能的解决方案
细菌对抗生素显示抗性	吖啶橙的浓度不合适	为目的菌株增加和优化吖啶橙浓度
	抗生素抗性表型无测定特性	确定菌株的质粒存在抗生素抗性基因型
细菌对抗生素显示中间型	吖啶橙的浓度不合适	为目的菌株增加和优化吖啶橙浓度
	吖啶橙不合适	使用其他的质粒消除剂如溴化乙锭

注 意 事 项

1. 实验时一直戴着手套。

2. 仔细遮住你的身体，因为使用的质粒消除剂大多是致癌的。
3. 在开始实验之前，要确定存在质粒抗生素耐药基因型。
4. 使用适当清洁的玻璃制品和塑料制品以达到质粒消除的目的。
5. 用质粒提取和抗生素抗性基因的 PCR 扩增验证细菌质粒消除。

操 作 流 程

将抗生素耐药大肠杆菌孵化培育过夜的培养物加入到含有 0.10mg/ml 吖啶橙的 50ml LB 肉汤培养基中

37℃ 180r/min 摇瓶培养 24h

用拭子将生长的培养物接种到 MHA 平板上，并将青霉素和环丙沙星圆纸片放到平板上

平板于 37℃培养 24h 并测定实验区直径的毫米数

观察细菌质粒消除后的抗性或敏感性

实验 3.8 细 菌 接 合

目的：采用接合作用将水平基因转移实现质粒从一种细菌转移到另一种细菌中。

导 言

细菌接合是通过细胞-细胞直接接触进行水平基因转移，实现从一个细菌到另一个细菌质粒遗传物质的转移。基因的转移是采用细胞间直接接触完成从供体细胞到受体细胞的过程。在大多数情况下，供体细胞包含负责性菌毛形成的“F 因子”，但受体细胞缺乏“F 因子”。遗传物质从一个细胞到另一个细胞的转移有利于受体细胞，因为它提供抗生素耐药性、有毒金属耐受性和使用新代谢物的潜力。从供体到受体的遗传信息接合转移产生主要以质粒的反向接合为主；但是也报道了共轭转座子。接合和非接合环状质粒的共整合导致质粒进入受体菌株的转移，如 Hfr 的情况下，F 质粒整合进入细菌染色体，随后染色体与受体菌株接合。因此，共轭转座子从一个细菌转移到另一个细菌。

已报道肿瘤诱导土壤杆菌属(*Agrobacterium*)的质粒和根瘤诱导发根农杆菌(*A. rhizogenes*)质粒间的跨界接合。遗传物质转移技术对目标生物非常有用。除此之外，遗传物质成功转移已经应用到从细菌到酵母、植物和哺乳动物细胞中。接合非常有利于其他基因转移机制，因为它对靶细胞膜破坏最小，同时它可以从一个生物到另一个生物转移规模相当大的遗传物质。

已报道细菌不同基因组的接合，包括大肠杆菌属(*Escherichia*)、沙门氏菌属(*Salmonella*)、假单胞菌属(*Pseudomonas*)、沙雷氏菌属(*Serratia*)和弧菌属(*Vibrio*)等。然而，还报道了以下与属配对的属间的接合，即大肠杆菌属-志贺氏菌属(*Shigella*)、沙门氏菌属-弧菌属、大肠杆菌属-沙雷氏菌属、沙门氏菌属-沙雷氏菌属、志贺氏菌属-沙门氏菌属、大肠杆菌属-沙门氏菌属。在革兰氏阴性细菌中，抗生素耐药性快速蔓延的主要原因是发生接合，而在革兰氏阳性细菌中，通过供体细胞产生黏合物质而发生接合。

原　理

细菌没有有性繁殖模式；然而，他们拥有称为接合的有性模式。它是将遗传物质，如最优选的 DNA 单向转移，从一个生物到另一个生物。为了将 DNA 从供体(也称为雄性)转移到受体(也称为雌性)，两种生物之间形成接合管。在这个过程中，供体染色体的部分片段通过接合管进入受体。营养缺陷型是细菌的突变体，需要或比野生株(称为原养型微生物)多的一个或多个生长因子。在实验室中可以通过将原养型微生物置于诱变剂如紫外光照射或丝裂霉素 C 来人工合成营养缺陷型。

在这些研究中使用的菌株是对四环素(30μg/ml)耐药的供体菌株和抗链霉素(100μg/ml)的耐药受体菌株。因此，供体菌株在链霉素抗生素中不能生长。然而，当成功发生接合时，反向接合就拥有了对两种抗生素抗性的机制并可生长在补充两种抗生素的平板上。

F 因子被称为质粒的致育因子，是染色体外的遗传元素。大多数质粒都含有 23～30 个基因，其中大部分与接合相关。这些基因负责编码某些蛋白质，接合过程中这些蛋白质帮助 DNA 复制，也帮助合成细胞表面性菌毛所需的某些结构蛋白。性菌毛负责形成像毛发一样的纤维，而当其收缩时供体表面与受体变成彼此紧密接触。在接触面就形成了接合桥通道。性菌毛一旦形成，就通过滚环机制复制质粒或 F 因子，一条单链通过通道到达受体。到达受体生物后，酶合成互补链形成双链 DNA 分子。然后双螺旋 DNA 弯曲形成一个环，从而转变成 F^-细胞和 F^+细胞。然而，F 因子与细菌染色体的活动无关，因此，除了 F 因子以外不负责任何新基因的转移(图 3.17)。

在某些情况下，发现 F 质粒有时与细菌宿主的染色体相关，从而产生高频重组(Hfr)细胞。这些细胞也能合成性菌毛。当 Hfr 细胞为转移到受体细胞开始复制时，除了细胞质粒，染色体 DNA 的一小部分也转移到受体细胞。这些 DNA 分子与宿主细胞遗传物质重组和负责生成新的基因变异。

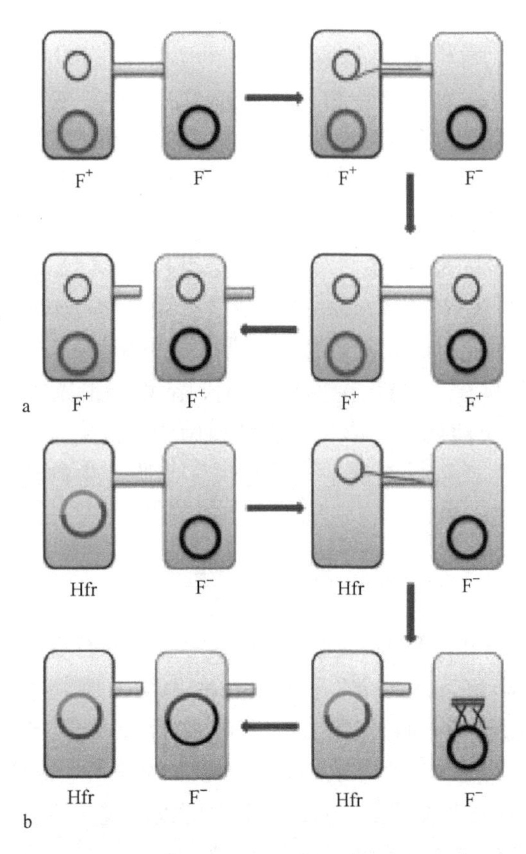

图 3.17　细菌接合机制（彩图请扫封底二维码）

a. F^+ ×F^-杂交；b. Hfr×F^-杂交

所需试剂及其作用

对四环素有耐药性的大肠杆菌供体

发现了许多不同机制的四环素耐药性大肠杆菌，即四环素外输泵、核糖体保护和四环素修饰。在大多数情况下，四环素抗性是主要通过易化子超家族(MFS)输出一种蛋白质而获得的。这种机制大多需要转移质粒和(或)转座子。

对链霉素耐药的大肠杆菌受体

大多数 *rpsL* 基因突变都编码 S12 多肽产生链霉素抗性。通过改变 *rpsL* 基因和存在细菌基因组中 *rrs* 等位基因的数量，细菌对链霉素产生了耐药性。在细菌四环素抗性中链霉素抗性的主要区别在于在细菌基因组中存在突变基因片段而不是质粒，因此不能通过水平基因转移来进行接合。

四环素

四环素是从放线菌科链霉菌属(*Streptomyces*)中提取的一种广谱抗生素。它是蛋白质合成的抑制剂，它与微生物核糖体 30S 亚基结合而阻碍带电氨酰 tRNA 与核糖体 A-位点附着，随后阻止新氨基酸引入到新的肽链。这个实验所需的四环素浓度是 30mg/ml，即用 1.5ml 70%乙醇溶解 45mg 四环素。

链霉素

链霉素是来自灰色链霉菌(*Streptomyces griseus*)放线杆菌抗生素衍生的氨基糖苷类基团。链霉素对细菌系统的作用模式是通过抑制蛋白质合成，它们与细菌核糖体 30S 亚基结合，从而导致密码子误读后抑制蛋白质合成和导致细菌的死亡。

LB 琼脂培养基

LB 琼脂培养基是一种营养丰富的培养基，它能使许多种细菌(包括大肠杆菌)快速增长并获得良好的培养物。在分子生物学研究中，它是大肠杆菌细胞培养最常用的培养基。容易配制、大多数大肠杆菌菌株能快速增长、随时可用和组分简单是 LB 肉汤培养基流行的原因。在正常摇瓶培养条件下，LB 肉汤培养基可以支持大肠杆菌生长到 2～3 OD_{600}。

操 作 步 骤

1. 仔细配制试剂和将 LB 琼脂培养基高压灭菌，抗生素溶液不灭菌。
2. 高压灭菌 LB 琼脂培养基后，约 50℃冷却，加相应的抗生素然后制备培养皿。
3. 大肠杆菌在补加 30μg/ml 四环素的 LB 琼脂平板上为供体细胞，在补加 100μg/ml 链霉素的 LB 平板上为受体细胞。
4. 平板在 37℃培养 24h，观察平板上培养物的生长情况。
5. 从生长过夜的供体和受体细胞平板上，小心挑取单个菌落，接种到 5ml 分别含抗生素的 LB 肉汤培养基中。
6. 于 37℃ 180r/min 摇瓶培养 24h。
7. 将 1ml 培养过夜的培养物接种到含各自抗生素的 25ml 烧瓶中。
8. 37℃ 180r/min 摇瓶培养 5～6h 或培养到 OD_{630} 为 0.8～0.9。
9. 小心吸出供体和受体培养物各 0.2ml 在试管内混合，37℃培养 1～1.5h。
10. 将 2ml 无菌 LB 肉汤培养基加到培养后的管中，37℃恢复和培养 1.5h。
11. 在含有两种抗生素的 LB 琼脂平板上涂布 0.1ml 培养物。
12. 平板于 37℃培养 24h，观察细菌菌落的生长情况，即转化子的生长情况。

观　　察

观察不同平板作为只补充链霉素平板的供体细胞生长情况和只有四环素平板的受体

细胞生长情况。含有两种抗生素的平板供接合子生长，而供体和受体细胞在含有两种抗生素(四环素和链霉素)的平板上不生长。

结果表格

细菌培养物	菌落编号		
	LB+链霉素	LB+四环素	LB＋链霉素＋四环素
大肠杆菌供体细胞			
大肠杆菌受体细胞			
接合子样品			

疑难问题和解决方案

问题	引起原因	可能的解决方案
在各自的平板上生长不适当	高温时注入培养基	要保证在40～45℃时分别向LB培养基中加入各自的抗生素。高温会降解抗生素因而抑制作用模型
	平板储藏太长时间	使用制备1个月内的平板
	吸加错误	确保加入适当量抗生素而没有任何吸加错误。当在平板上进行样品展层时经常使用新的高压灭菌的吸管头

注意事项

1. 在进行实验时一直戴着手套。
2. 供体细胞和受体细胞不能在振荡条件下培养。
3. 抗生素溶液不能高压灭菌。
4. 用注射器式滤器过滤抗生素溶液。
5. 用适当的抗生素浓度制备肉汤培养基和平板。

操作流程

将供体和受体细胞在LB平板上划线，补加各自的抗生素

培养过夜后，单菌落加到5ml含有合适抗生素的肉汤培养基中，37℃ 180r/min培养24h

把培养过夜的1ml培养物接种到25ml LB肉汤培养基中并培养生长到OD_{630}为0.8～0.9

将供体和受体培养物各 0.2ml 在试管中混合并在 37℃培养 1～1.5h

在 37℃恢复和培养 1.5h 后加 2ml 无菌 LB 肉汤培养基到试管中

将 0.1ml 培养物接种到含有两种抗生素的 LB 琼脂平板上

平板于 37℃培养 24h，观察转化接合子发育细菌菌落的生长情况

实验 3.9　细 菌 转 导

目的：学习鼠伤寒沙门氏菌的λ噬菌体 P22 普通转导的诱导。

导　　言

转导是通过病毒媒介将遗传物质从一个细菌转移到另一个细菌的过程。病毒感染细菌的群体称为噬菌体，它们使用细菌机体系统作为宿主来增殖它们的数量。在宿主细菌内的增殖过程中，病毒利用宿主细胞的复制机制，偶尔删除宿主细胞一部分细菌 DNA，在其组装后感染新的宿主细胞，细菌的 DNA 可能会插入新的宿主细胞的基因组内从而完成遗传物质的转移。噬菌体颗粒利用细菌细胞复制、转录和翻译机器的优势进行复制并合成新的病毒颗粒，包括它们的 DNA 或 RNA 和蛋白质的衣壳。

转导介导的基因转移有许多应用，如抗生素耐药性快速传播和通过直接修改遗传错误校正遗传疾病。转导有两种方式，即普遍转导或专一性转导。在普遍转导过程中，通过噬菌体介导可将细菌基因转移到另一种细菌中。当新的 DNA 片段插入到细菌细胞时，细胞就吸收了 DNA 并作为再循环的备件，如果原始 DNA 是质粒，它可能再循环再次形成功能质粒，或者当外源 DNA 与受体细胞染色体同源区域匹配时，它可能就交换了 DNA 物质。然而，在专一性转导过程中，将细菌基因限制性转移到另一种细菌内，或用其他的术语来说，噬菌体只将宿主 DNA 特定部分转移。转导程序采用病毒已成功应用于将目的基因引入其他各种细胞。

血清型鼠伤寒沙门氏菌（*Salmonella enterica*）噬菌体 P22 和大肠杆菌 P1 是普遍转导目的载体最可取的选择。共转导已经成为基因作图强大的工具并继续广泛用于构建菌株。虽然人们认为广义的转导是噬菌体感染伴随的偶然产物而不是系统生物学功能，但随着大肠杆菌（*E.coli*）和鼠伤寒沙门氏菌（*S. typhimuriun*）菌株之间基因转移接合，它仍然是质粒转化很有用的技术。该技术其他成功应用包括转导作图、菌株构建、多基因定位、移动基因定位及大肠杆菌和鼠伤寒沙门氏菌之间的基因转移。

原　理

由噬菌体介导的遗传物质从一种细菌到另一种细菌的转移称为转导，已证明它是分子生物学实验中将外源基因稳定导入宿主细胞基因组的有用工具。然而，通过不同的机制如接合、转化或转导，细菌也可以将遗传物质从一种细菌转移到另一种细菌。在转化期间，它包括从环境中获得 DNA，因此它对 DNA 酶高度敏感。在接合过程中，细菌细胞通常需要通过细胞与细胞之间的接触直接获得 DNA，而不是在任何情况下都能获得 DNA。在这方面，转导是一个更好的选择，包括通过噬菌体介导进行遗传元素的转移，不需要细胞与细胞接触并且通常对 DNA 酶有抗性。

转导的整个过程有以下几个步骤：首先，噬菌体感染易感细菌和将它的一份 DNA 注射到宿主内，随后利用宿主细胞合成噬菌体组分包括噬菌体 DNA。这个过程可能导致细菌染色体与噬菌体 DNA 整合。在噬菌体周期的最后阶段，细胞质中噬菌体所有组分组装成完整的噬菌体颗粒，细胞溶解释放新形成的噬菌体颗粒。随后，当新的噬菌体颗粒感染另一个受体菌时，噬菌体的 DNA 随着供体细菌的染色体注入受体菌，从而转导的细菌基因被重组合并。虽然转导是基因重组过程中的不同形式，但是显著的区别是噬菌体颗粒的引入。转导的另一个显著特征是，被噬菌体颗粒转移的只是总遗传物质的一小部分(图 3.18)。

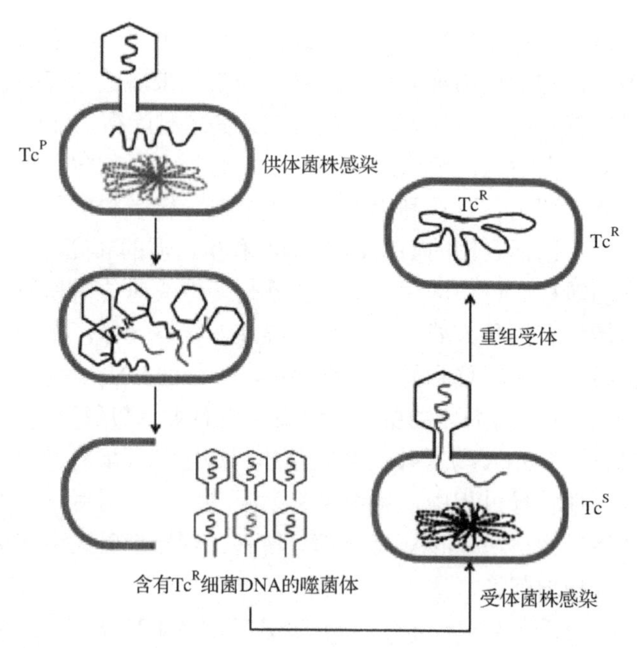

图 3.18　经噬菌体 P22 将供体菌株 Tc^R 区域转移到细菌 Tc^S 区域(彩图请扫封底二维码)

转导实践包括产生普遍转导或专一性转导两个不同的途径。普遍转导过程中，细菌基因组的任何部分可转移到另一种细菌且不携带病毒 DNA。噬菌体粒子裂解循环中，当噬菌体颗粒感染细菌系统时，它需要控制宿主细胞体系并复制它自己的病毒 DNA。在包装过程中如果细菌染色体意外插入病毒衣壳，它会导致普遍转导。同样，在专一性转导中，噬菌体颗粒转移位于噬菌体基因组附近的专一性部分的细菌基因。专一性转导可能包括 3 个结果：DNA 可能被吸收和再循环；细菌 DNA 与受体细胞同源 DNA 匹配与交流，从而受体细胞包含相同的和其他细菌细胞的 DNA；否则，DNA 可能插入到受体细胞基因组中，因为病毒导致产生基因双拷贝细菌。

在这个实验中，通过噬菌体将抗生素耐药基因从一个细菌转移到另一个细菌。

所需试剂及其作用

供体菌株

供体大肠杆菌是耐氯霉素的细菌培养物。抗氯霉素主要有 3 种机制，即降低通透性、50S 核糖体亚基突变和氯霉素乙酰转移酶制备。高水平的氯霉素抗性主要由 *cat* 基因编码，它编码氯霉素乙酰转移酶从而使氯霉素灭活和乙酰化作用防止氯霉素与核糖体结合。抗性机制也存在于质粒中，如 ACCoT 质粒负责细菌多重耐药性。

易感宿主

对氯霉素敏感和对氨苄青霉素耐药的菌株均可以用于作为易感宿主。氨苄青霉素抗性基因（Amp^R）主要用于常规生物技术实验的可选标记。β-内酰胺酶由负责降解氨苄青霉素的基因编码。

噬菌体 P22 溶菌产物

P22 是噬菌体 λ，它主要用于诱导细菌突变和引进外源 DNA 片段。该噬菌体包含 dsDNA 作为其遗传物质及基因表达控制区域。在感染期间，它通知 DNA 和沿着宿主 DNA 经滚环机制进行复制。在大多数的转导实验中，P22 噬菌体颗粒用于研究细菌遗传学和菌株构建。

氨苄青霉素

氨苄青霉素是一种 β-内酰胺类抗生素，高效存在于革兰氏阳性细菌和革兰氏阴性细菌中。它负责细菌细胞壁合成的转肽酶的不可逆修饰。因此，它抑制细胞分裂的最后阶段，在二分裂期导致细胞裂解。在这个实验中，氨苄青霉素使用浓度为 100μg/ml。

氯霉素

氯霉素主要作为抗革兰氏阳性细菌和革兰氏阴性细菌的抑菌剂。在大多数情况下，它通过抑制蛋白质合成而抑制细菌生长。它通过抑制肽基转移酶激活细菌核糖体阻止蛋白质链的伸长。在实验中使用浓度为 20μg/ml。

LB 培养基

LB 琼脂培养基是一种营养丰富的培养基，它能使许多种细菌包括大肠杆菌快速生长并获得良好的产率。LB 培养基是分子生物学研究中大肠杆菌细胞培养最常用的培养基。容易配制、大多数大肠杆菌菌株能快速生长、随时可用和组分简单使其成为流行的培养基。在正常摇瓶培养条件下，LB 肉汤培养基可以支持大肠杆菌生长到 2～3 OD_{600}。

1mol/L 氯化钙

为了噬菌体颗粒附着和细菌细胞内遗传物质转移，需要 1mol/L 氯化钙处理细菌细胞。这有助于细菌细胞容易吸收 DNA 分子。添加氯化钙后，它水解成 Ca^{2+}和 $2Cl^-$，因此正电荷 Ca^{2+}抵消 DNA 负电荷从而允许 DNA 穿过细胞壁和细胞膜。因而在实验中添加氯化钙后应在 4℃孵化，否则细菌细胞会死亡。制备 1mol/L 氯化钙溶液，在 1000ml milli-Q 水中添加 $CaCl_2 \cdot 2H_2O$ 85g，高压灭菌并存储于 4℃。

操 作 步 骤

1. 用满环供体大肠杆菌菌株在含有氨苄青霉素的 LB 琼脂平板上划线和 LB 琼脂平板上接种易感宿主。
2. 在 5ml 有合适抗生素的 LB 肉汤培养基中分别接种满环培养物。
3. 平板在 37℃培养，试管于 37℃ 300r/min 摇瓶培养 24h。
4. 从供体细胞平板上将 10～15 个菌落接种到含有 20μg/ml 氯霉素的 5ml LB 肉汤培养基试管中。
5. 5ml LB 肉汤培养基在 60～65℃水浴中预热，试管于 30℃培养 2h。
6. 将 100μl 噬菌体溶菌产物加入到含供体细胞的试管中，30℃继续培养 30min。
7. 将 2ml 预热无菌 LB 肉汤培养基加入到含供体大肠杆菌细胞的试管中，混匀，42℃培养 20min。
8. 在 37℃进一步培养 3h。
9. 培养后，培养物用 5000r/min 离心 10min。上清液用 0.45μm 滤纸过滤，收集噬菌体溶菌产物并在 4℃储存到进一步使用。
10. 将从含有受体菌株的平板上挑取单个菌落接种到 5ml 含有 100μg/ml 氨苄青霉素的 LB 肉汤培养基中，37℃ 180r/min 摇瓶培养 24h。
11. 在含有 100μg/ml 氨苄青霉素的 5ml LB 肉汤培养中接种 100μl 培养过夜的培养物，在 37℃培养 2h。
12. 在 2ml 微量离心管中取 50μl 培养物并添加 50μl 0.1mol/L 氯化钙和 250μl 第 9 步获得的噬菌体溶菌产物。
13. 混匀，37℃培养 2h，注意不要摇瓶培养。
14. 培养后，取 50μl 培养物到含 20μg/ml 氯霉素、100μg/ml 氨苄青霉素和分别含有两种抗生素的平板上。

15. 全部平板在 37℃培养 24h。
16. 第 2 天观察结果，在含有两种抗生素的平板上观察转导菌落的生长情况。

观　　察

观察培养物在不同培养基上的生长情况，供体细胞只生长在补充氨苄青霉素的平板上，而受体细胞生长在只有氯霉素的平板上。转导菌株在含有两种抗生素的平板上生长，而供体细胞和受体细胞不会再有两种抗生素如氨苄青霉素和氯霉素的平板上生长。

结果表格

3 种类型细菌培养物	菌落编号		
	LB+氨苄青霉素	LB+氯霉素	LB＋氨苄青霉素＋氯霉素
供体细胞			
受体细胞			
转导细胞			

疑难问题和解决方案

问题	引起原因	可能的解决方案
在各自的平板上生长不适当	高温时注入培养基	要保证在 40～45℃时分别向 LB 培养基中加入抗生素。高温会降解抗生素因而抑制作用方式
	平板储藏太长时间	使用制备 1 个月内的平板
	吸加错误	确保加入适当量抗生素而没有任何吸加错误。当在平板上进行样品展层时经常使用新的高压灭菌的吸管头

注意事项

1. 在进行实验时一直戴着手套。
2. 供体细胞和受体细胞不能在振荡条件下培养。
3. 抗生素溶液不能高压灭菌。
4. 用注射器式滤器过滤抗生素溶液。
5. 用适当的抗生素浓度制备肉汤培养基和平板。

操作流程

在含有合适抗生素的 LB 平板上复苏供体菌株和敏感宿主

将满环培养物分别接种到有合适抗生素的 5ml LB 培养基中并在 37℃培养 24h

从含有供体细胞的平板上将 10～15 个菌落接种到含有 20μg/ml 氯霉素的
5ml LB 肉汤培养基中

37℃摇瓶培养 2h，5ml 无菌 LB 肉汤培养基于 60～65℃预热

将 100μl 噬菌体水解物加入到含供体细胞的试管中，37℃培养 30min

将 2ml 预热的 LB 肉汤培养基加到试管中，混匀，42℃培养 20min，37℃继续培养 3h

培养物用 5000r/min 离心 10min，上清液用 0.45μm 滤纸过滤，收集噬菌体
溶菌产物并储存于 4℃直到下一步使用

将受体菌株单个菌落接种到 5ml 含有 100μg/ml 氨苄青霉素的 LB 肉汤培养基中，
37℃ 180r/min 摇瓶培养 24h

在 2ml 微量离心管中取出 50μl 培养物并加入 50μl 0.1mol/L 氯化钙和 250μl 噬菌体
溶菌产物，混匀并在 37℃培养 2h，不要摇瓶培养

培养后，取 50μl 培养物涂布到含有两种抗生素的 LB 平板上，37℃培养 24h
并观察菌落生长情况

第 4 章　分子微生物多样性

实验 4.1　质粒图谱分析

目的：利用质粒图谱研究细菌的基因型。

导　　言

质粒是染色体外小环形状 DNA 分子，在基因组中它有独立复制的能力。为了了解耐药质粒的分子流行病学，分析抗生素和金属抗性基因在传播中质粒作用已成为一个主要问题。然而，理解质粒流行病学的主要约束条件是这些质粒的多样性和动态特性。质粒的复制系统决定了它的行为，如宿主期和拷贝数是生物学角度的质粒主要标记。质粒拷贝数对宿主传承各种特征起着至关重要的作用。质粒图谱分析是病原菌血清学研究非常有用的技术，用于特异血清型与特异性参考模式鉴定，从而检测可能有质粒内容变化的某些菌株。

最近，质粒图谱已用于确定沙门氏菌中的分子亲缘关系，是区分菌株非常有用的技术。质粒包含细胞生长和生存所必需的基因，且拥有血清型之间和穿过细菌种群转移 DNA 的简单机制。在这方面，质粒图谱分析提供了有用的技术，该技术基于存在的拷贝数、大小，通过质粒 DNA 的简单提取确认质粒，通过琼脂糖凝胶电泳分离并以细菌菌株中最佳大肠杆菌携带已知质量质粒为参考，在紫外光下的可视化来区分细菌种类。

质粒具有高度传染性，它们能在相同或不同属细菌之间转移。质粒转移所需的全部功能、纤毛的合成都由存在于它们中的基因编码。因此，在获得转移后这些基因能形成反向接合体，并成为新一轮接合的供体，这可重复好几代。在历史上，大多数质粒图谱分析用于检测致病菌的暴发和检测新进入的可能导致暴发的某些质粒。然而，质粒图谱分析如今也已经成为研究环境菌株微生物分型有用技术，请记住这一事实，有相同质粒图谱的菌株彼此遗传型是密切相关的。

原　　理

质粒图谱分析方法类似于用于细菌基因分型的其他分型技术。在流行病学相关分型中，所有疫情相关的菌株具有相同质粒图谱并提供与其他分型系统相似的结果。然而，来自共同起源的所有分离株完全相同或具有相似的质粒图谱是不可能的。但是，如果质粒编码某些毒性因子则是可以辨别的，可以推断出特定细菌菌株有传播感染的能力。在这方面，在临床微生物学的研究和疾病暴发研究中，质粒图谱研究应该包括来自非暴发相关患者或环境分离的对照菌株。因此在任何流行病学研究中，一个精确的结论应该匹配对照分离株和感染分离株之间的质粒图谱。

质粒图谱分析超越其他分型技术的优点是：一套试剂和仪器适用于许多种细菌。在某些情况下，细菌中质粒的存在与否也会影响分离株的质粒图谱。然而，对于任何成为有效的分型系统应该能够区分病例分离株与非病例分离株。因此，当一组分离株质粒图谱进行比较时，在所获得的模式中必须有足够的差异存在来推断出强有力的结论。当它与其他筛查或分型技术结合在一起时质粒图谱变得非常有用。临床微生物应用中，质粒图谱作为主要技术应该包括其他技术如影印接种法、噬菌体分型、抗菌谱等。

细菌质粒分类有很多方法，最好的方法之一就是有从一个细菌转移到另一个细菌的能力。这些质粒被称为包含 *tra* 基因的接合质粒，在接合过程中它能实现复杂的程序。然而非接合质粒不能启动接合，因此只能通过其他接合质粒的辅助进行转移。还有一组在某些情况下可以移动的中间体质粒，因为它们包含所需转移的遗传物质很少。质粒分类的另一种方法是基于功能分类，包括携带 *tra* 基因的生育或 F 质粒，携带抗生素和金属抗性基因型的抗性质粒，拥有能够编码杀灭其他细菌的细菌素基因的 col 质粒，细菌素降解质粒，它降解不寻常物质如甲苯和水杨酸，以及可以将非致病性细菌转换为致病性细菌的毒力质粒。

在自然条件下质粒存在 5 种形式。如切开双链 DNA 的一条链的带切口的开环。松弛环状 DNA 以完全完整的形式存在，然而，通过消除超螺旋的酶促松弛除外。在另一项证据中，线性 DNA 就像切断 DNA 双链一样在体内条件下保留线性，拥有游离末端。超螺旋质粒 DNA 也称为共价闭环 DNA 分子，有两条无切口的完整链，伴随整体扭曲构成紧凑形式。另一种质粒 DNA 形式为超螺旋变性 DNA，具有未配对区域和稍不紧凑的结构，通常，形成这种形式的质粒 DNA 来自于在质粒制备过程中使用过多的碱(图 4.1)。

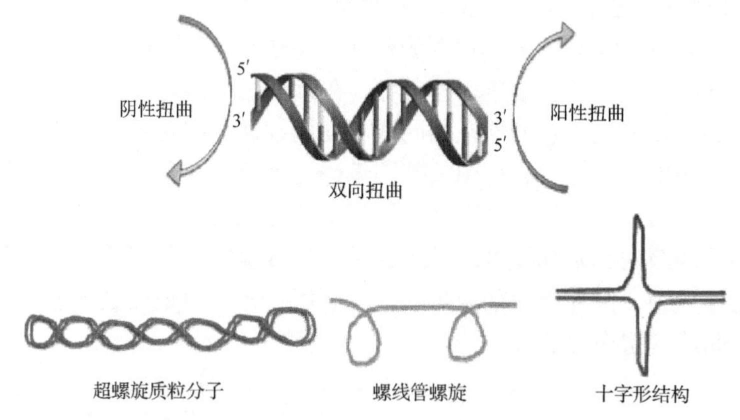

图 4.1 利用质粒图谱分析出现不同带形的质粒分子(彩图请扫封底二维码)

所需试剂及其作用

乙二胺四乙酸

乙二胺四乙酸(EDTA)与细胞壁中的二价阳离子结合，从而削弱细胞膜。细胞裂解后，

EDTA 通过结合 Mg^{2+}而限制 DNA 降解，Mg^{2+}是细菌核酸酶的必需辅因子。通过这种方式，它能抑制导致细胞壁和细胞膜破坏的核酸酶。

氢氧化钠

氢氧化钠用于分离细菌染色体 DNA 与质粒 DNA。染色体 DNA 和修剪的 DNA 都是线性的，而大部分的质粒 DNA 是环状的。当溶液介质添加氢氧化钠成为碱性时，双链 DNA 分子分离(通常称为变性)，它们的碱基不再彼此相关联。另外，变性的质粒 DNA 无法分离。一旦溶液碱性消失，环链很容易找到它们的互补链并复性回到环状双链质粒 DNA 分子状态。采用氢氧化钠从染色体 DNA 分离质粒可探索质粒 DNA 这种独特性质。

乙酸钾

乙酸钾用于选择性沉淀染色体 DNA 和其他细胞碎片分离所需的双链质粒 DNA。质粒 DNA 分离期间乙酸钾做了 3 件事：①它允许环状 DNA 复性，而剪切的细胞 DNA 仍像单链 DNA 一样变性。②单链 DNA 沉淀像大的单链 DNA 一样不溶于高盐浓度。③当乙酸钾加入 SDS 中时就形成十二烷基硫酸钠和氯化钾沉淀(KDS)而不溶解。这就很容易从提取的质粒 DNA 中去除 SDS 污染。

LB 肉汤培养基

LB 肉汤培养基是一种营养丰富的培养基，它使许多细菌快速生长并可获得良好的培养物。在分子生物学研究中，它是大肠杆菌细胞生长最常用的培养基。在正常摇瓶培养条件下，LB 肉汤培养基可以支持大肠杆菌生长到 2～3 OD_{600}。

TE 缓冲液

TE 缓冲液是在水中混合 50mmol/L 三羟甲基氨基甲烷和 50mmol/L EDTA，pH 保持 8.0 的缓冲液。TE 缓冲液的主要组成部分，三羟甲基氨基甲烷作为普通的 pH 缓冲液在下一步加入其他试剂时控制 pH，EDTA 螯合阳离子如 Mg^{2+}。因此，TE 缓冲液有助于溶解 DNA，并保护它免于被降解。

十二烷基硫酸钠

在质粒 DNA 提取过程中，十二烷基硫酸钠(SDS)是用于碱性溶菌混合物的主要成分。SDS 是溶解细胞膜的脂质成分及细胞蛋白质去污剂。

乙醇

使用冷乙醇或异丙醇沉淀质粒 DNA。由于 DNA 不溶于乙醇，在其之外，DNA 聚集或纠缠在一起。因此，离心从沉淀中形成颗粒，可使其从不需要的上清液中进一步分离出来。

操 作 步 骤

质粒 DNA 的提取

1. 从单个细菌样本中接种单菌落到 5ml 无菌 LB 肉汤培养基试管内。

2. 37℃ 180r/min 摇瓶培养 24h。

3. 取 1ml 培养过夜的细菌培养物于 5ml 微量离心管中室温下 10 000r/min 离心 2min，收集细胞沉淀。

4. 弃上清液和用 150μl EDTA-Tris 缓冲液重悬浮细胞沉淀，旋涡完全混合。

5. 加 175μl 2% SDS 和 175μl 0.4mol/L 氢氧化钠到相同管内，用力混合。

6. 加 250μl 冷的 5mol/L 乙酸钾，用力混合。

7. 12 000r/min 离心 5min，将上清液转移到新管中。

8. 将等体积冷乙醇加到管内。通过反复颠倒试管几次混合样品。

9. 立即将样品在 4℃ 12 000r/min 离心 10min。

10. 弃上清液和用 650μl 冷的 70%乙醇洗涤含有质粒 DNA 的沉淀，12 000r/min 离心 15min。

11. 弃上清液，室温下细胞沉淀干燥 30min 完全蒸发乙醇。

12. 用 40μl 无菌去离子水重悬浮质粒沉淀。

琼脂糖凝胶电泳

1. 制备 0.8%的琼脂糖凝胶：在 100ml 1×TAE 缓冲液中加 0.8g 琼脂糖。

2. 用微波炉煮沸使琼脂糖在 TAE 缓冲液中完全溶解，大约 60℃冷却。

3. 加 2μl 10mg/ml 的溴化乙锭(EB)，并通过旋涡混合。

4. 将琼脂糖溶液注入带梳子的电泳板，以适当的空间获得 4～5mm 厚的凝胶。

5. 凝固大约 20min，取出梳子。将电泳板放入电泳槽。

6. 将 1×TAE 缓冲液注入电泳槽标记上限以便缓冲液覆盖凝胶表面。

7. 15μl 分离的质粒 DNA 与 2μl 凝胶上样染色液混合，并小心将样品加到梳子孔中。

8. 将电极连接到电源组，60～100V 进行电泳，直到上样染色液迁移到凝胶大约 3/4 处时停止。

9. 染料在凝胶迁移完成后，断开电源。将凝胶放置到凝胶成像系统，并获取琼脂糖凝胶电泳完成后的带型清晰的图像。

质粒图谱分析

1. 存在于各自细菌中的质粒将根据其分子质量、拷贝数进行分离和确定。因此，在凝胶成像系统下观察后可获得清晰的区带带型。

2. 采用 Quantity One(美国 Bio-Rad) 软件分析带型的数量。在 Quantity One 软件中打开凝胶图像。

3. 基于呈现的条带数量，框架内泳道取决于凝胶上带谱数量(图 4.2)。

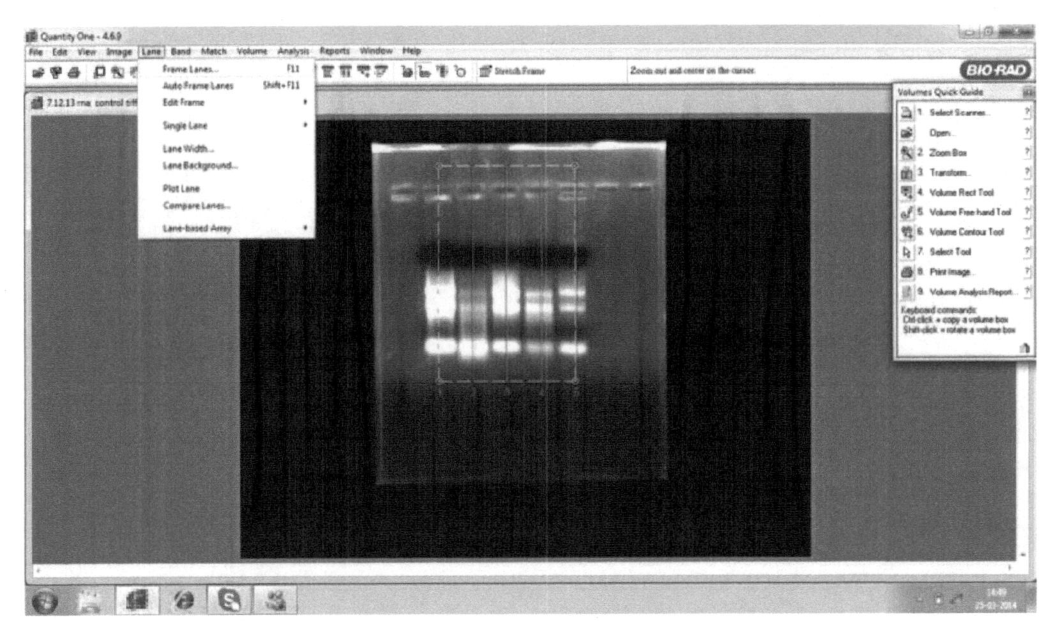

图 4.2　凝胶图谱快照，基于待分析的条带数量显示泳道数量(彩图请扫封底二维码)

4. 参考带谱作为所有泳道的正常背景。
5. 按 4%容许极限检测区带(图 4.3)。

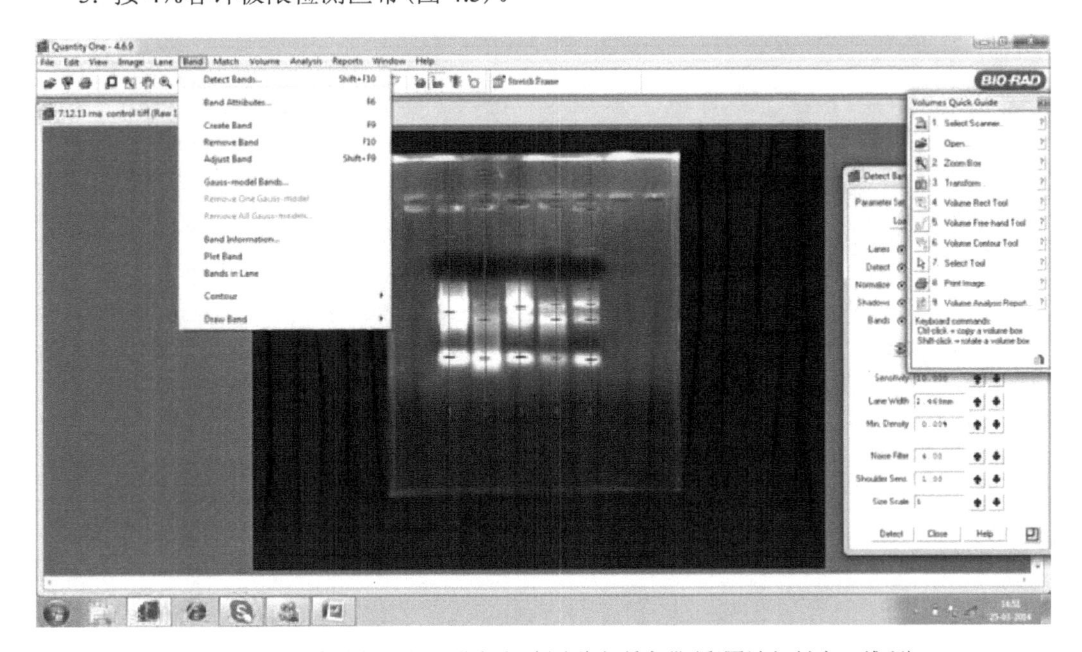

图 4.3　用 4%容许极限检测获得凝胶图谱中所有带(彩图请扫封底二维码)

6. 指定泳道内带的分布和数量。

7. 通过点击普遍存在于所有泳道中任何一个清晰带匹配带型(图 4.4)。

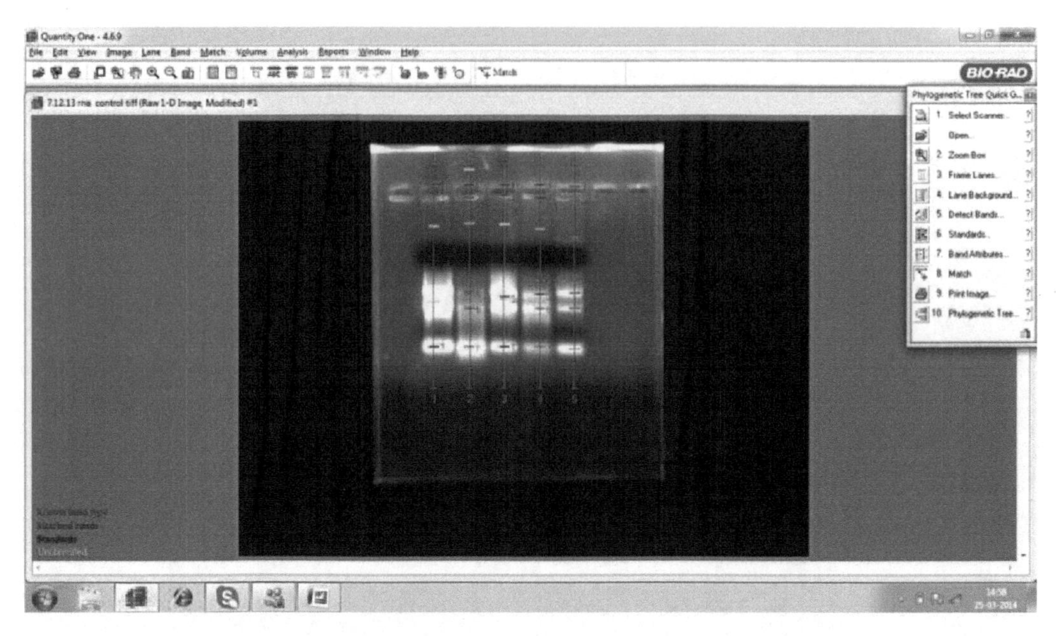

图 4.4　凝胶中存在的带型与其他带的匹配(彩图请扫封底二维码)

8. 点击系统发育树选项并选择邻接法构建系统发育树(图 4.5)。

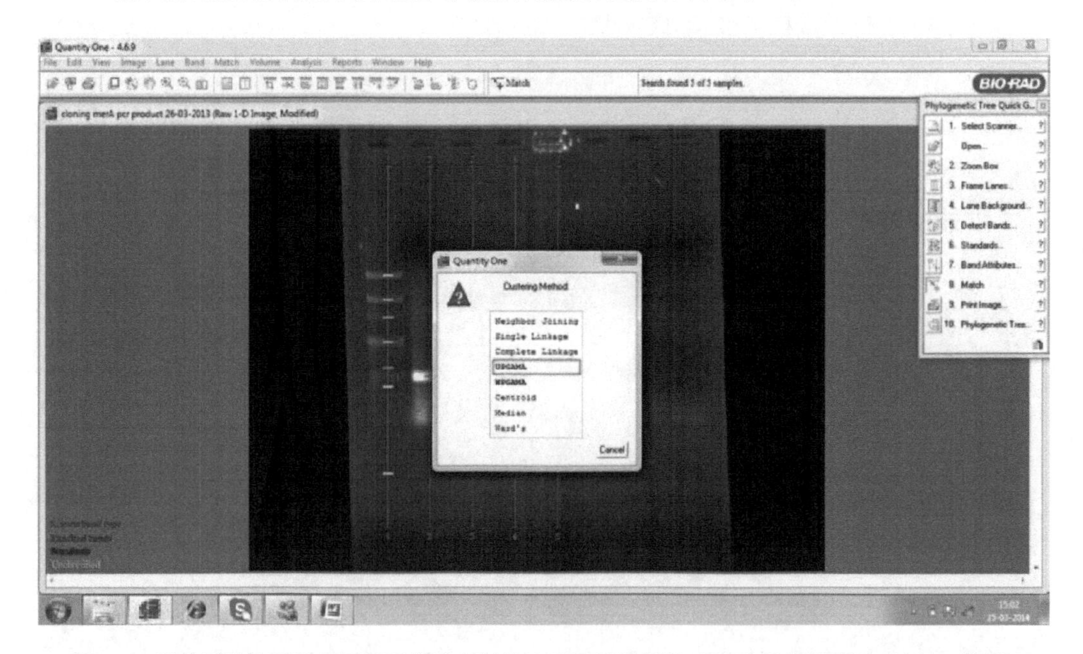

图 4.5　凝胶图谱快照显示用于系统发育树构建的运算法则的正确选择(彩图请扫封底二维码)

9. 获取系统发育树并基于质粒图谱推断它们之间的系统发育关系(图 4.6)。

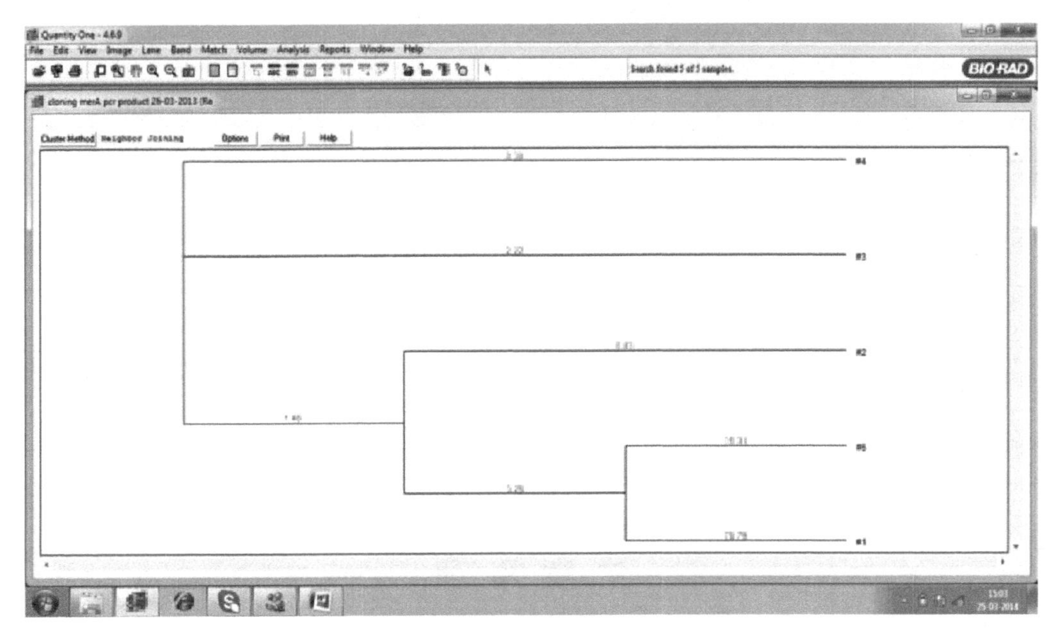

图 4.6　用 Quantity One 软件对带型分析获得的系统发育树，从而基于质粒图谱分析推断细菌之间的系统发育关系

观　　察

观察琼脂糖凝胶上的带型和 Quantity One 软件分析后获得系统发育树。基于获得的发育树了解它们之间的远近关系并推断出这些细菌之间的系统发育关系。

结 果 表 格

生物名称	泳道序号	琼脂糖凝胶电泳后带的编号	相关性
对照			
菌株 1			
菌株 2			
菌株 3			
菌株 4			
菌株 5			

疑难问题和解决方案

问题	引起原因	可能的解决方案
质粒 DNA 产率低	培养物不适应生长	用合适生长的培养基在最适条件下大力摇瓶进行培养
	水解物制备不完全	加入第 3 步的溶液后最后离心前孵化 5min
RNA 污染	初次离心不是在 20～25℃中完成	初次离心时水解物在室温进行可以将剩余 RNA 水解
DNA 沉淀后沉淀不溶解	沉淀可能过分干燥	像酸一样，DNA 最好溶解在稍微碱性的溶液如 TE 缓冲液或 10mmol/L pH8.0 Tris 缓冲液而不是水中；将沉淀加热几分钟促进溶解
质粒 DNA 在下游应用中性能差	沉淀在溶液 II 中再悬浮不完全	必须小心混合（缓慢倒转）直到获得均匀层
细菌染色体 DNA 污染	可能任何使用漩涡振荡器的步骤	加入任何溶液后绝不能使用漩涡振荡器，漩涡将剪切染色体 DNA
凝胶拖尾/质粒降解	已知细菌菌株有疑问吗	避免细菌生长超过 16h
	推荐菌株生长时间过度	使用推荐的细菌生长时间

注 意 事 项

1. 添加不同储备液时使用新的吸管避免交叉污染。
2. 转移上清液到新试管时避免触碰试管内壁。
3. 将上清液转移到新试管时，小心不要移动沉淀。
4. 保持戴护目镜和手套。
5. 质粒 DNA 提取过程中的任何步骤决不能使用漩涡振荡器混合。
6. 使用剪断的吸管头在提取过程中非常有用。

操 作 流 程

质粒 DNA 的提取

将纯培养的细菌菌落接种到 5ml LB 肉汤培养基中并在 37℃ 180r/min 摇瓶培养 24h

取 1ml 细菌培养物于 10 000r/min 离心 2min 并收集细胞沉淀

用 150μl EDTA-Tris 缓冲液再悬浮细胞沉淀，旋涡混合，加入 175μl 2% SDS 和 175μl 0.4mol/L 氢氧化钠，用力混合

12 000r/min 离心 5min 和将上清液转移到新试管中，在试管中加入等体积冷乙醇，

通过反复颠倒试管几次混合样品，立即将样品在 4℃ 12 000r/min 离心 10min

弃上清液收集含有质粒 DNA 的细胞沉淀，用 650μl 冷的 70%乙醇洗涤沉淀，
12 000r/min 离心 15min

弃上清液和在室温下干燥沉淀 30min，用 40μl 无菌去离子水再悬浮沉淀
并于–20℃储存直至下一步使用

琼脂糖凝胶电泳

制备 0.8%琼脂糖凝胶：在 100ml 1×TAE 缓冲液中加 0.8g 琼脂糖，
在微波炉中煮沸使琼脂糖完全溶解，在 60℃冷却

加 2μl 溴化乙锭经旋涡混合，将琼脂糖溶液注入有梳子的电泳板

让凝胶凝固 20min，取出梳子，将凝胶板放入电泳槽

注入 1×TAE 缓冲液直至覆盖凝胶表面，并将 15μl 质粒 DNA 样品与
2μl 凝胶上样染色液混合后上样

60～100V 进行电泳和在凝胶成像系统观察带型

质粒图谱分析

在 Quantity One 软件中打开凝胶图像，根据凝胶点样数框住泳道

所有泳道的背景标准化并用 4%容许极限值检测区带

指定和赋予泳道属性，并匹配存在于泳道中任何明显的带型

点击构建系统发育树，选择邻接法构建系统发育树

获得系统发育树和推断它们在质粒图谱中的系统发育关系

实验 4.2　扩增核糖体 DNA 限制性分析研究细菌相关性

目的：利用扩增核糖体 DNA 限制性分析(ARDRA)研究细菌基因分型。

导　言

扩增核糖体 DNA 限制性分析技术是限制片段长度多态性技术的修正，被应用于细菌 16S rRNA 基因亚基。在这种技术中，细菌 16S rRNA 基因由聚合酶链反应(PCR)扩增，随后扩增产物用合适的限制性内切核酸酶消化产生不同大小的产物。因此，基于限制性产物的带型，可以派生出菌株系统发育关系。该技术主要采用四种限制性内切核酸酶。然而，为了获得显著的统计结果，这一过程中至少使用 3 种限制性内切核酸酶。

当使用一套合适的限制性内切核酸酶时，就会预期发现每个细菌物种或菌株的独特指纹图。当降解的 DNA 在凝胶上泳动时，就获得了群体的片段特征图谱。然而使用这种技术的主要瓶颈是细菌群体分析。当细菌群体通过这种技术获得指纹图时，并不可能获得某个细菌菌株的识别。然而，这种方法可以用探针杂交补充该技术而克服限制性。这种技术的限制包括要求在每组实验前进行优化。所有限制性内切核酸酶并不能对所有生物进行有效工作，当限制性图谱从核糖体基因高度保守区产生时，从两个不同生物组所生成的片段变得很难彼此分开。

尽管有这么多的限制，但由于很多原因，ARDRA 技术是研究细菌系统发育最有用的技术。因为这种技术涉及 16S rRNA 基因，根据它们的大小及基因序列进行分离，该技术已变成高性价比和消耗时间更少的技术，这种技术可以在任何标准实验室条件与正常分子生物学设施中进行。当利用这种方法直接替代 PCR 扩增群体 DNA 克隆 16S rRNA 基因时，就增加了获得 ARDRA 良好结果的机会。

原　理

探索 16S rRNA 基因序列与限制性消化和凝胶电泳偶联称为 RDRA 技术，也称为核糖分型。该技术最初为分枝杆菌属(*Mycobacterim*)细菌种群的分型而开发。然而，新研究进展将这种技术开发应用于其他菌株的分型。使用细菌类型分析获得相关细菌的聚类，它们以形成向量图或全息图来表示。可以进一步分析这些数据产生系统发育或进化分支图，从而进一步画出系统发育树。这种方法绘制的树基于从各自的 16S rRNA 基因获得限制性图谱证明生物亲缘关系。

相关生物还可以提供限制性内切核酸酶消化后的同样限制性消化图谱。当 16S rRNA 基因的大小约为 1500bp 时，发生限制性消化位点的机会为 256bp 重复出现一次四碱基对切口。四碱基切口限制性内切核酸酶在特异性位点消化 16S rRNA 基因提供唯一的限制性消化图谱，这被认为是该生物的特征。因此，一个生物的限制性内切核酸酶可以与另一个生物的限制性内切核酸酶图谱比较从而推断它们之间的系统发育关系。同时使用至少 3 种限制性内切核酸酶可以降低获得不相关生物类似图谱的概率。

限制性内切核酸酶识别位点在不同细菌种群中有很大的差异，ARDRA 技术的主要原理包括限制性片段长度多态性(RFLP)聚合酶链反应技术。由于 PCR 和限制性消化的结合，可以通过扩增 16S rRNA 目的基因随后作为限制性消化的 DNA 模板解决微量 DNA 问题。在这种技术的第一步中，核糖体 DNA 经 PCR 扩增，以避免非目的和显性 DNA 模板。随后，采用限制性内切核酸酶消化 16S rRNA 基因产生特异性 DNA 片段。在最后一步的分析中，DNA 片段进行高分辨率的琼脂糖凝胶电泳(图 4.7)。该技术有许多超越了其他技术的优势，它提供了 rRNA 基因的快速比较。

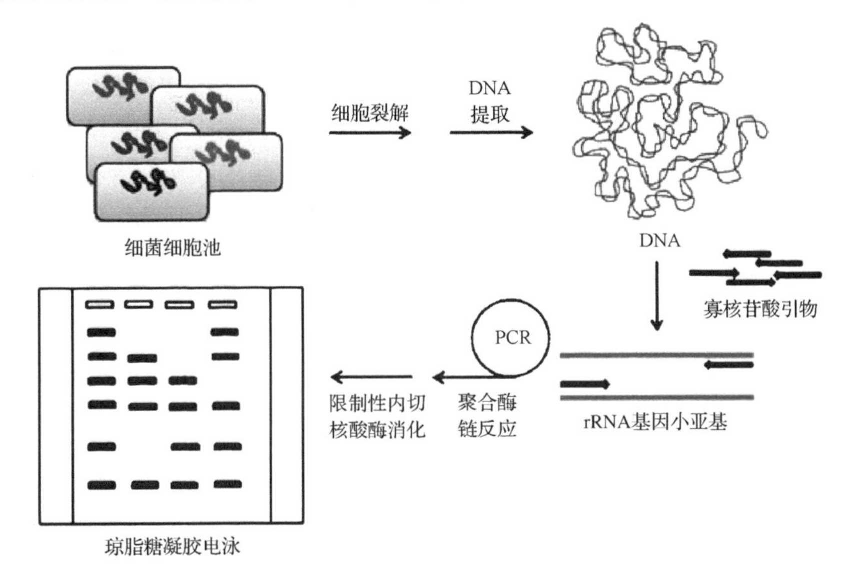

图 4.7　扩增核糖体 DNA 限制性分析(ARDRA)技术涉及的步骤(彩图请扫封底二维码)

所需试剂及其作用

细菌基因组 DNA

细菌基因组小且变化较少，大小范围在 139～13 000kb。细菌基因组 DNA 的分离和纯化是大多数分子生物学实验最常见的先决条件。对于研究分子系统学的 ARDRA 分析，应该使用高质量的细菌基因组 DNA。细菌基因组 DNA 分离过程已在实验 1.1 中有详细介绍。

16S rRNA 基因正向引物和反向引物

因为 DNA 是双链多核苷酸螺旋结构，一条链从 5′到 3′方向运行，而另一条链从 3′到 5′方向(与第一链互补)，不管它在哪里，引物的合成总是发生在 5′到 3′方向。因此一条链需要正向引物，另一条链需要反向引物。为了适合产物的扩增，16S rRNA 引物的最后浓度应该是 0.05～1μmol/L。由于引物对 PCR 方案的成败有很大的影响，具有讽刺意味的是引物设计主要是定性，并且基于对热力学或结构原理的良好理解。用于本实验的一套引物如下：

16S 正向引物(27F)：5′-AGAGTTTGATCMTGGCTCAG-3′

16S 反向引物(1492R)：5′-ACGGCTACCTTGTTACGA-3′

dNTP

dNTP 是 DNA 新链的构件。在大多数情况下，它们是 4 种脱氧核苷酸即 dATP、dTTP、dGTP 和 dCTP 的混合物。每次 PCR 反应大约需要每种 dNTP 100μmol/L。dNTP 储备液对冻融循环非常敏感，冻融 3～5 次后，PCR 反应效果变差。为了避免这些问题，将其分装成只能进行两次反应的量(2～5μl)并保藏在–20℃。然而，长期冻结，少量的水凝结在管壁上从而改变了 dNTP 溶液的浓度。因此，在使用之前，必须将管离心且建议用 TE 缓冲液稀释 dNTP，因为酸性 pH 会促进 dNTP 水解从而干扰 PCR 的结果。

Taq DNA 聚合酶

Taq 聚合酶是 1965 年由 Thomas D. Brock 首次从嗜热细菌水生栖热菌(*Thermus aquaticus*)中分离的耐热型的 DNA 聚合酶。该酶能耐受 PCR 过程中使蛋白质变性的温度。其活性最适宜温度为 75～80℃，半衰期 92.5℃大于 2h、95℃ 40min 和 97.5℃ 9min，且具有在 72℃不到 10s 复制 1000pb DNA 序列的能力。然而，使用 *Taq* 聚合酶的主要缺点是它缺乏 3′→5′外切核酸酶校对活性，因此复制的保真度较低。它还生产在 3′端有 A 悬突的 DNA 产物，最终在 TA 克隆中有用。一般来说，50μl 总反应使用 0.5～2.0 单位的 *Taq* 聚合酶，但理想情况下用量应该为 1.25 单位。

PCR 反应缓冲液

每种酶都需要某些特定条件，如 pH、离子强度、辅因子等，可通过将缓冲液添加到反应混合物中获得。在某些情况下，在非缓冲液中改变 pH，酶就会在反应过程中停止工作，可以通过加入 PCR 缓冲液避免这种情况发生。大多数 PCR 缓冲液成分几乎一样：100mmol/L Tris-HCl，pH 8.3，500mmol/L KCl，15mmol/L $MgCl_2$ 和 0.01%(*m*/*V*)明胶。PCR 缓冲液的终浓度应该是 1×每反应浓度。

Alu Ⅰ

这种限制性内切核酸酶是从藤黄节杆菌(*Arthrobacter luteus*)中分离的。它有潜力识别 AG/CT 序列并产生平头末端的 DNA 片段。*Alu* Ⅰ 受 6-甲基腺嘌呤、5-甲基胞嘧啶、5-羟甲基胞嘧啶和 4-甲基胞嘧啶的抑制。它缺乏非特异性内切核酸酶活性及 5′外切核酸酶或 5′磷酸酶活性，还缺乏 3′外切核酸酶活性。

Hae Ⅲ

Hae Ⅲ是最有用的限制性内切核酸酶之一，它分离于埃及嗜血杆菌(*Haemophilus aegypticus*)。酶的分子质量为 37 126。这是一个四联切割酶，识别序列为 GGCC。*Hae* Ⅲ切割两股 DNA 相同的位置，产生平头末端限制片段并能在 20min 后 80℃热消化。

琼脂糖

琼脂糖用于核酸的电泳分离。琼脂糖的最纯类型无脱氧核糖核酸酶和核糖核酸酶活性。分子生物学等级的琼脂糖是用于分辨 50bp～50kb DNA 片段的标准凝胶，拥有后续从凝胶中分离 DNA 用于进一步分析的能力。它具有以下属性：凝胶强度(1%)为 1125g/cm^2，凝固点(1.5%)为 36.0℃，熔点(1.5%)为 87.7℃，硫酸根 0.098%，水分为 2.39%和灰分为 0.31%。

溴化乙锭

溴化乙锭(EB)是插入核酸碱基之间的荧光染料，并容易检测凝胶中的核酸片段。当暴露于紫外光(UV)下时，它产生橙黄色荧光，与 DNA 结合后增强 20 倍。EB 在水溶液中最大吸收值在 210～285nm，与紫外光一致。由于这种激发结果，EB 发射橙色光吸收波长为 605nm。EB 与 DNA 结合并在其疏水性碱基对和延伸 DNA 片段之间滑动，从而除去来自于溴阳离子的水分子。这种脱氢作用导致荧光的增长。然而，EB 是一种潜在的诱变剂，疑似致癌物质，高浓度会刺激眼睛、皮肤、黏膜和上呼吸道。由于 EB 插入双链 DNA，导致分子变形这一事实，从而阻断核酸如 DNA 的复制和转录的生物学过程。因此，产生了许多危险性较低且性能更好的替代品如 Sybr 染色剂。

操 作 步 骤

16S rRNA 基因的扩增

1. 在冰上组装 PCR 反应溶液，按以下成分和顺序制备主体混合物。制备 100μl(译者注：应为 90μl，但英文原版书上为 100μl)的 16S rRNA 基因限制消化主体混合物(表 4.1)。

表 4.1 16S rRNA 基因扩增主体混合物成分

试剂	体积/μl
milli-Q 水	56.5
10×缓冲液	10.0
10mmol/L dNTP 混合物	2.5
5μmol/L 正向引物	10.0
5μmol/L 反向引物	10.0
Taq 聚合酶(5 单位/μl)	1.0
总体积	100

译者注：总体积应为 90μl，但英文原版书上为 100μl

2. 将主体混合物 18.0μl 分装到每个管内。在每个管内加上 2μl 不同菌株的基因组 DNA。
3. 保持没有模板 DNA 的对照与用下面的反应条件完成 PCR。

初始变性	94℃ 5min
30 个循环	
变性	94℃ 30s
退火	55℃ 30s
延伸	72℃ 2min
终延伸	72℃ 7min
终止	4℃ ∞

限制性消化

1. 采用下列条件在冰上建立限制性消化反应。按表 4.2 制备 20μl 反应混合物。

表 4.2　限制性消化反应混合物成分

试剂	体积/μl
PCR 反应产物	10.0
10×缓冲液	2.0
限制性内切核酸酶	1.0
去离子水	7.0
总体积	20.0

2. 反应混合物于 37℃孵化 2h，再于 70℃加热灭活 10min。

琼脂糖凝胶电泳 PCR 产物分析

1. 在 100ml 1×TAE 缓冲液中混合 2.0g(译者注：应为 0.8g，但英文原版书上为 2.0g)琼脂糖粉制备 2%(译者注：应为 0.8%，但英文原版书上为 2%)的琼脂糖凝胶。
2. 在微波炉中煮沸使琼脂糖在 TAE 缓冲液中完全溶解，并在大约 60℃冷却。
3. 加入 2μl 10mg/ml EB 并旋涡混合。
4. 将琼脂糖溶液注入有梳子的电泳槽，凝胶厚度为 4～5mm。
5. 让其凝固大约 20min，取出梳子。将托盘放入电泳槽。
6. 1×TAE 缓冲液注入槽内标记处以便缓冲液覆盖凝胶表面。
7. 将 15μl 分离的质粒 DNA 与 2μl 凝胶上样缓冲液混合，并小心将样品加到梳子孔中。
8. 将电极连接到稳压电源并在 60～100V 下运行电泳，直到上样染料迁移到凝胶大约 3/4 位置。
9. 染料在凝胶迁移完成后，断开电源，将凝胶放入凝胶成像系统并获取琼脂糖凝胶电泳后的带型模式清晰图像。

使用 Quantity One 分析微生物系统发育

1. 用紫外光照射(Bio-Rad，美国)凝胶文档系统获取和保存凝胶图像。单击带分析按钮打开带分析快速指南。

2. 框定与凝胶上出现的条带模式一致的泳道数量(图 4.8)。

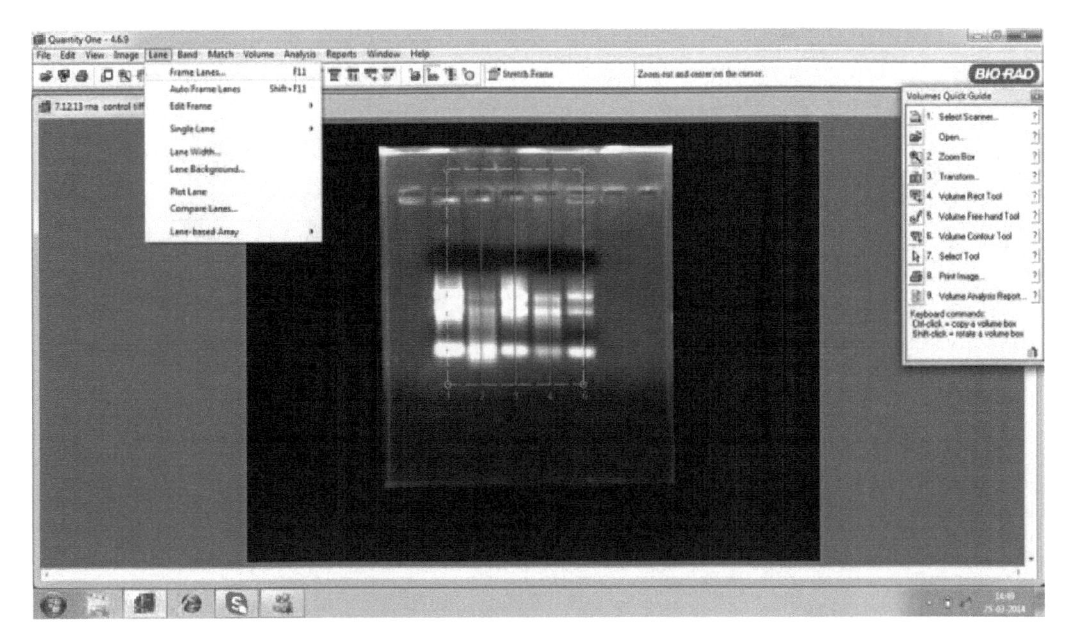

图 4.8　凝胶图谱快照，基于待分析的条带数量显示泳道数量

3. 所有泳道与参照条带模式背景选用标准化。

4. 用 4%容许极限进行检测(图 4.9)。

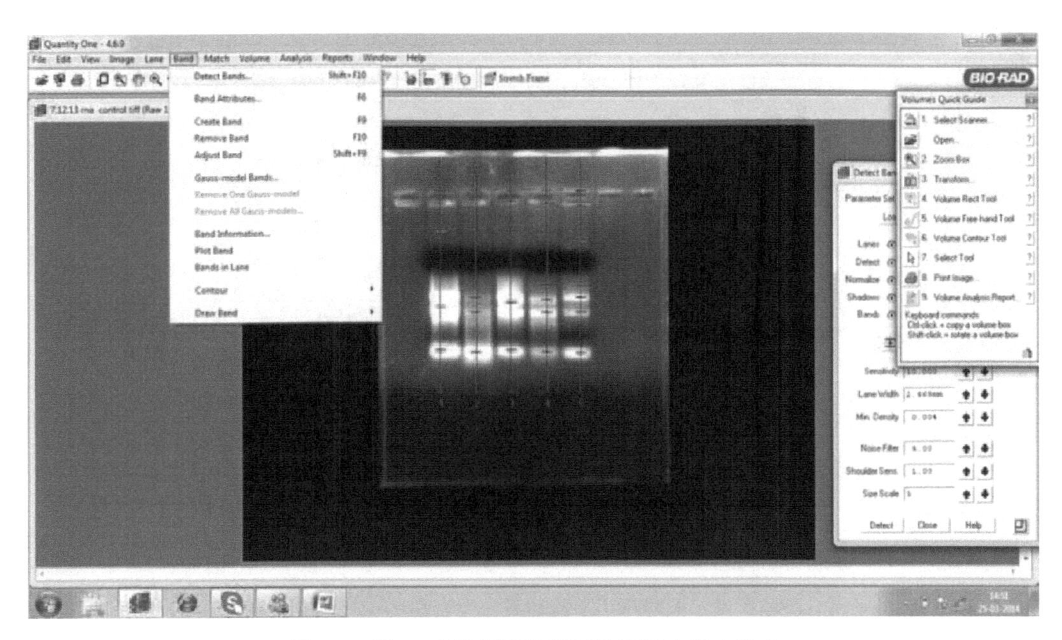

图 4.9　用 4%容许极限检测凝胶图谱中所有的带

5. 指定泳道内带的分布和数量。
6. 通过点击普遍存在于所有泳道中任何一个清晰带匹配带型。(图 4.10)。

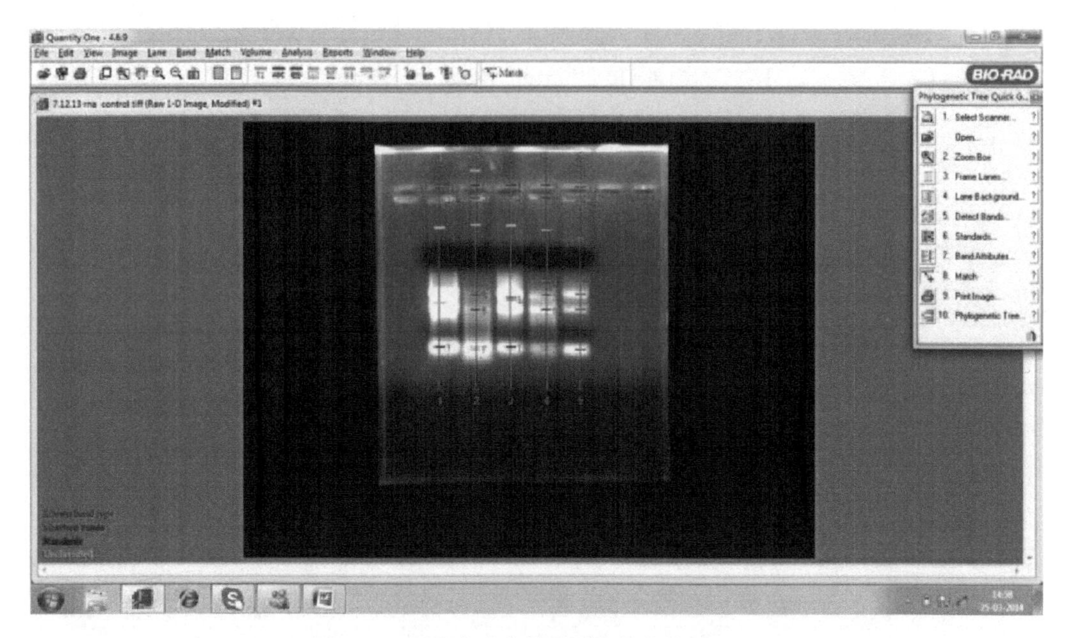

图 4.10　凝胶中存在的带型与其他带的匹配

7. 点击系统发育树选项，并选择邻接法构建系统发育树(图 4.11)。

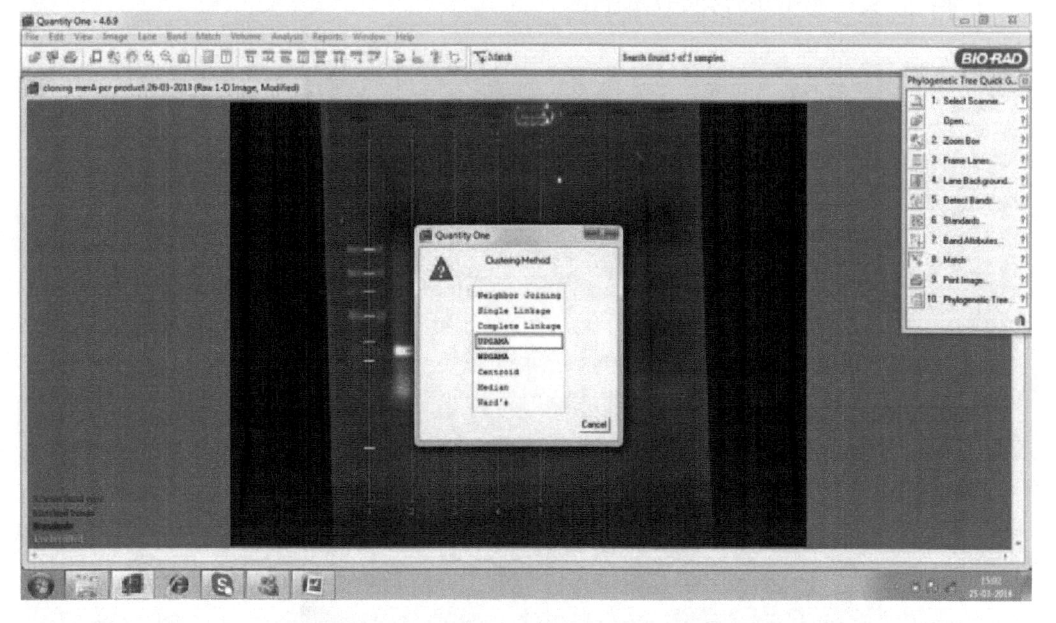

图 4.11　凝胶图谱快照显示用于构建系统发育树的运算法则的正确选择

8. 获取系统发育树并基于质粒图谱推断它们之间的系统发育关系(图4.12)。

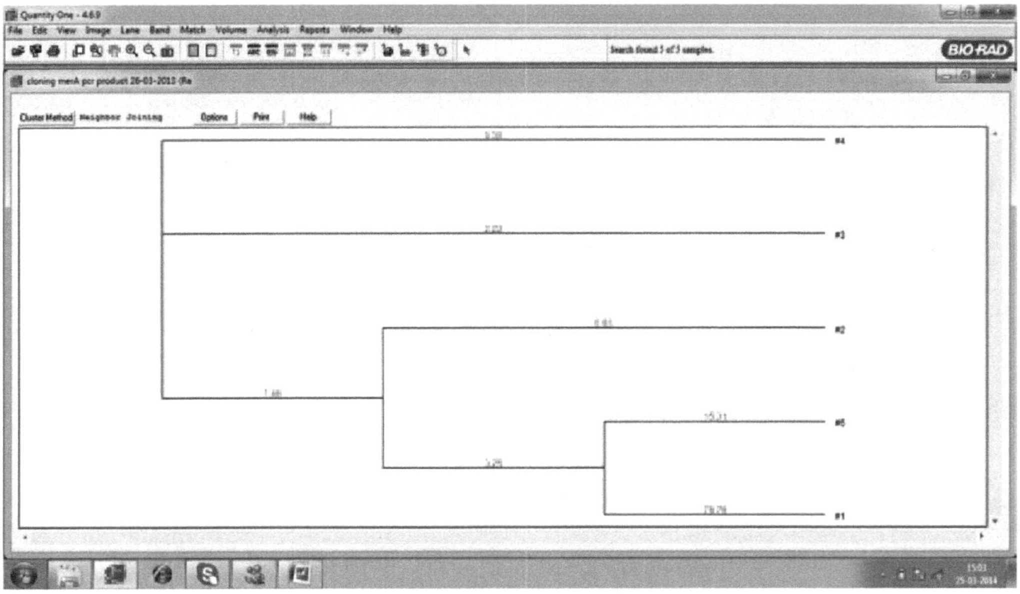

图4.12 用Quantity One软件对带型分析获得的系统发育树，从而基于质粒图谱分析推断实验菌之间的系统发育关系

观 察

观察琼脂糖凝胶上带型和用Quantity One软件分析后获得系统发育树。基于获得的发育树上的亲缘关系远近推断出这些细菌之间的系统发育关系。

结 果 表 格

生物名称	泳道序号	琼脂糖凝胶电泳后带的编号	相关性
对照			
菌株1			
菌株2			
菌株3			
菌株4			
菌株5			

疑难问题和解决方案

问题	引起原因	可能的解决方案
凝胶中模糊	模板质量差	使用质量好的基因组 DNA。用分光光度计测定 A_{260}/A_{280} 的值检查 DNA 的质量和数量
	引物降解	使用经稀释的新鲜储备液引物，按顺序加入新鲜引物
	限制性内切核酸酶浓度高	按操作手册说明使用合适浓度的限制性内切核酸酶
	用限制性内切核酸酶增加孵化时间	合适孵化时间后在 70℃孵化 10min 灭活限制性消化反应
凝胶中出现单带	限制性内切核酸酶浓度不合适	用于 16S rRNA 基因限制性消化浓度对完全消化扩增的基因不合适。应该按操作手册在每个反应使用合适浓度的限制性内切核酸酶
	低比例琼脂糖凝胶不能分离区带	高浓度琼脂糖凝胶由于其高分辨力而区分合适的带型。因此应该一直用 2%琼脂糖凝胶为 ARDRA 分析提供合适的带型
	没有限制性内切核酸酶的酶切位点	检查扩增基因中是否存在/缺乏限制性内切核酸酶的酶切位点。若缺乏则使用其他限制性内切核酸酶或组合一种以上的酶
不适合 PCR 扩增	没有限制性内切核酸酶的酶切位点	检查用于 PCR 的所有试剂也检查 PCR 对 16S rRNA 基因扩增的合适反应条件

注 意 事 项

1. 实验操作时要一直戴着手套。

2. 实验中的每一步操作都要求试剂在冰上孵化，否则将会增加试剂降解的概率。

3. PCR 扩增产物不要长时间储存。用新鲜的扩增样品用于限制性内切核酸酶消化。

4. 记住限制性内切核酸酶在合适的时间灭活才能获得清晰的带型，否则琼脂糖凝胶将出现模糊图像。

5. 获得的图像立即用于系统发育分析，否则凝胶上的带可能会扩散。

6. 谨慎处理 EB 试剂，因为有报道它是潜在的致癌物质。

操 作 流 程

16S rRNA 基因的扩增

加入组分：milli-Q 水 56.5μl，10×缓冲液 10.0μl，dNTP 混合物 2.5μl，正向引物 10.0μl，反向引物 10.0μl，*Taq* 聚合酶 1.0μl 组合 PCR 反应需要的试剂

将主体混合物分装到每个瓶中并加入 2μl 来自不同细菌菌株的基因组 DNA

保持阴性对照，即加入 PCR 的所有试剂但不加模板 DNA

按以下反应条件运行 PCR，94℃初始变性 5min；接下来为 30 个循环：94℃变性 30s，55℃退火 30s，72℃延伸 2min；72℃终延伸 7min，接下来 4℃终止

限制性消化

在冰上建立限制性消化反应，总体积 20μl：加入 PCR 反应产物 10.0μl，10×缓冲液 2.0μl，限制性内切核酸酶 1.0μl 和去离子水 7.0μl

反应混合物于 37℃孵化 2h，再于 70℃加热灭活 10min

琼脂糖凝胶电泳

在 100ml 1×TAE 缓冲液中加入 0.8g 琼脂糖，在微波炉煮沸使琼脂糖完全溶解并在 60℃冷却，制备 0.8%琼脂糖凝胶

加 2μl 溴化乙锭并通过旋涡混合，将琼脂糖溶液注入有梳子的电泳槽

凝胶凝固 20min，取出梳子，将琼脂糖托盘放入电泳槽内

注入 1×TAE 缓冲液直到覆盖凝胶表面，用 15μl 质粒 DNA 样品与 2μl 上样染料混合后上样

60～100V 进行电泳，在凝胶成像系统内获得带谱

质粒图谱的分析

在 Quantity One 软件中打开凝胶图像，根据凝胶上的上样数框定泳道

所有泳道背景标准化并用 4%容许极限测定带

指定和赋予泳道属性，对共同存在于所有泳道中的任何明显带的带型进行匹配

点击系统发育树的选项并选择邻接法构建系统发育树

获得系统发育树并基于 ARDRA 图谱分析推断它们之间的系统发育关系

实验 4.3　变性梯度凝胶电泳（DGGE）分析对宏基因组细菌多态性研究

目的：用变性梯度凝胶电泳分析研究宏基因组 DNA 的分子系统发育。

导　　言

选择性富集培养技术无法模拟细菌在自然栖息生长和增殖所需的原生态条件。某些细菌群体被发现保持与沉积物颗粒结合，并且不能被传统的显微技术所检测。在这方面，分子生物学技术为微生物群落结构及种类组成分析开拓了新的方向。随着使用 16S rRNA 基因序列对细菌系统发育分析的进展，几种未培养的细菌在鉴定边缘，加快了微生物多样性研究的步伐。这项技术包括核糖体 DNA 的克隆或 16S rRNA 基因的 PCR，随后序列克隆分析获得系统发育树。

已经报道直接测定复杂微生物种群遗传多样性的相对较新的方法是变性梯度凝胶电泳（DGGE）。它依赖于含变性剂线性梯度递增的聚丙烯酰胺凝胶对 PCR 扩增 16S rRNA 基因片段的分离。这种技术有助于将相同大小但碱基对序列不同的两种 DNA 片段区分开来。DGGE 被认为是识别来自不同生物许多基因序列变异最先进的技术。它可以用于直接分析来自于拥有数以百万计碱基对的生物基因组 DNA。主要通过杂交膜的分离模式对基因组直接分析；通过毛细管印迹或电印迹及随后的 DNA 探针分析来完成。在另一种技术中，PCR 完成目的序列扩增和经 DGGE 分离。在某些情况下，富含 GC 的序列是组成引物之一，它改变目的 DNA 片段的解链行为，负责检测接近 100%变异的序列。

DGGE 已广泛应用于微生物生态学分析的突变检测。如今，这种技术也已应用于其他功能基因如硫的还原反应、固氮作用及铵氧化的分析。

原　　理

DGGE 分离是基于部分解链的 DNA 分子在聚丙烯酰胺凝胶电泳迁移率，部分解链的 DNA 分子比完整螺旋形 DNA 分子迁移率低。在相同的温度下延伸的 DNA 片段解链的区域称为解链域，在相同的位置它们形成离散带谱。在凝胶特定的位置解链时，解链域为最低熔解温度，在那个位置上对部分解链分子形成过度螺旋而停止迁移。这些解链域的解链温度不同是基于它们序列的变化。因此，DGGE 分离得到在变性梯度凝胶上不同位置停止迁移的

DNA 片段。

研究发现 DGGE 能检测只有单碱基替换的 DNA 小片段(200～700bp)的解链行为差异。当 DNA 片段遭受到越来越多物理变性条件时，它就解链。随着变性条件的增加，部分解链片段完全解离形成单链。因此，DNA 片段不连续区域在狭窄的变性条件范围内成为单链。在聚丙烯酰胺凝胶中 DNA 片段的迁移率取决于片段的物理形状。部分解链片段迁移比完整双链片段慢得多。当双链片段电泳遇到越来越高的变性浓度时，它们就部分解链，由于其改变了形状，迁移率大幅度减小。

在单变性凝胶上可以同时分析许多片段，电泳的方向垂直于变性梯度。当大量不同的片段进行电泳时，可以通过在凝胶低变性剂旁边的分子质量鉴定这些片段。通过“S”形曲线，可测定第一个解链区域特有的变性剂浓度。当两个几乎相同的片段混合在一起时，电泳进入“垂直”变性梯度凝胶。相互间有序列差异的解链区域将在稍微不同位置解链并产生两个条带。

几乎相同的消化物在变性梯度相同方向电泳时，DNA 片段中序列差异往往容易测定。这些“平行”凝胶允许凝胶泳道同时比较多套片段，垂直凝胶则不同。下面的方案几乎完全参考平行变性梯度凝胶。

所需试剂及其作用

40%丙烯酰胺/ Bis(37.5∶1)

丙烯酰胺和双丙烯酰胺是结晶固体，可溶于水、乙醇、乙醚和氯仿。在聚丙烯酰胺凝胶电泳情况下这种化合物大部分涉及带电分子的分离。丙烯酰胺也拥有作为沉淀小量 DNA 分子载体的特点。

甲酰胺

甲酰胺是甲酸酰胺衍生物，它最常用于组织和器官低温贮藏。在电泳过程中用于单链 DNA 分子的稳定抑制去离子作用。对皮肤和眼睛有高度腐蚀性，因此应该小心适当处理。

尿素

尿素是有机化合物，能够使蛋白质和 DNA 分子变性。尿素的变性能力是因为它能扰乱肽链内或链间的氢键。尿素相互疏水作用负责改变蛋白质和核酸的水构象，从而导致它们变性。

TAE 缓冲液

DNA 电泳迁移依赖于电泳缓冲液的组分和离子强度。在缺乏离子的情况下，将使电导率小和 DNA 迁移缓慢。高离子强度和高电导率的缓冲液是有效的，但其副作用是生成大量的热。因此，最坏情形为出现凝胶融化和 DNA 变性。推荐几种不同的缓冲液用于天然双链DNA电泳。这些缓冲液包含EDTA(pH 8.0)和Tris-乙酸(TAE)、Tris-硼酸(TBE)或Tris-磷酸(TPE)，浓度约为50mmol/L(pH 7.5～7.8)。这些缓冲液通常制备成浓缩液在室温下储存，工作液浓度按1×浓度制备。TAE和TBE是最常用的缓冲液，它们都有自己的优点和缺点。硼酸的缺点是在RNA中聚合和与顺式二醇相互作用。而TAE缓冲能力最低但可提供最好的DNA分辨率，这意味着需要较低的电压和更多的时间拥有更好的产物。硼酸锂是一种相对较新的缓冲液，但对于分辨大于5kb的片段无效。

过硫酸铵

过硫酸铵(AP)为无色结晶状的无机化合物，能形成自由基，经常用作凝胶形成的引发剂。引发剂实际上是聚合作用的感受器。聚合速率取决于引发剂的浓度和凝胶的性质，也取决于使用引发剂的性质。然而，增加引发剂的浓度可以减少聚合链的平均长度，增加凝胶浊度也增加凝胶弹性。

四甲基乙二胺

四甲基乙二胺(TEMED)能稳定自由基并提高聚合作用。聚合率和由此产生的凝胶的性质取决于自由基的浓度。增加自由基的数量会导致聚合物链的平均长度减小，增加凝胶浊度和减小凝胶弹性。AP和TEMED通常使用的摩尔浓度范围为1～10mmol/L。

凝胶上样缓冲液

上样缓冲液与DNA样品混合用于琼脂糖凝胶电泳。在缓冲液中的染料主要用于评估电泳过程中样品运行速度并使样品比运行缓冲液有更高密度。可以通过加入如聚蔗糖、蔗糖和甘油等来增加密度。有很多颜色组合可以跟踪DNA样品的迁移率。

溴化乙锭

溴化乙锭(EB)是一种荧光染料，可插入核酸碱基并使凝胶中的核酸片段容易检测。当暴露于紫外光下时，它产生橙黄色荧光，与DNA结合后荧光增强了20倍。EB在溶液中最大吸收值在210～285nm，与紫外光一致。因此，结果激发EB发出波长为605nm的橙色光。EB与DNA结合，并在疏水碱基对和延伸DNA片段之间滑动，从而去除了溴阳离子的水分子。这种脱氢作用导致乙锭荧光增加。然而，EB是潜在的诱变剂，疑似致癌物质，高浓度会刺激眼睛、皮肤、黏膜和上呼吸道。由于EB插入双链DNA，导致分子变形这一事实，从而阻断核酸如DNA的复制和转录的生物学过程。因此，产生了许多危险性较低且性能更好的替代品如Sybr凝胶染色剂。

操 作 步 骤

试剂配制

1. 按表4.3、表4.4和表4.5所述配制DGGE分析所需试剂。

表 4.3　40% Acr/Bis 的配制(37.5∶1)

试剂	数量
丙烯酰胺	38.93g
双丙烯酰胺	1.07g
dH_2O	定容到 100ml

表 4.4　50×TAE 缓冲液的配制

试剂	数量	终浓度
Tris 碱	242.0g	2mol/L
冰醋酸	57.1ml	1mol/L
0.5mol/L EDTA，pH8.0	100ml	50mmol/L
dH_2O	定容到 1000ml	

表 4.5　100%变性液的配制

试剂	6%	8%	10%	12%
40% Acr/Bis	15ml	20ml	25ml	30ml
50×TAE 缓冲液	2ml	2ml	2ml	2ml
甲酰胺(无离子)	40ml	40ml	40ml	40ml
尿素	42g	42g	42g	42g
dH_2O	定容到 100ml	定容到 100ml	定容到 100ml	定容到 100ml

2. 用 0.45μm 滤纸过滤 40%的丙烯酰胺/双丙烯酰胺(Acr/Bis)溶液并于 4℃储存。同样，高压灭菌 50×TAE 缓冲液，室温下储存以备进一步使用。

3. 用 0.45μm 滤纸将脱气变性溶液过滤 10～15min，在褐色瓶中 4℃储存以备进一步使用。但该溶液存储不能超过 1 个月。

4. 用少于 100%的变性液，加入丙烯酰胺、TAE 缓冲液和水使变性溶液达到 100%。按表 4.6 配制尿素和甲酰胺。

表 4.6　变性液的配制

试剂	10%	20%	30%	40%	50%	60%	70%	80%	90%
40%甲酰胺/ml	4	8	12	16	20	24	28	32	36
尿素/g	4.2	8.4	12.6	16.8	21	25.2	29.4	33.6	37.8

5. 按表 4.7、表 4.8、表 4.9 和表 4.10 配制变性梯度凝胶电泳所需试剂。

表 4.7　10%过硫酸铵的配制

试剂	数量
过硫酸铵	0.1g
dH_2O	1.0ml

表 4.8　染色液的配制

试剂	数量	终浓度
溴酚蓝	0.05g	0.5%
二甲苯蓝	0.05g	0.5%
1×TAE 缓冲液	10.0ml	1×

表 4.9　2×凝胶上样染液的配制

试剂	数量	终浓度
2%溴酚蓝	0.25ml	0.05%
2%二甲苯蓝	0.25ml	
100%甘油	7.0ml	
dH_2O	2.5ml	
总体积	10ml	

表 4.10　1×TAE 电泳缓冲液的配制

试剂	数量/ml
50×TAE 缓冲液	140
dH_2O	6860
总体积	7000

电泳缓冲液预热

1. 用 7L 1×TAE 电泳缓冲液填满电泳槽。

2. 在电泳槽的顶部放入温度控制模块。把电源线接入温度控制模块并打开电源、泵和加热器。预热过程中去除温度控制模块上的上样盖。

3. 设定温度控制器所需的温度。设置温度斜率 2000℃/h 以使缓冲液最快达到所需的温度。

4. 预热缓冲液达到设置温度。系统加热缓冲液到设定温度需要 1～1.5h。可用微波炉帮助加热缓冲液以减少预热时间。

夹层平行梯度凝胶的组装

1. 在一干净表面组装夹层凝胶。先将大长方形板放下，然后在板的左、右边上放上相同厚度较大的隔板。为了组装平行梯度凝胶，放入隔板并使隔板的槽纹面向夹层夹槽。妥善放置时，隔板槽纹边和槽口面向夹层，孔位于板顶部附近。

2. 把短的玻璃板放在隔板上以便与长板底部边缘齐平。

3. 将每个螺丝逆时针方向转动拧松每个夹层夹的单螺杆。将每个夹子放在凝胶的夹层适当的一侧，上下定位好玻璃板。

4. 紧捏凝胶夹层。将左右夹子引导到夹层上，使长和短的玻璃板适合固定在夹子的凹口内。拧紧螺丝并保持玻璃板位置不动。

5. 将夹层玻璃组装到铸造的定位槽内，短玻璃板为正面。放松夹层夹并插入一个直角卡片保持隔板与槽平行。

6. 通过将夹层两边的夹子同时向内推，同时用大拇指向下推隔板对齐平板和隔板，同时用拇指按住隔板；使两个夹子正好保持夹层的空间。向内推动两个定位箭头夹确保隔板和玻璃板块与夹子边缘齐平。

7. 除去直角卡片。从浇铸台上除去夹层组装，检查平板和隔板与底部齐平。如果隔板与玻璃板块没有对齐，重新调整夹层和隔板以获得良好密封。

8. 当对齐和密封后，拧紧螺丝夹直到拧不动为止。

灌注平行变性梯度凝胶

1. 将灰色海绵放在铸件槽上。铸件上的凸轮轴应把手向上并拉出。将夹层组装到海绵与短平板上。夹层放置正确时，压下夹层和转动凸轮轴手柄，使凸轮锁把夹层锁在适当位置。竖直凝胶夹层装配位置。

2. 使用较长聚乙烯管保持凝胶溶液从 Y 接头注射。用短聚乙烯管将凝胶溶液从 Y 接头导入到夹层。用 9cm 聚乙烯管的一端与 Y 接头连接，并将 9cm 管的另一端与两个长管的鲁尔接头(Luer coupling)相连。连接鲁尔接头和注射器。

3. 其中一个注射器标记为 LO(低密度溶液)，另一个注射器标记为 HI(高密度溶液)。每个注射器活塞头连接活塞帽。将活塞“头”放在活塞帽中间，使活塞帽紧紧固定在原位。将中间的帽位置与注射器中间垂直，保持梯度溶液体积可见。确保附加杆螺母与注射器套筒平面和背侧在同一个平面。

4. 逆时针方向旋转凸轮使其与开始位置垂直。设置所需的递送体积，松开调节螺母。将体积设置指标器夹到注射器所需的体积。拧紧体积调节螺母。16cm×16cm 凝胶(1mm 厚)，设置体积指标为 14.5。

5. 从储备液吸出所需数量的高密度和低密度凝胶溶液分装于两个一次性试管中。

6. 在每个试管中加入终浓度为 0.09%(V/V)的过硫酸铵和 TEMED 溶液。0.095%(V/V)浓度允许在凝胶聚合前 5～7min 完成灌胶。盖上试管帽和通过几次颠倒混合，注射器与管连接，所有高密度溶液进入 HI 注射器。同样操作低密度溶液进入 LO 注射器。

7. 小心将注射器颠倒(塞帽朝向工作台)并轻轻敲打注射器，除去 LO 注射器气泡。将凝胶推到管的末端，但不要把凝胶推出管口以免损失溶液扰乱凝胶所需的体积。

8. 将 LO 注射器放入梯度输送注射器支架上(LO 密度一边)，用活塞固定注射器，附加杆螺母插入小槽中。不要推动注射器，它将从注射器中取出凝胶溶液。参考顶层填充方法灌注平行凝胶，因此要把 LO 注射器放在梯度系统正确一边。

9. 通过颠倒注射器(塞帽朝向工作台)并轻轻敲打注射器小心除去 HI 注射器的气泡。将溶液推到管末端。但不要把溶液推出管口以免损失溶液扰乱凝胶所需体积。

10. 通过活塞插入杠杆连接螺栓将 HI 注射器固定到梯度输送系统中。不要推动注射器，它将从注射器中取出凝胶溶液。

11. 将低密度注射器管滑向 Y 接头的一端。高密度注射器也用相同方法。

12. 用 19 号针与接头连接。将针斜边固定到凝胶夹层和灌胶。为了方便起见，可将针在原位轻敲。

13. 缓慢旋转凸轮和平稳递送凝胶溶液。稳步灌注凝胶溶液非常重要，以避免夹层凝胶之间的任何干扰。

14. 小心插入梳子到所需的深度并校直。凝胶凝固需要约 60min。

电泳和凝胶观察

1. 凝胶固化后，上样 20μl 与上样缓冲液混合的 DNA 样品。

2. 将电极连接到电源并在 100V 下运行电泳 16h（译者注：应为 60V 电泳 5h，但英文原版书上为 100V 电泳 16h）。

3. 完成电泳后的凝胶，用 1μg/ml EB 溶液染色，在凝胶成像系统中紫外光下观察凝胶上的带谱。

观　察

观察凝胶上的带谱。每个带代表一个分类单位（OTU）。用 Quantity One 软件也可以分析凝胶图像，基于 16S rRNA 基因获得细菌群在样品中的差异。

结 果 表 格

样品	泳道序号	OTU 序号	预测的相关性

疑难问题和解决方案

问题	引起原因	可能的解决方案
丙烯酰胺在灌注凝胶过程中凝固	如果凝胶储备液温度高会迅速出现凝固现象	使用前冷却储备液
	凝胶没有到达平板的上边	确定凝胶液灌注到达凝胶平板上边
	灌注胶过程中漏胶	灌注凝胶时要始终保持凝胶表面与底部平行
带出现污点	设备直流电系统结构特性	在电泳过程中将磁珠插入电泳槽并连续搅动缓冲液
	样品没有储备在合适条件	将样品储备在–20℃以免降解
	上样过程中样品扩散	特别注意上样时样品的扩散
图谱再现性差	使用旧的凝胶储备液	始终使用新鲜的储备液和缓冲液
	甲酰胺降解	检查甲酰胺颜色，如果发现变色，就配制新的去离子甲酰胺
上缓冲液下降	中心和平板之间留出太多空间	确保夹层中心和平板之间的垫片没有空间

操 作 流 程

组装平行变形梯度凝胶电泳凝胶夹层

制备电泳凝胶(40%丙烯酰胺、50×TAE 缓冲液、甲酰胺)试剂

制备 30%变性溶液和 6%凝胶的 50%变性液

分别在两种溶液中加入 AP 和 TEMED(0.09% *V/V*)

迅速颠倒两次混合 30%和 50%的凝胶

在标记的低密度注射器和标记的高密度注射器中分别吸出所需量的 30%凝胶和 50%凝胶，建立上样层注射器

非常缓慢旋转上样凸轮通过聚乙烯管输送凝胶溶液到凝胶夹层

小心插入梳子到良好的深度并使其保持竖直，让凝胶凝固 60min

凝固后，将样品与上样缓冲液混合并上样到梳孔中

将凝胶安装到凝胶夹层，预热电泳缓冲液，60V 电泳 5h

将凝胶转移到 EB 溶液(1μg/ml)30min，在凝胶成像系统中观察结果

实验 4.4　脉冲场凝胶电泳(PFGE)分析

目的：通过脉冲场凝胶电泳(PFGE)分析研究细菌中的分子系统学。

导　言

脉冲场凝胶电泳是通过电场定期改变凝胶矩阵方向而用于大分子 DNA 片段分离的电泳方法。传统电泳是单电场用于生物分子的迁移，而凝胶矩阵是基于质荷比。在这种情况下，迁移距离直接与它的大小和质量成正比。然而传统电泳可以有效地分离高达 20kb 的 DNA 片段。大片段 DNA 分子的迁移依赖于它们的大小并在凝胶顶部出现大带。在这方面，脉冲场凝胶电泳通过改变空间上不同的电子对克服了这个问题，分离 DNA 片段可达到 10Mb。它可以通过 DNA 片段在琼脂糖凝胶空隙的不同运动速度和重新定位来完成。

该技术除了与在一个方向上不断运行电压这一点不同外，类似于正常的琼脂糖凝胶电泳。在这种情况下，电压在 3 个方向上定期转换，一个电场穿过凝胶中心轴运行而另两个则以 60°角运行。脉冲时间与每个方向保持相等，导致 DNA 净向前迁移。对于 DNA 大片段，脉冲时间增加，每个方向范围从 10s 0h 到 60s 18h。该技术与正常凝胶电泳相比需要花费更长的时间才能完成，因为 DNA 片段相当大，DNA 分子在凝胶直线上不移动。

脉冲场凝胶电泳主要用于研究基因分型或生物的基因指纹图谱，并被认为是病原微生物流行病学研究的黄金标准方法。因此，它对于区分致病菌株、环境或食源性菌株及临床感染最有效。市场上有不同类型的脉冲场凝胶电泳单位，包括钳位均匀电场(CHEF)凝胶电泳、可编程自动控制电极凝胶电泳(PACE)、动态调节(DR)电泳、反转电场凝胶电泳(FIGE)和不对称反转电场凝胶电泳(AFIGE)(图 4.13)。

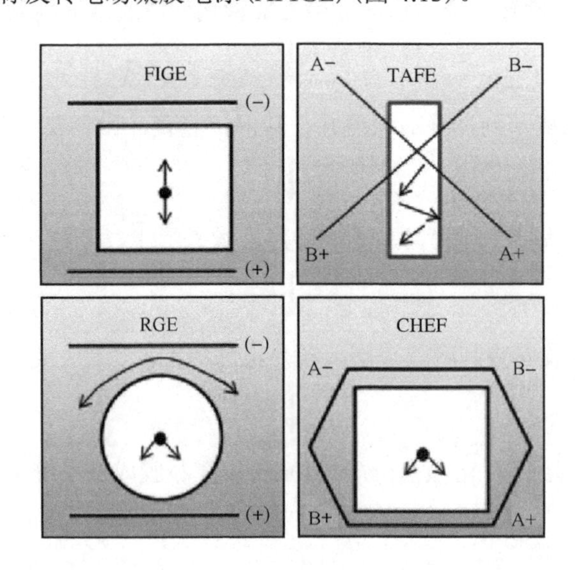

图 4.13　适用分离大基因组 DNA 片段的脉冲场凝胶电泳系统的不同类型

原　　理

CHEF 与 PACE 结合是用于 DNA 指纹图分析最常见的脉冲场技术。系统包含 3 个主要部分，即一个电源模块产生电极电压和储存整流函数参数，冷却模块保持电泳槽温度为 14℃。电泳槽通常包含 24 个水平电极，强制消除 DNA 泳道失真。电极按六边形排列，与两个垂直电极之间的凝胶系统相比它提供 60°和 120°方向角。脉冲场凝胶电泳的分辨率取决于所使用电极的数量和配置，与应用电场的形状有关。有报道称，高分辨率的最有效的电极角度应该超过 110°。PACE 每个电极电压都可以单独控制，因此可以产生无限数量的不同电压梯度、方向和顺序间隔时间。因此，CHEF 和 PACE 技术可以同时配置区分大分子质量 DNA 分子之间的差异(图 4.14)。

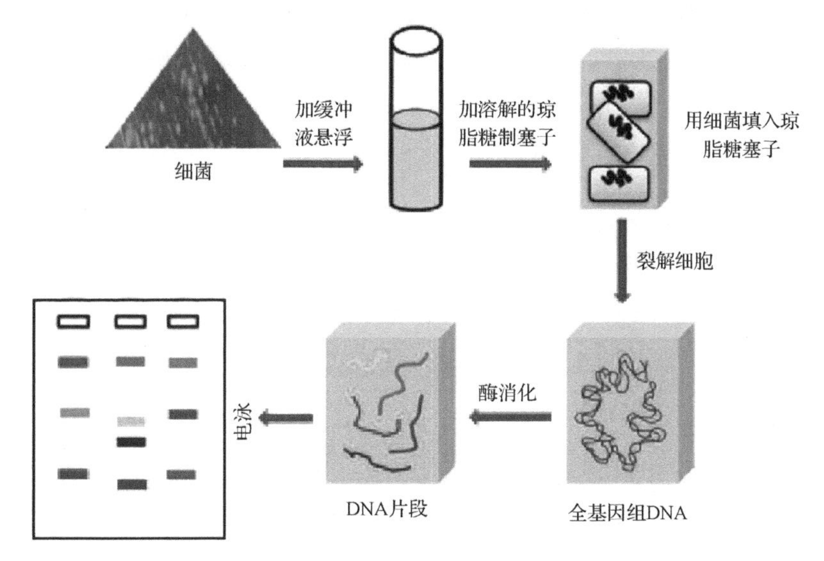

图 4.14　分离大片段 DNA 序列的脉冲场凝胶电泳通用步骤(彩图请扫封底二维码)

PFGE 结果的质量取决于每个步骤的性能和专长，包括细胞的降解和完整染色体 DNA 的释放、染色体 DNA 的限制性消化、DNA 片段的分离和 DNA 片段长度多态性分析。尽管基因组 DNA 分子更大，但也可以通过 PFGE 完成分离和分析。这个方法已应用于从细菌、病毒到哺乳动物再到所有生物。该技术有潜力分离小的、自然、线性染色体 DNA 分子，大小从 50kb 到数百万碱基对。然而，在日常实践中，PFGE 用来分离几千碱基和 10Mb 之间的 DNA 分子。

PFGE 正广泛应用于包括研究细菌基因组 DNA 大分子的分辨率，限制性消化产生离散带谱的应用有利于染色体指纹作图和物理作图，建立相同菌群不同菌株间相关度，评价细菌基因组大小和构建染色体图谱，对于了解细菌群体特征非常有益，该技术还应用于来自真菌、寄生虫原生动物、细菌基因组及哺乳动物 DNA 的研究。PFGE 已经广泛应用于酵母人工染色体数据库和转基因小鼠的构建。如今，它用于研究辐射诱导 DNA 的损伤和修复，哺乳动物着丝粒的大小组织和变化。

对细菌和其他微生物全基因组的分析代表了遗传学方法的革命，其有效性并产生大量的信息已作为概念化新方法被用于生物学研究。然而，目前的情况表明，单一的技术不能认为是构建细菌基因组图谱的黄金标准。因此，许多强大的新方法组合在一起就可以为相同种类不同菌株间亲缘关系的建立提供非常有用的技术。

所需试剂及其作用

脑心浸液琼脂

脑心浸液琼脂(BHI)培养基是一种非选择性富集培养基，用于浓缩和分离大部分厌氧微生物和需要复杂营养的微生物。加入高铁血红素和维生素 K_1 作为大多数厌氧微生物的生长因子。BHI 培养基的成分是小牛脑浸液 200.0g/L、小牛心浸液 250.0g/L、胨蛋白胨 10.0g/L、葡萄糖 2.0g/L、氯化钠 5.0g/L、二磷酸钠 2.5g/L，最后 pH 调至 7.4。BHI 培养基主要用于分析食品安全、水安全和抗生素敏感性测试。

TE 缓冲液

在水中混合 50mmol/L 三羟甲基氨基甲烷和 50mmol/L EDTA 进行制备，保持 pH 8.0。作为 TE 缓冲液的主要成分，三羟甲基氨基甲烷是常见的 pH 缓冲液，在添加其他试剂时控制 pH，而 EDTA 螯合阳离子(如 Mg^{2+})。因此，TE 缓冲液有助于保护 DNA 以免其降解。

十二烷基硫酸钠(SDS)

在本实验中，10% SDS 能达到目的。SDS 是一个强大的阴离子洗涤剂，可以溶解蛋白质和脂质膜，可以帮助细胞膜破裂，暴露出含有 DNA 的染色体。

蛋白酶 K

为了提高 DNA 产品质量，20mg/ml 的蛋白酶 K 是一个降解大多数类型的蛋白质杂质的非常好的酶。它也使核酸酶的失活，从而防止分离的 DNA 被损坏。

溶菌酶

溶菌酶也被称为胞壁质酶，它们通过催化水解肽聚糖中的乙酰胞壁酸和乙酰葡糖胺残基 β-1, 4-糖苷键破坏细菌细胞壁。PFGE 时，溶菌酶用于裂解细菌细胞释放遗传物质，遗传物质将进一步被限制性内切核酸酶消化。

琼脂糖

琼脂糖用于核酸的电泳分离。琼脂糖的最纯类型无脱氧核糖核酸酶和核糖核酸酶活性。分子生物学等级的琼脂糖是用于分辨 50bp～50kb DNA 片段的标准凝胶，拥有后续从凝胶分离 DNA 用于进一步分析的能力。它具有以下属性：凝胶强度(1%)为 1125g/cm²，凝固点(1.5%)为 36.0℃，熔点(1.5%)为 87.7℃，硫酸根为 0.098%，水分为 2.39%和灰分为 0.31%。

ASCI 限制性内切核酸酶

这种限制性内切核酸酶从携带节杆菌属(*Arthrobacter* sp.)的 *ascI* 基因的大肠杆菌中获得。该酶识别位点为 GGCGCGCC 和在 37℃特异性缓冲液中展示其最适活性。

溴化乙锭

EB 是一种荧光染料，它插入核酸碱基之间，简化了凝胶中核酸片段的检测。当暴露于紫外光下时，它产生橙黄色荧光，与 DNA 结合后荧光强度增加 20 倍。EB 在溶液的最大吸收值在 210～285nm，与紫外光一致。因此，由于这种激发作用，EB 发出波长 605nm 的橙色光。EB 与 DNA 结合并在其疏水性碱基对和延伸 DNA 片段之间滑行，因此从乙锭阳离子中去除了水分子。脱氢导致乙锭荧光增长。然而，EB 是一种潜在的诱变剂，疑似致癌物质，高浓度时会刺激眼睛、皮肤、黏膜和上呼吸道。由于 EB 插入双链 DNA，导致分子变形这一事实，从而阻断了生物代谢过程如核酸 DNA 的复制和转录。因此，有许多危险性较低且性能更好的替代品出现。

操 作 步 骤

细菌培养物的复苏

1. 将副溶血性弧菌(*Vibrio parahaemolyticus*)菌株在脑心浸液琼脂平板上划线纯培养。
2. 37℃培养 14～18h 并观察生长谱。

塞子的制备

1. 将 10% SDS 溶液放入 55～60℃水浴保温。
2. 称取 0.50g 琼脂糖放入 250ml 有螺旋盖的瓶子内并加入 50.0ml TE 缓冲液。
3. 拧松盖子在微波炉煮沸 30s。轻轻混合和间隔 10s 重复一次直到琼脂糖完全溶解。
4. 添加 2.5ml 保温的 10% SDS 原液并旋涡混合。盖好烧瓶和放回到水浴保持 15min 平衡琼脂糖。
5. 在 TE 缓冲液中悬浮细菌培养物，旋转无菌拭子防止细菌培养物沉淀。
6. 通过稀释细胞培养物或添加细胞将细胞悬液浓度调整到 0.5 麦克法兰浊度。

塞子的灌注

1. 将 400μl 调整的细胞悬液转移到 1.5ml 微量离心管。每个管加 20μl 解冻溶菌酶原液并轻轻混合。
2. 每个管加 20μl 蛋白酶 K 并轻轻地上下吸放混合。400μl 融化的含 0.5% SDS 琼脂糖加到 400μl 细胞悬液中，轻轻上下吸放混合。
3. 立即将少量的混合物分装到合适的塞子模型中，避免形成泡沫。
4. 用同样的细胞悬液一次制备两个样品塞子是明智的，以便于进行可能的重复实验。塞子在室温下固化 10～15min。随意将塞子在 4℃孵化 5min。

样品塞子内细胞的裂解

1. 用以下组分配制细胞裂解缓冲液：1mol/L Tris 50ml，0.5mol/L EDTA 100ml，10%十二烷基肌氨酸钠 100ml，用无菌水定容到 1000ml。

2. 在塞子顶端除去多余的琼脂糖并用小铲子协助转移到合适的标签管。

3. 添加适量的裂解缓冲液和蛋白酶 K 裂解，以及确保塞子完全浸入缓冲液内。

4. 管子于 54～55℃水浴摇瓶孵化，应持续剧烈摇动。

5. 将 milli-Q 水预热到 54～55℃，用 10～15ml 的水洗涤塞子两次。

塞子裂解后的洗涤

1. 从水浴取出管子，小心倒出裂解缓冲液，但不要取出塞子。

2. 加 10～15ml 预热的无菌 milli-Q 水于 54～55℃孵化 10～15min。

3. 倒掉管中的水，并重复洗涤一次以上。用 TE 缓冲液洗涤 3 次。

4. 加 5～10ml TE 缓冲液，塞子储备于 4℃到下一步使用。

在琼脂糖塞子中限制性消化 DNA

1. 制备主体混合物，用 milli-Q 水稀释限制性缓冲液制备 1×缓冲液。

2. 200μl 稀释 1×限制缓冲液加到 1.5ml 微量离心管中。

3. 小心取出塞子并将每个样品塞子切成 2.0～2.5mm 宽的薄片，把剩余的塞子放入有 TE 缓冲液的原管中并在 4℃保存。

4. 按表 4.11 制备 ASCI 限制性内切核酸酶主体混合物。

5. 每管加 200μl 限制性内切核酸酶主体混合物。盖上盖子并轻轻敲击混合。确保塞子薄片浸入酶混合物中。

6. 样品和对照塞子薄片在水浴孵化 2h。

表 4.11　ASCI 限制性内切核酸酶主体混合物试剂的配制

试剂	塞子薄片/μl
milli-Q 水	175.5
10×限制性缓冲液	20
BSA（10mg/ml）	2
ASCI	2.5
总体积	200

凝胶的制备并将消化塞子薄片上样到样品孔内

1. 按实验 1.6 的方法制备 1%琼脂糖凝胶。

2. 从管中取出限制消化塞子上样到合适的孔内。将塞子轻轻推到孔底和面朝孔正面。调整塞子薄片的位置并确保无气泡。

3. 用 1%溶解的琼脂糖凝胶填入孔内并硬化 3～5min。从边上除去多余的琼脂糖，小心将凝胶放入电泳槽内，然后盖上电泳槽盖子。

电泳参数和结果分析

1. 选择 CHEF 下作图条件：自动运算法则，分子质量低于 49kb，分子质量高于 450kb，保持电泳 18～19h。

2. 当电泳结束后，关闭仪器，取出并用 EB 染色。

3. 在凝胶成像系统中紫外光照射下获得凝胶图像并用 Quantity One 软件分析指纹图。

观　　察

在凝胶成像系统中紫外光照射下观察凝胶带谱并分析生物实验中类似的带谱。相似的基因型应该产生清晰的相似带谱，从而推断其相似基因型的源头。

结 果 表 格

样品序号	泳道序号	获得带的编号	预测相关性

疑难问题和解决方案

问题	引起原因	可能的解决方案
鬼带或影子带	塞子质量差	适当洗涤塞子上的蛋白酶 K 和酶抑制剂。检查细胞浓度和使用少量的细菌培养物
	酶质量差	使用新酶，不要使用过期的酶或频繁打开瓶子
	酶消化不合适	检查包含 BSA 主体混合液，不要使用足量的酶(星活性)，使用合适的孵化时间和温度，选择正确的缓冲液
空中有黑带	细胞浓度太高	更多的细胞导致更多 DNA 和后续水解不完全，使用少量起始培养物
	洗涤不充分	小心完成洗涤步骤，用 milli-Q 水和 TE 缓冲液重复洗涤，每个样品洗涤 3 次
背景深	DNA 被降解	检查 DNA 样品质量，千万不要使用降解了的 DNA 样品
	细胞浓度高	不要使用高浓度的细胞，使用少量培养物以便正常完成限制性消化
	水解不完全	使用确切数量的溶菌酶、SDS、蛋白酶 K，并且使细胞裂解孵育合适的时间
	洗涤不充分	在实验过程中塞子的洗涤是非常重要的步骤，因此要小心操作该步骤
	消化不完全	检查所用限制性内切核酸酶的质量。检查适合 DNA 片段消化的合适孵化时间

注 意 事 项

1. 遵守没有任何修改的方案。
2. 始终用纯的培养物开始实验。
3. 使用高质量的试剂。
4. 取少量的培养物，量多会引起带谱障碍。
5. 使用 PFGE 设备如名牌制造商 CHEF。
6. 在实验过程中始终戴着手套。

操 作 流 程

细菌培养物的复苏

在脑心浸液琼脂平板上划线纯培养细菌菌株

平板于 37℃培养 14～18h 并获得汇合的生长谱

塞子的制备

称取 0.50g 琼脂糖加入 250ml 有螺旋盖的瓶中并与 50.0ml TE 缓冲液混合，在微波炉中加热溶解，加 2.5ml 10% SDS 溶液并旋涡混合

将生长平板上的细菌培养物用 TE 缓冲液悬浮

通过稀释培养物加入另外的培养物调节细菌培养物的浓度到 0.5 麦克法兰浊度

塞子的灌注

将 400μl 细胞悬浮液转移到 1.5ml 管中；加入 20μl 溶菌酶和蛋白酶 K 和 400μl 含 SDS 的琼脂糖

立即将混合液分装到塞子的模型并避免产生气泡

室温下让塞子固化 10～15min，塞子于 4℃孵化 5min

塞子内细胞的裂解

用以下组分制备细胞裂解缓冲液：50ml 1mol/L Tris，100ml 0.5mol/L EDTA，100ml 10%十二烷基肌氨酸钠并用无菌水定容至 1000ml

从塞子的顶上除去多余的琼脂糖及加入适量的裂解缓冲液和蛋白酶 K，以及确保塞子完全浸入缓冲液内

在具有连续剧烈振荡的水浴中 54～55℃孵化试管

将 milli-Q 水预热到 54～55℃用于洗涤塞子

洗涤塞子

从水浴中取出试管，小心倒出裂解缓冲液但不要取出塞子

加入 10～15ml 预热的无菌 milli-Q 水，在 54～55℃孵化 10～15min

从管中倒出水并重复洗涤一次以上，用 TE 缓冲液重复洗涤 3 次

加入 5～10ml TE 缓冲液并将塞子存放于 4℃备用

DNA 限制性内切核酸酶消化

切割塞子(2.0～2.5mm 大小)，将 200μl 限制性内切核酸酶主体混合液加入到每个管中，盖上管盖轻轻敲击混合

确保塞子薄片浸入酶混合液中

将样品和对照塞子薄片在水浴中孵化 2h

凝胶的制备和消化塞子薄片上样

按实验 1.6 的方法制备 1%琼脂糖凝胶

从管中取出限制性内切核酸酶消化塞子，放到合适的孔内，
轻轻将塞子推到底部，正面朝孔，确保无气泡

用 1%溶解的琼脂糖凝胶填满凝胶孔，凝固 3～5min，
除去边上多余的琼脂糖，小心把凝胶放入电泳槽内

电泳参数和结果分析

在 CHEF 作图仪上选择以下条件：自动运算法则，分子质量低于 49kb，
分子质量高于 450kb 并保持电泳时间 18～19h

电泳结束后，关闭仪器，取出并用 EB 染色

在凝胶成像系统紫外光下获得凝胶图像，通过 Quantity One 软件分析指纹图

实验 4.5　细菌多重 PCR 快速检测

目的：用不同引物经多重 PCR 对细菌种类进行迅速鉴定。

导　　言

多重 PCR 是常规 PCR 的改进方法，用于快速检测基因片段删除、复制、存在或缺失。这可以通过基因组 DNA 样品在有多重引物和 *Taq* 聚合酶的 PCR 扩增协助完成。同时靶向一个以上基因时，可从 PCR 单一电泳中获得有机体的大量信息，获得结果可能需要几个分析和更多的试剂。在这方面，所有使用的引物退火温度应该优化以便在单次 PCR 反应扩增出正确的基因。

多重 PCR 通常应用于病原菌的鉴定、SNP 基因分型、突变分析、基因删除分析、模板定量、连接分析、RNA 测定、法医鉴定研究及饮食分析等。通过采用多重 PCR 的方法，由于运行一次 PCR 可以同时扩增基因多重序列，从而节省了大量的时间和精力。如今，多重 PCR 分析已成为临床和实验室实践中一种快速和方便的分析工具。由于有效多重的发展，PCR 检测的战略规划和多重实验反应条件需要优化。在多重 PCR 高度特异性扩增过程中退火温度和缓冲液浓度的优化组合是非常必要的。然而，临床应用前使用敏感性和特异性方法应该用合适的内部和外部标准的纯核酸进行评价。由于可通过 PCR 检测的微生物试剂的数量较多，用于同时检测引起类似或相同临床症状并具有类似的流行病学特征的多种病原体特征已成为令人满意的应用实践。

然而，一套基因的多重PCR分析有很多瓶颈。在这种情况下，引物应该选择有类似的退火温度和扩增产物长度，有较少的机会引导错配和自引导。如今，许多商用试剂盒已应用于法医学降解DNA样品的快速分析。

原　理

在本实验中，Septaplex PCR实验将快速识别同时检测霍乱弧菌(*Vibrio cholerae*)的毒性和*intsxt*基因。霍乱是一种致命性的疾病，快速检测和表征是所有研究人员的主要目标。传统的技术用于弧菌属(*Vibrio*)检测分类，从临床和环境样品分离弧菌属需要好几天才能完成。它可能涉及碱性蛋白胨水培养物通过在TCBS琼脂上生长、用合适抗血清玻片凝集实验、霍乱毒素分析和其他的验证实验后进行富集。传统方法非常费力、费时且昂贵。除此之外，许多菌株生化特性与霍乱弧菌、拟态弧菌(*V. mimiscus*)和其他弧菌属的情形高度相似，鉴定方法呈现巨大的差异。Septaplex PCR在对弧菌属的快速鉴定方面非常有用。

多重PCR的开发应该遵循理性的方法包含或排除不同的基因片段和生物体。只要有可能，多重PCR应该避免巢式引物用于第二循环扩增，由于携带污染原出现假阳性结果。多重PCR分析期间遇到的最大困难可以使用热态PCR和巢式PCR来避免。在这种情况下，使用热态PCR可以消除大部分的非特异性反应，而巢式PCR使用两个离散的引物通过两个独立扩增循环，增加测试的敏感性和特异性。然而，第二循环扩增可能改变交叉污染的反应和操作复杂的自动化。

多重PCR分析应用于各种各样的人逆转录病毒及其他输血传播病毒等的检测和区分。该技术已经成为用于许多细菌和病毒区分、亚群和亚类分型及基因分型有价值的工具。商业开发的PCR促进该方法的广泛传播，并已显著改善了技术易用性，但多重PCR仍然是初级阶段。

所需试剂及其作用

细菌基因组DNA

细菌基因组小且变化较少，大小范围为139～13 000kb。细菌基因组DNA的分离和纯化是大多数分子生物学实验的先决条件。对于研究分子系统学的ARDRA分析，应该使用高质量的细菌基因组DNA。细菌基因组DNA分离过程已在实验1.1中有详细介绍。

引物

引物是用于靶DNA序列扩增的小核苷酸序列。实验中使用的引物见表4.12。

表 4.12　靶基因和引物序列(Mantri et al., 2006)

靶基因	引物序列(5′—3′)	扩增子大小/bp	加入基因序号	引物位点
O139 rfb-F	AGCCTCTTTATTACGGGTGG	449	07786Y	12 288～12 307
O139 rfb-R	GTCAAACCCGATCGTAAAGG	449	Y07786	12 717～12 736
O1 rfb-F	GTTTCACTGAACAGATGGG	192	X59554	13 195～13 213
O1 rfb-R	GGTCATCTGTAAGTACAAC	192	X59554	13 368～13 386
ISRrRNA VC-F	TTAAGCSTTTTCRCTGAGAATG	295～310	AF114723	227～248
ISRrRNA VM-R	AGTCACTTAACCATACAACCCG	295～310	AF114723	501～522
ctxA F	CGGGCAGATTCTAGACCTCCTG	564	X00171	588～609
ctxA R	CGATGATCTTGGAGCATTCCCAC	564	X00171	1 129～1 151
toxR F	CCTTCGATCCCCTAAGCAATAC	779	M21249	277～298
toxR R	AGGGTTAGCAACGATGCGTAAG	779	M21249	1 034～1 055
tcpA-F Clas/E1 Tor	CACGATAAGAAAACCGGTCAAGAG	620	X64098	3 379～3 402
tcpA-R Clas	TTACCAAATGCAACGCCGAATG	620	X64098	3 977～3 998
tcpA-R E1 Tor	AATCATGAGTTCAGCTTCCCGC	823	X74730	3 235～3 256
sxt-F	TCGGGTATCGCCCAAGGGCA	946	AF099172	90～109
sxt-R	GCGAAGATCATGCATAGACC	946	AF099172	1 016～1 035

dNTP

dNTP 是 DNA 新链的构件。在大多数情况下，它们由 4 种脱氧核苷酸即 dATP、dTTP、dGTP、dCTP 组成。每个 PCR 反应大约需要每种 dNTP 100μmol/L。dNTP 储备液对冻融循环非常敏感，冻融 3～5 次后，PCR 反应效果变差。为了避免这些问题，分装成只能做两次反应的量(2～5μl)并保存在–20℃。然而，长期冻结，少量的水凝结在管壁上从而改变了 dNTP 溶液的浓度。因此，使用前必须离心，且建议使用 TE 缓冲液稀释 dNTP，因为酸性 pH 会促进 dNTP 水解从而干扰 PCR 的结果。

Taq 聚合酶

Taq 聚合酶是 1965 年由 Thomas D. Brock 首次从嗜热细菌水生栖热菌(*Thermus aquaticus*)分离的耐热型的 DNA 聚合酶。该酶能够耐受 PCR 过程中使蛋白质变性的温度。其活性最适温度为 75～80℃，半衰期 92.5℃大于 2h、95℃ 40min 和 97.5℃ 9min，且具有 72℃不到 10s 复制 1000bp DNA 序列的能力。然而，使用聚合酶的主要缺点是它缺乏 3′→5′外切核酸酶校对活性，因此复制的保真度较低。它还产生 3′端有 A 悬突的 DNA 产物，最终在 TA 克隆中有用。一般来说，50μl 总反应使用 0.5～2.0 单位的 *Taq* 聚合酶，但理想情况下用量应该为 1.25 单位。

PCR 反应缓冲液

每种酶都需要某些条件，如 pH、离子强度、辅因子等，可通过将缓冲液添加到反应混合物中实现。在某些情况下，酶在非缓冲液中改变 pH 会使其停止工作，而加入 PCR 缓冲液就可避免这种情况发生。大多数 PCR 缓冲液其组分相同：100mmol/L Tris-HCl，pH8.3，500mmol/L KCl，15mmol/L $MgCl_2$ 和 0.01%(*m*/*V*) 明胶。PCR 缓冲液的终浓度应为 1×每反应浓度。

操 作 步 骤

1. 霍乱弧菌菌株在 LB 肉汤培养基上 37℃ 180r/min 摇瓶生长 24h。
2. 按实验 1.1 描述的方法分离细菌细胞基因组 DNA。分离的基因组 DNA –20℃储存备用。
3. 解冻所有所需的试剂，在冰上构建 PCR 反应体系。
4. 通过加入下列反应组分配制PCR反应混合物：5.0μl 10×PCR缓冲液，从 10mmol/L dNTP 储备液中取每种 dNTP 浓度 2mmol/L，从 10μmol/L 正向引物和反向引物储备液取每种引物 2.5μl，1μl 2.5U/μl *Taq* 聚合酶，29.5μl milli-Q 水和 2μl 模板 DNA。
5. 将反应组件混合好，如果可能的话，进行短暂离心。
6. 按循环条件运行 PCR：初始变性 94℃ 5min，紧随其后 30 个循环，94℃变性 30s，55℃退火 30s，72℃延伸 2min 和 72℃最终延伸 7min，之后 4℃保存。
7. 2%琼脂糖凝胶将扩增的 PCR 产物进行琼脂糖凝胶电泳。
8. 在凝胶成像系统中紫外光下观察带谱。
9. 用 Quantity One 软件分析带谱和绘制系统发育关系。

观　　察

观察实验菌靶基因存在和缺乏带谱。与对照生物比较带谱和绘制实验生物体之间的系统发育关系。

结 果 表 格

生物	O139	O1	ISRrRNA	ctxA	touR	tecA	sxt
阳性对照	+	+	+	+	+	+	+
实验生物							

疑难问题和解决方案

问题	引起原因	可能的解决方案
产物大小不正确	退火温度错误	使用网络软件重新计算引物 T_m 值
	引物错误	确定引物在模板 DNA 中没有额外互补区
	Mg^{2+}浓度不合适	用 0.2～1mmol/L 增量优化 Mg^{2+}浓度
	核酸酶污染	用新溶液重复反应
无产物	退火温度错误	重新计算引物 T_m 值，通过梯度，以低于引物 T_m 值 5℃开始实验
	引物设计差	以文献推荐对照检查引物设计，证实引物是非互补的，引物内部和相互之间可选择地增加长度
	引物专一性差	证实寡核苷酸与合适的靶序列互补
	非有效引物浓度	引物浓度的正确范围应该是 0.05～1μmol/L，参考专一性产物文献的理想条件
	模板质量差	经琼脂糖凝胶电泳分析 DNA，检查 DNA 模板 A_{260}/A_{280} 的值
	非有效循环数	用更多循环数重新反应
多重/非特异性产物	过早复制	使用热启动聚合酶，用冰冻的组分在冰上建立反应，将样品预热到变性温度再加入 PCR 仪内
	引物退火温度太低	提高退火温度
	不正确的 Mg^{2+}浓度	用 0.2～1.0mmol/L 增量调节 Mg^{2+}浓度
	引物过量	引物浓度的正确范围应该是 0.05～1μmol/L，参考专一性产物文献的理想条件
	不正确的模板浓度	对于低复杂性模板（如质粒、λ 噬菌体、细菌人工染色体 DNA）每 50μl 反应使用 1pg～1μg DNA。对于高复杂性的模板（如基因组 DNA）50μl 反应使用 1ng～1μg 模板

注 意 事 项

1. 使用带过滤器的吸管头。
2. 在适当分离条件下储存物品，在隔离的空间内将它们加入反应混合物。
3. 开始分析前，室温下解冻所有组分。
4. 解冻后，混合组分并简短离心。
5. 在冰上快速工作或冷却组分。
6. 进行 PCR 反应时始终戴护目镜和手套。

操 作 流 程

将霍乱弧菌培养生长过夜，按实验 1.1 的方法分离基因组 DNA

在冰上解冻所有试剂

加入如下组分制备 PCR 混合物：5.0μl 10×PCR 缓冲液，10mmol/L dNTP 储备液中取 2mmol/L 每种 dNTP，10μmol/L 浓度储备液的每种正向引物和反向引物 2.5μl，1μl 2.5U/μl *Taq* 聚合酶，29.5μl milli-Q 水和 2μl 模板 DNA

按循环条件进行 PCR：94℃初始变性 5min，接下来 30 个循环：94℃变性 30s，55℃退火 30s，72℃延伸 2min 和 72℃最终延伸 7min，接下来 4℃保存

经 2%琼脂糖凝胶电泳检测 PCR 产物

在凝胶成像系统中紫外光下观察带谱

用 Quantity One 软件分析带谱和绘制系统发育关系

实验 4.6　肠杆菌基因间重复共有序列和细菌基因外重复回文序列 PCR 技术

目的：通过肠杆菌基因间重复共有序列(ERIC)和细菌基因外重复回文序列(REP) PCR 技术，揭示霍乱弧菌遗传异质性。

导　　言

细菌基因组被认为是高度简化的，具有许多短间隔重复序列。然而，到目前为止很少有关于它们起源、进化、发生和功能的研究。这些间隔序列存在于某些种类的细菌中，而其他细菌则缺乏，暗示它们有某种功能，并通过它们获得了基因。据报道，这些重复序列作为许多蛋白质结合位点，如 DNA 聚合酶和 DNA 旋转酶执行所需的功能，这可能是附属功能。最短的重复序列的不完整的回文形式有可能形成二级结构，帮助 mRNA 稳定；否则它们中的大多数形成非功能的废物。

有各种 PCR 指纹技术通过引物退火位点的特异性选择用于扩增多态性 DNA。这些细菌分子的分型方法非常可靠、快速，并具有高度识别能力及可重复。这种方法的基本原理是利用引物位点进行 PCR，该位点是在大部分革兰氏阴性细菌和革兰氏阳性细菌基因组中高度保守、自然发生、不同基因间的位置存在多重拷贝的 DNA 重复序列。REP-PCR 是基于 Versalovic 等(1994)首次用于分子分型，该技术在几年内得到了突飞猛进的发展，现已完全自动化(Healy et al.，2005)。与 REP-PCR 相比，ERIC-PCR 在检测来自任何环境中的微生物时是高度敏感和有用的。BOX-PCR 在创建不同的指纹图方面优于所有的技术；然而，ERIC-PCR 和 REP-PCR 方法主要用于基因分型(Frye and Healy，2006)。除了 5bp 的回文结构茎环外，REP-PCR 有 38bp 共同序列。在同一条链上，ERIC-PCR 有 126bp，还发现有基因外区域。然而，BOX-PCR 有 3 个亚基，即 BOX-A、BOX-B 和 BOX-C，分别有 59 个、45 个和 50 个核苷酸长度。最重要的是 BOX-PCR 不与 ERIC-PCR 或 REP-PCR 分享任何序列(Olive and Bean，1999)。随机引物聚合酶链反应(AP-PCR)可以从种间任何不同大小分布的扩增片段扩增基因组 DNA 片段。因此，密切相关的类群具有相似的片段分布，而远亲的类群更发散，从而提供相当大的系统发育信息(Espinasa and Borowsky，1998)。

原　　理

肠杆菌基因间重复共有序列(ERIC)是基因间重复单位，它不同于大多数其他细菌重复，因为细菌种群有更广泛交叉分布。ERIC 序列首次发现于大肠杆菌(*E.coli*)、鼠伤寒沙门氏菌(*Salmonella typhimurium*)和肠杆菌科家族的其他成员包括霍乱弧菌(*Vibrio cholerae*)。ERIC 序列是 127bp 的不完整的重复回文序列(图 4.15)。除此之外，由于内部序列的删除和在特定内部位点插入约 70bp，大小上有一个巨大的变化。ERIC 序列卓越的特性是，它们存在于转录区域的基因间隔区。该技术包括在测试生物体中探索 ERIC 序列拷贝数。然而，到目前为止还不了解这些遗传元素的迁移率和性质，也不清楚基因拷贝的功能作用。

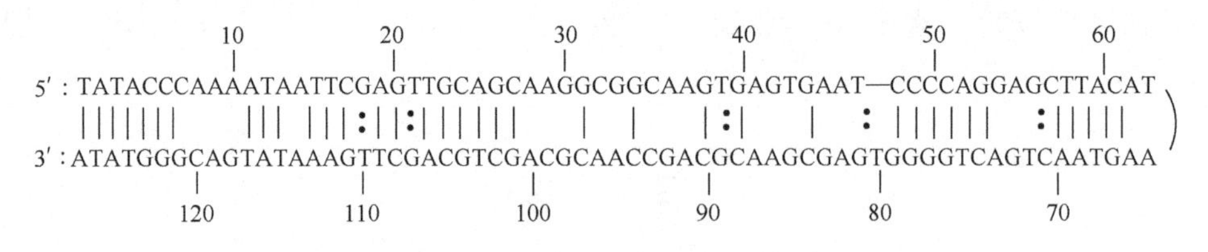

图 4.15　ERIC 序列 127bp 序列显示头发丝结构和互补序列

基因外重复回文序列聚合酶链反应(REP-PCR)产生的 DNA 指纹由多个不同大小含有发生重复序列之间染色体序列片段唯一的序列的 DNA 分子组成。与杂交技术相反，DNA 指纹反映不同大小染色体限制性片段中基因片段的存在或缺失，REP-PCR 反映了在重复序列靶点上寡核苷酸引物结合位点之间的距离(图 4.16)。不同大小的扩增子被电泳进一步扩增组成单个细菌克隆或菌株的 DNA 特异性指纹图。因此，独特的条形码或 DNA 指纹定义每个细菌染色体，而没有基因表达水平或酶功能的测定。基因型或分子方法与单个细菌种群分辨成不同种类的水平不同。

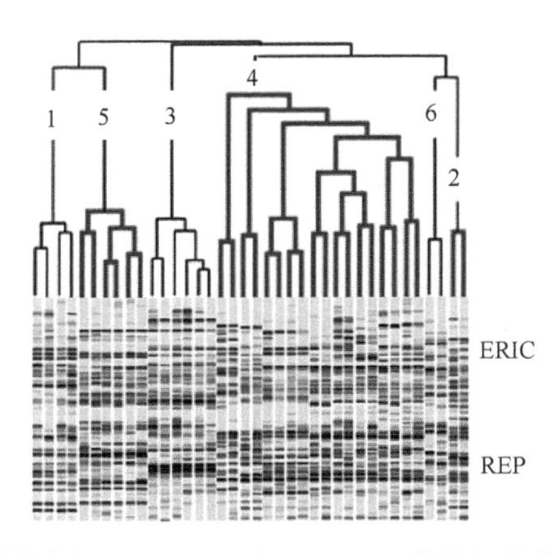

图 4.16　使用指纹图技术如 ERIC-PCR 和 REP-PCR 推断细菌种类中的系统发育关系

除了为保守基因扩增使用合适的引物对外，两种技术都包含类似的操作过程。这些技术可以应用于临床和环境分离株的研究；使用任何标准方法能够分离基因组 DNA，接着通过 ERIC 和 REP 基因片段扩增可以进一步描绘特异性细菌种类指纹图的特征(图 4.17)。该技术高度省时和经济，呈现优于其他指纹识别技术的优势。许多细菌菌株的指纹图可以利用两套引物运行一次 PCR 而获得。然而，基因组 DNA 作为这个反应的模板应该是高质量的，否则它可能会干扰 PCR 的相关步骤。

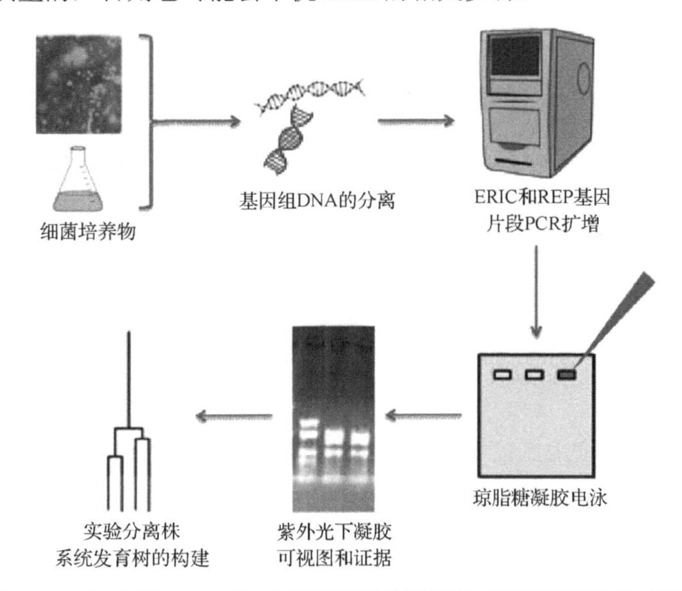

图 4.17　ERIC 和 REP-PCR 介导细菌指纹及步骤(彩图请扫封底二维码)

所需试剂及其作用

细菌基因组 DNA

细菌基因组很小且变化较少，大小范围在 139～13 000kb。细菌基因组 DNA 的分离和纯化是大多数分子生物学实验最常见的先决条件。对于研究分子系统学的 ARDRA 分析，应该使用高质量的细菌基因组 DNA。细菌基因组 DNA 分离过程已在实验 1.1 中有详细介绍。

PCR 反应缓冲液

每个酶都需要一定条件的 pH、离子强度、辅因子等，这些条件通过缓冲液添加到反应混合物而获得。在某些情况下，在非缓冲液中改变 pH，酶就会停止工作，可以通过加入 PCR 缓冲液而避免这种情况的发生。大多数 PCR 缓冲液的组分几乎一样：100mmol/L Tris-HCl，pH 8.3，500mmol/L KCl，15mmol/L $MgCl_2$ 和 0.01%（*w*/*V*）明胶。PCR 缓冲液终浓度应该为 1×每反应浓度。

二价阳离子

DNA 聚合酶发挥作用需要有二价阳离子存在。从本质上讲，它们保护三磷酸的负电荷和允许的 3′羟基氧攻击 α-磷酸基的磷而连接到新进核苷酸的 5′碳上。所有水解核苷二磷酸和核苷三磷酸的磷酸键的酶都需要二价阳离子的存在。1.5～2.0mmol/L $MgCl_2$ 是 *Taq* DNA 聚合酶活性的最适浓度。如果 Mg^{2+}浓度太低，将见不到 PCR 产物；而如果 Mg^{2+}浓度太高，将获得非目的 PCR 产物。

dNTP

dNTP 是 DNA 新链的构件。在大多数情况下，它们是 4 种脱氧核苷酸即 dATP、dTTP、dGTP 和 dCTP 的混合物。每次 PCR 反应大约需要每种 dNTP 100μmol/L。dNTP 储备液对冻融循环非常敏感，冻融 3～5 次后，PCR 反应效果变差。为了避免这些问题，将分装成只能做两次反应（2～5μl）的量并在–20℃保存。然而，长期冻结，少量的水凝结在管壁上从而改变了 dNTP 溶液的浓度。因此，使用前必须将管离心，且建议使用 TE 缓冲液稀释 dNTP，因为酸性 pH 会促进 dNTP 水解从而干扰 PCR 的结果。

ERIC 引物

正向和反向两套引物用于扩增细菌基因组 *ERIC* 片段。在这方面，使用两个寡核苷酸引物，例如，ERIC1：5′-ATGTAAGCTCCTGGGGATTCAC-3′和 ERIC2：5′-AAGTAAGTGAC-TGGGGTGAGCG-3′。

REP 引物

正向和反向两套引物用于扩增细菌基因组 *ERIC* 片段。在这方面，使用两个寡核苷酸引物，例如，REPIR1：5′-IIIICGICGICATCIGGC-3′和 REP2-I：5′-ICGICTTATCIGG-CCTAC-3′。

Taq 聚合酶

Taq 聚合酶是 1965 年由 Thomas D. Brock 首次从嗜热细菌水生栖热菌（*Thermus*

aquaticus）分离的耐热型 DNA 聚合酶。该酶能够耐受 PCR 过程中使蛋白质变性的温度。它的最适温度为 75～80℃，半衰期 92.5℃大于 2h、95℃ 40min 和 97.5℃ 9min，且具有 72℃不到 10s 复制 1000bp DNA 序列的能力。然而，使用 *Taq* 聚合酶的主要缺点是它缺乏 3′→5′外切核酸酶校对活性，因此复制的保真度较低。它还产生 3′端有 A 悬突的 DNA 产物，它最终在 TA 克隆中非常有用。一般来说，50μl 总反应中使用 0.5～2.0 单位的 *Taq* 聚合酶，但理想情况下应该使用 1.25 单位。

硫代硫酸盐柠檬酸胆汁酸盐蔗糖琼脂

硫代硫酸盐柠檬酸胆汁酸盐蔗糖（TCBS）琼脂是分离霍乱弧菌（*V. cholera*）、副溶血弧菌（*V. parahaemolyticus*）和其他弧菌属的选择性培养基。这种培养基含有抑制肠杆菌科生长的高浓度硫代硫酸钠和柠檬酸钠，蔗糖作为新陈代谢可发酵碳水化合物。此外，培养基碱性 pH 抑制其他细菌生长并促进弧菌属生长。培养基中包含如百里酚蓝和溴麝香草酚蓝是培养基 pH 的标示物质。因此，弧菌属蔗糖发酵罐通过产生黄色色素辨别非蔗糖发酵。

操 作 步 骤

1. 将待测霍乱弧菌在 TCBS 琼脂平板上划线纯培养，37℃培养 24h。
2. 将 2～3 个细菌菌落接种到含有 1% NaCl 溶液的 LB 肉汤培养管中。37℃ 180r/min 摇瓶培养 24h。
3. 用实验 1.1 的方法从培养过夜的培养物中提取基因组 DNA。检查分离基因组 DNA 的质量，–20℃存储。

ERIC-PCR

1. 在冰上解冻 PCR 分析所需的所有试剂。
2. 按表 4.13 在冰上准备反应混合物。
3. 样品短暂离心，适当混合所有的组分。

表 4.13　配制 ERIC 反应混合物的试剂和体积

试剂	体积/μl
10×PCR 缓冲液	2.5
$MgCl_2$（25mmol/L）	1.5
dTNP（2.5mmol/L）	2.5
ERIC1（10mmol/L）	2.5
ERIC2（10mmol/L）	2.5
Taq 聚合酶（5U/μl）	0.5
二甲基亚砜（DMSO）	0.5
milli-Q 水	10.5
模板 DNA	2.0
总体积	25.0

4. 用下列参数设定 PCR 反应。

初始变性	94℃ 2min
30 个循环	
变性	94℃ 45s
退火	52℃ 1min
延伸	70℃ 7min
最终延伸	70℃ 10min
终止	4℃ 无限

5. 配制 1.8%琼脂糖凝胶，接 10μl PCR 扩增产物，电泳 4～5h。

6. 在凝胶成像系统紫外灯下观察带谱，用凝胶软件(Bio-Rad, 美国)推断实验生物的系统发育。

REP-PCR

1. 在冰上解冻 PCR 分析所需的所有试剂。

2. 按表 4.14 在冰上配制反应混合物。

表 4.14　制备反应混合物的试剂和体积

试剂	体积/μl
10×PCR 缓冲液	2.5
$MgCl_2$(25mmol/L)	1.5
dNTP(2.5mmol/L)	2.5
REP1(10mmol/L)	2.5
REP2(10mmol/L)	2.5
Taq polymerase(5U/μl)	0.5
DMSO	0.5
milli-Q 水	10.5
模板 DNA	2.0
总体积	25.0

3. 样品简短离心，适当混合所有的组分。

4. 用下列参数设置 PCR 反应。

初始变性	94℃ 2min
30 个循环	
变性	94℃ 45s
退火	52℃ 1min
延伸	70℃ 7min
最终延伸	70℃ 10min
终止	4℃ 无限

5. 制备 1.8%琼脂糖凝胶，上样 10μl PCR 扩增产物，电泳 4～5h。

6. 在凝胶成像系统中观察紫外光下的带型，并使用 Quantity One 软件(Bio-Rad, 美国)推断测试生物体之间的系统发育关系。

观　察

在凝胶成像系统中紫外光下观察带谱并基于带谱和特殊带的存在与否用 Quantity One 软件推断实验中的生物系统发育关系。

结果表格

样品序号	泳道序号	获得的带编号	预测关系

疑难问题和解决方案

问题	引起原因	可能的解决方案
产物大小不正确	退火温度错误	用网络软件重新计算引物 T_m 值
	引物错误	确定引物在模板 DNA 中没有额外互补区
	Mg^{2+}浓度不合适	用 0.2～1mmol/L 增量优化 Mg^{2+}浓度
	核酸酶污染	用新溶液重复反应
无产物	退火温度错误	重新计算引物 T_m 值，通过梯度，以低于引物 T_m 值 5℃开始实验
	引物设计差	以文献推荐对照检查引物设计，证实引物是非互补的，引物内部和相互之间可选择地增加长度
	引物专一性差	证实寡核苷酸与合适的靶序列互补
	非有效引物浓度	引物浓度的正确范围应该是 0.05～1μmol/L，参考专一性产物文献的理想条件
	模板质量差	经琼脂糖凝胶电泳分析 DNA，检查 DNA 模板 A_{260}/A_{280} 的值
	非有效循环数	用更多循环数重新反应
多重/非特异性产物	过早复制	使用热启动聚合酶，用冰冻的组分在冰上建立反应，将样品预热到变性温度再加入 PCR 仪内
	引物退火温度太低	提高退火温度
	不正确的 Mg^{2+}浓度	用 0.2～1.0mmol/L 增量调节 Mg^{2+}浓度
	引物过量	引物浓度的正确范围应该是 0.05～1μmol/L，参考专一性产物文献的理想条件
	不正确的模板浓度	对于低复杂性模板(如质粒、λ 噬菌体、细菌人工染色体 DNA)每 50μl 反应使用 1pg～1μg DNA。对于高复杂性的模板(如基因组 DNA)每 50μl 反应使用 1ng～1μg 模板

注 意 事 项

1. 使用带过滤器的吸管头。
2. 在合适隔离条件下储存物品和试剂，并在相对隔离设备中添加到反应混合物中。
3. 所有组分开始分析之前在室温下彻底解冻。
4. 解冻后，混合组分并简短离心。
5. 在冰上或在冷冻板上操作动作要快。
6. 在进行 PCR 反应时始终戴着护目镜和手套。

操 作 流 程

用于 ERIC-PCR 分析

解冻 PCR 分析需要的所有试剂，组装以下反应混合物：2.5μl 10×PCR 缓冲液，1.5μl 25mmol/L $MgCl_2$，2.5μl 2.5mmol/L dNTP，2.5μl 10mmol/L ERIC1，2.5μl 10mmol/L ERIC2，0.5μl 5U/μl *Taq* 聚合酶，0.5μl DMSO，10.5μl milli-Q 水和 2.0μl 模板 DNA，小心旋涡彻底混合

用以下条件设置 PCR 反应：94℃初始变性 2min；接下来 30 个循环：94℃变性 45s，52℃退火 1min，70℃延伸 7min；70℃最终延伸 10min，接着 4℃保存

通过 1.8%琼脂糖凝胶电泳扩增产物，在凝胶成像系统紫外光下获得图像，用 Quantity One 软件推断它们之间的系统发育关系

用于 REP-PCR 分析

解冻 PCR 分析需要的所有试剂，组装以下反应混合物：2.5μl 10×PCR 缓冲液，1.5μl 的 25mmol/L $MgCl_2$，2.5μl 2.5mmol/L dNTP，2.5μl 10mmol/L REP1，2.5μl 10mmol/L REP2，0.5μl 5U/μl *Taq* 聚合酶，0.5μl 的 DMSO，10.5μl milli-Q 水和 2.0μl 模板 DNA，小心旋涡彻底混合

用以下条件设置 PCR 反应：94℃初始变性 2min；接下来 30 个循环：94℃变性 45s，52℃退火 1min，70℃延伸 7min；70℃最终延伸 10min，接着 4℃保存

通过 1.8%琼脂糖凝胶电泳扩增产物，在凝胶成像系统的紫外光下获得图像，用 Quantity One 软件推断它们之间的系统发育关系

第 5 章　分子微生物学计算机辅助研究

实验 5.1　基因序列分析

目的：序列分析后获得的 16S rRNA 基因序列的分析。

导　言

核糖体是蛋白质合成机制的必需元件，所以，它在所有生物中无所不在地分布且功能保守。核糖体由两个主要亚基组成——小核糖体亚基读取 mRNA，而大亚基连接氨基酸形成多肽链。每个亚基由一个或多个核糖体 RNA(rRNA)分子和各种蛋白质组成。在原核生物中完整的 70S 单体包括较大的 50S 单位，其中又包括 5S 和 23S rRNA，加上一个包括 16S rRNA 的较小的 30S 单位。在所有的基因池中，在所有细胞的 DNA 序列中 16S rRNA 基因序列是最保守和变化最少的。在同一属或同一种生物中，16S rDNA 基因序列高度保守，但是在其他属和种之间则不同。这种 RNA 不翻译成蛋白质，核糖体 RNA 是活性成分。因此，它指的是“rRNA 基因”或“rDNA”，在基因组中定向产生核糖体 RNA 的 DNA。研究发现，16S rRNA 基因缺乏与许多原核基因之间的种间水平基因转移有关。它们包含的诊断变量区域散布于一级和二级结构的高度保守区中，允许通过系统发育比较推断进化距离的范围。16S rRNA 基因的序列及其分析是细菌鉴定中的分子指纹图。序列数据需要提交前处理。通过大量的实用工具能对序列数据进行处理。近几十种格式可用于序列处理。格式被设计成能够保存序列数据和其他序列信息。每个序列器和分析包以自己的格式存储数据。一个高效的序列器每次运行最多可以给出 1000 个核苷酸。本实验研究的目的是使用 BioEdit v7.2.5 编辑 16S rRNA 基因序列。

样品序列分析工具

SEQTOOL：http://www.seqtools.dk/downloads_a.htm

BioEdit：http://www.mbio.ncsu.edu/bioedit/bioedit.html

MEGA：http://www.megasoftware.net/

原　理

BioEdit 生物序列编辑器将提供相关蛋白质和核酸序列编辑、比对、操纵和分析的基本功能。使用这个软件也可以执行其他功能，包括亲水性或疏水性分析、交互式二维矩阵数据绘图及序列操控。先进的软件版本添加了许多高级功能用于大量存储和公开大型序列数据分析，序列分析能力已扩大到20 000bp。BioEdit是用Borland C++ builder编写的C++程序。因此，这个软件更简单、高效，提供一个序列比对、输出和其他分析的简单模式。

操 作 步 骤

1. 在BioEdit软件中打开ABI格式原始序列文件。

2. 将显示出两个窗口，一个为系统发育树图，另一个软件程序用于核苷酸序列的自动解码。

3. 在单个分析方法中打开正向和反向两个核苷酸序列(图5.1)。

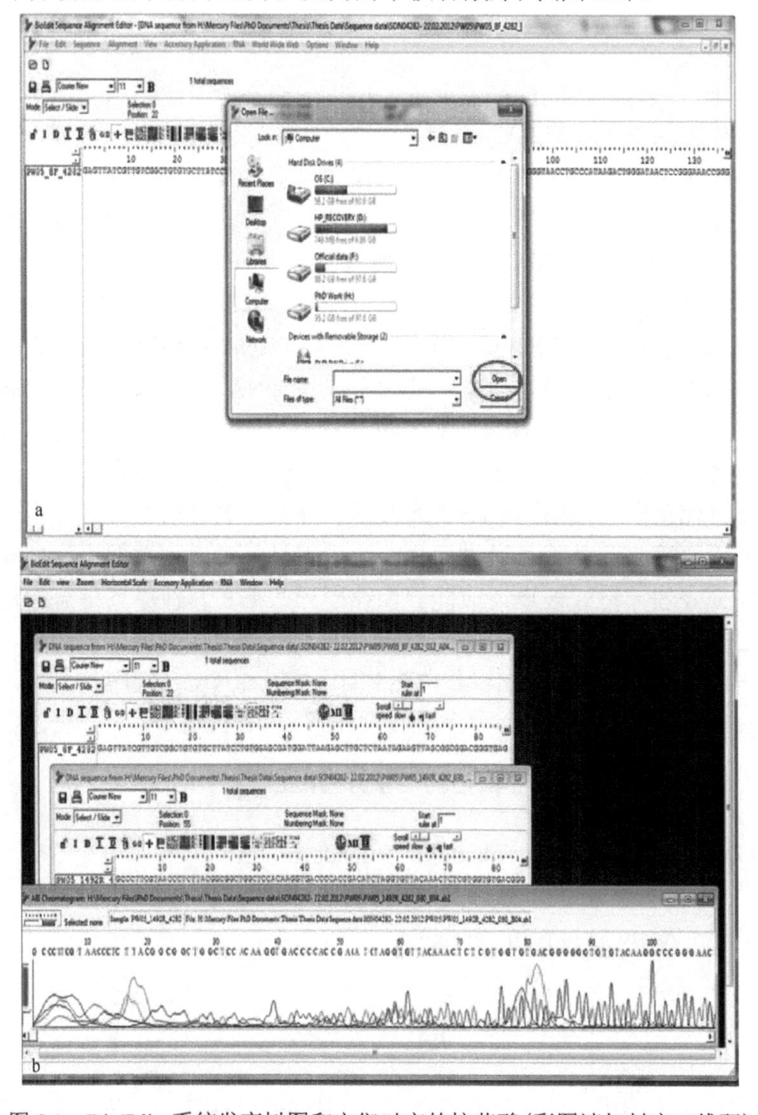

图5.1　BioEdit 系统发育树图和它们对应的核苷酸(彩图请扫封底二维码)

4. 用正向序列任务窗口拷贝并粘贴反向序列。选择任何一个序列，做反向互补序列（序列＞核酸＞反向互补）（图 5.2）。

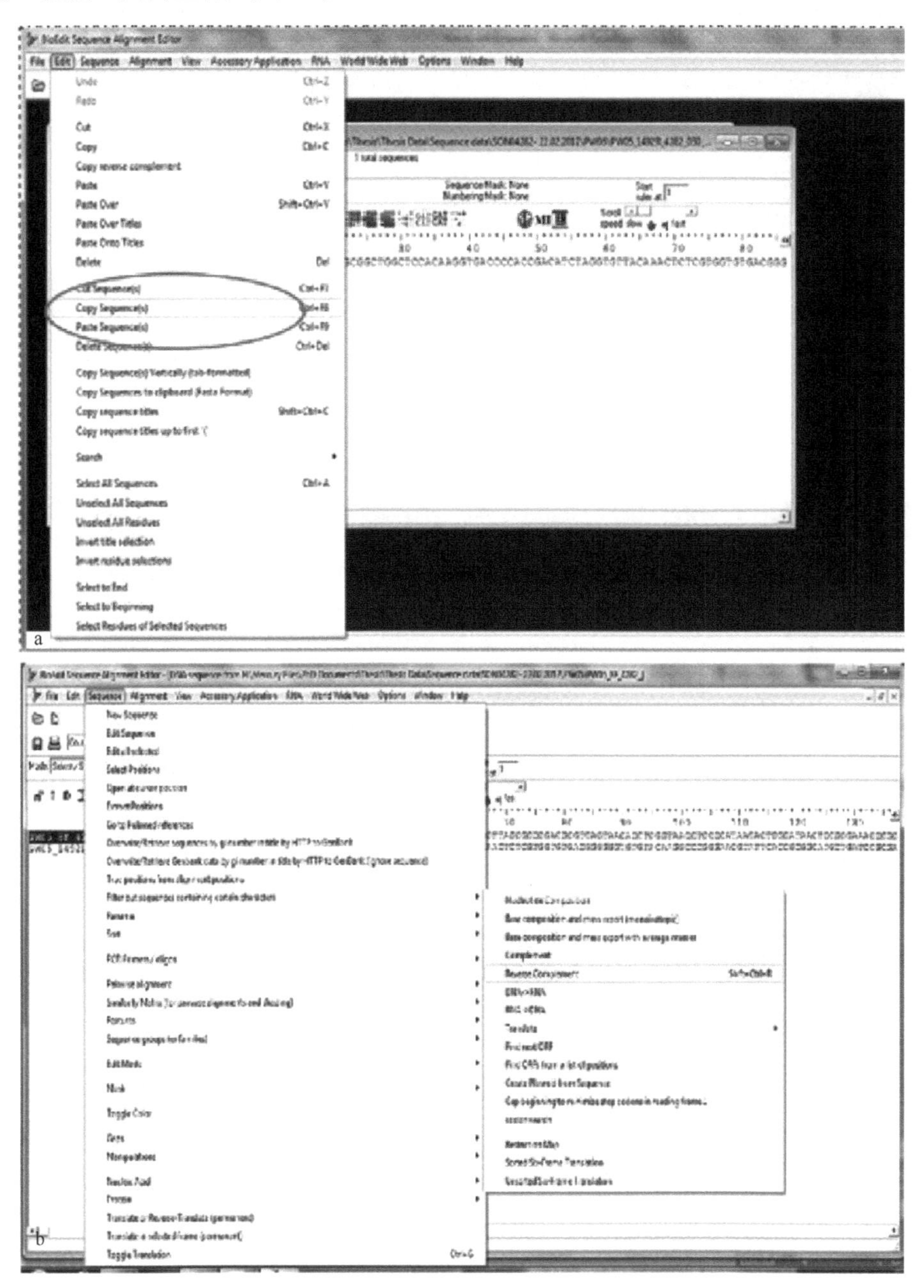

图 5.2　BioEdit 中反向序列文件的反向互补（彩图请扫封底二维码）

5. 生成重叠群序列（序列＞附属应用＞CAP 重叠群组装程序）。会出现序列重叠群；复制序列并执行 BKAST 搜索（图 5.3）。

6. 选择和下载与查询序列有最大相似性的序列（FASTA 格式）（图 5.4）。

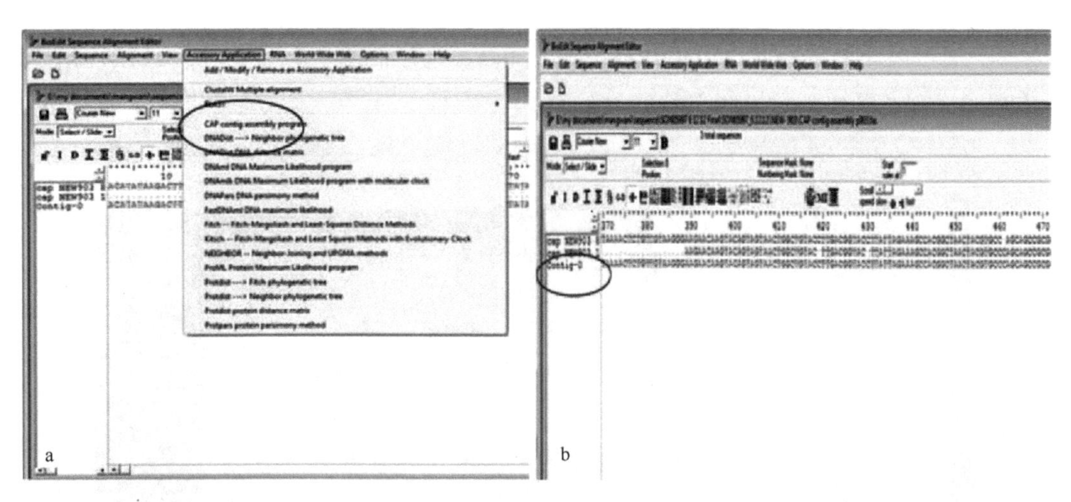

图 5.3　正向和反向序列的重叠群组装(彩图请扫封底二维码)

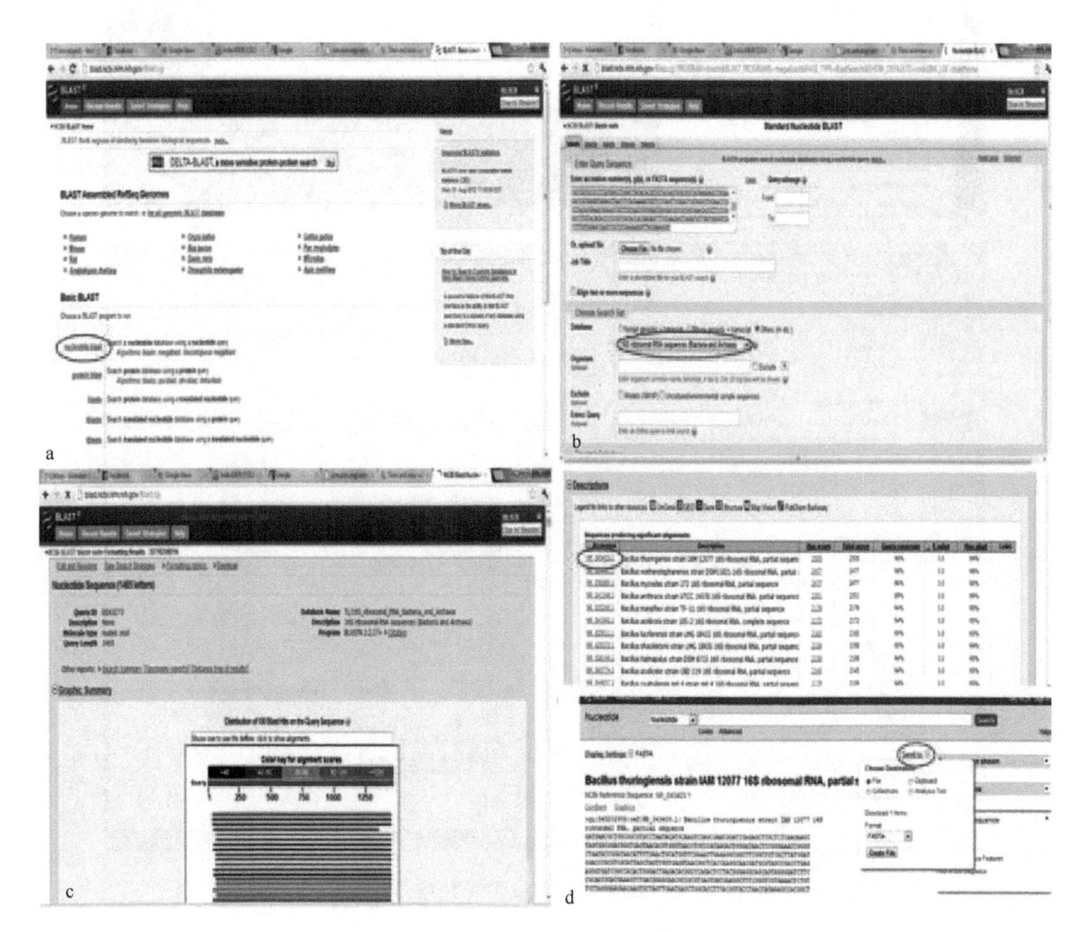

图 5.4　FASTA 格式选择和下载的序列(彩图请扫封底二维码)

7. 打开下载的序列与将序列重叠群粘贴在同一窗口中[文件＞选择序列＞打开＞编辑＞拷贝序列＞粘贴序列(s)]。

8. 选择重叠群序列和目标序列，执行 Clustal W 多重比对(附属应用程序＞Clustal W 多重比对)(图 5.5)。

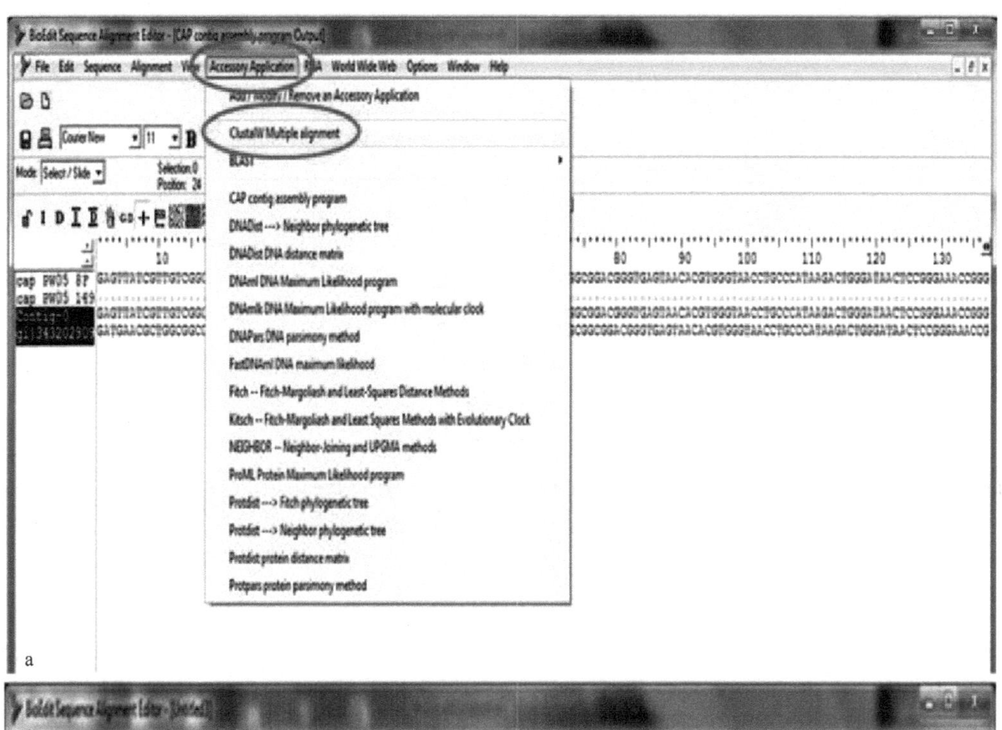

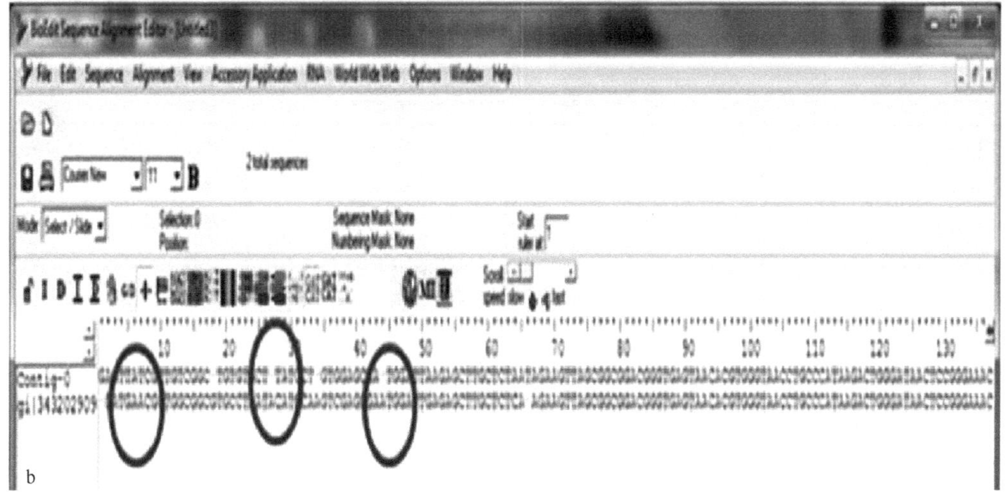

图 5.5　使用 Clustal W 对序列多重比对(彩图请扫封底二维码)

9. 寻找缺口、匹配和未匹配的序列。如果需要编辑，可将序列复制到 FASTA 格式剪贴板。

10. 以兼容的格式保存序列文件，如 txt、FASTA。

11. 所编辑的序列可以提交给基因库，并可以推导序列的系统发育关系。

12. 当序列编辑过程中有模棱两可时，使用模糊遗传编码如表 5.1、表 5.2 和表 5.3 所述。

表 5.1　核酸编辑过程中核苷酸缩写

碱基	意义	互补
A	A	T
C	C	G
G	G	C
T	T	A
U	T	A
M	A 或 C(氨基)	K
R	A 或 G(嘌呤)	Y
W	A 或 T(弱，2H 键)	W
S	C 或 G(强，3H 键)	S
Y	C 或 T(嘧啶)	R
K	G 或 T(酮)	M
V	A 或 C 或 G(没有 T；V>T)	B
H	A 或 C 或 T(没有 G；H>G)	D
D	A 或 G 或 T(没有 C；D>C)	H
B	C 或 G 或 T(没有 A；B>A)	V
X	A 或 C 或 G 或 T	X
N	A 或 C 或 G 或 T(任何)	N
•	没有 A、C、G、T	•

表 5.2　遗传编码和对应的缩写

UUU	Phe	F	UCU	Ser	S	UAU	Tyr	Y	UGU	Cys	C
UUC	Phe	F	UCC	Ser	S	UAC	Tyr	Y	UGC	Cys	C
UUA	Leu	L	UCA	Ser	S	UAA	终止	*	UGA	终止	*
UUG	Leu	L	UCG	Ser	S	UAG	终止	*	UGG	Trp	W
CUU	Leu	L	CCU	Pro	P	CAU	His	H	CGU	Arg	R
CUC	Leu	L	CCC	Pro	P	CAC	His	H	CGC	Arg	R
CUA	Leu	L	CCA	Pro	P	CAA	Gln	Q	CGA	Arg	R
CUG	Leu	L	CCG	Pro	P	CAG	Gln	Q	CGC	Arg	R
AUU	Ile	I	ACU	Thr	T	AAG	Asn	N	AGU	Ser	S
AUC	Ile	I	ACC	Thr	T	AAC	Asn	N	AGC	Ser	S
AUA	Ile	I	ACA	Thr	T	AAA	Lys	K	AGA	Arg	R
AUG	Met	M	ACG	Thr	T	AAG	Lys	K	AGG	Arg	R
GUU	Val	V	GCU	Ala	A	GAU	Asp	D	GGU	Gly	G
GUC	Val	V	GCC	Ala	A	GAC	Asp	D	GGC	Gly	G
GUA	Val	V	GCA	Ala	A	GAA	Glu	E	GGA	Gly	G
GUG	Val	V	GCG	Ala	A	GAG	Glu	E	GGG	Gly	G

* 表示没有被核苷酸序列编码的氨基酸，在蛋白质合成过程中出现在末端

表 5.3　氨基酸单字母鉴定及其三字母缩写

A	Ala	G	Gly	M	Met	R	Arg	W	Trp
C	Cys	H	His	N	Asn	S	Ser	X	Tyr
D	Asp	I	Ile	P	Pro	T	Thr	Y	(任何)
E	Glu	K	Lys	Q	Gln	V	Val	*	(末端)
F	Phe	L	Leu						

* 表示没有被核苷酸序列编码的氨基酸，在蛋白质合成过程中出现在末端

操 作 流 程

打开 BioEdit

↓

在同一任务窗口下打开正向 16S rRNA 序列文件和反向序列文件

↓

打开反向序列文件，
编辑和选择拷贝序列，粘贴序列与反向序列

↓

选择两种序列和做反向互补(选择序列＞核酸＞反向互补)

↓

生成重叠群序列(序列＞附属应用＞CAP 重叠群组装程序)

↓

拷贝重叠群序列和进行 BLSAT 搜索

↓

以 FASTA 格式下载最大相似性序列

↓

完成 Clustal W

↓

寻找缺口、匹配和未匹配的序列；如果需要，编辑重叠群序列

↓

以 txt 或 FASTA 格式保存重叠群序列

实验 5.2　基因库序列的递交

目的：递交序列到 NCBI 基因库获得认可编号。

导　言

基因库(GenBank)是一个数据库，数据库收藏带注释的所有公开可用的核苷酸序列及其蛋白质翻译。只有原始序列可以提交到基因库。它是一个开放的访问数据库，由美国国家生物技术信息中心(NCBI)创建和维护，NCBI 为国际联合核苷酸序列数据库(INSDC)的一部分，也是美国国立卫生研究院的一部分。提交序列到基因库有几个选项。BankIt 基于网络的形式，用于直接提交序列，而 Sequin 是独立提交程序。提交序列到基因库后，需要验证独创性、完成质量保证检查和指定序列数据认可号。批准后，提交的序列会发布于公共数据库，这样就可以检索到该条目了。一般来说，如批量提交的表达序列标签(EST)、序列位点标签(STS)、基因组调查序列(GSS)和高通量基因组序列(HTGS)数据通常由大规模测序中心提交。

在公共数据库(DDBJ/EMBL/基因库)中，DNA 序列记录是分子生物学研究的计算机分析至关重要的组件。序列数据的准确和信息生物学注释对于确定的基因序列功能与高效的相似性搜索是至关重要的。期刊不再印刷完整的序列数据，而是在发布时提供一个数据库登录号。然而，提交过程由国际合作协议管理，对任何数据库提交的任何序列几天内将会出现在其他数据库并被公开发布。此外，序列记录分布在全球不同的用户组和中心，包括那些重新格式化记录以便在其自己的程序和数据库套件中使用。

最近，序列数据库有了指数级增长；然而，在早期，序列由正在研究目的基因的个人提交。因此，适合这种类型的提交项目允许任意生物信息的人工注释。最近，序列数据库重要的贡献来自于系统发育和群体研究，也使完整基因组序列进入了指数增加的阶段。

序列提交到数据库有两种方法，即使用 BankIt 基于网络的方法和可以使用直接连接网络如 Sequin 的多平台程序。Sequin 是一种 ASN.1 编辑工具，充分利用 NCBI 数据模型的优势，已成为 NCBI 多年来开发的许多序列分析工具的平台。

原　理

已通过一项解决方案来简化序列提交过程，序列提交相关人应该以 EMBL/GenBank 格式，最好用 NCBI 的 Sequin(ASN.1)格式提供插入的完整序列、宿主侧面相接序列的碱基序列。根据 DNA 序列文件，应该用 INSDC 特性表注释，包括以下描述和特征及它们的序列位置，如定义(序列记录的题目描述)、来源和生物(根据 NCBI 数据库分类法)、大小(碱基对)、分子类型(DNA)、拓扑学(线性/环形)、引用(引用作者、标题、期刊等)、来源(GMO 插入和宿主所在地区/来源)、STS(PCR 扩增子的检测方法)和引物结合(引物名称、序列的正向引物和反向引物与探针）来定义文档。

大多数期刊要求论文中引用的 DNA 和氨基酸序列提交到公共数据库（DDBJ/EMBL/GenBank-INSDC）作为出版的一部分。DDBJ、EMBL 和 GenBank 之间的数据交换为日常进行，所以无论哪个数据库都很方便，无须在意序列在哪里发表。发表前提交的序列数据如果要求的话，可以保密。基因库提供序列提交确认号，通常在 2 个工作日内完成。这个确认号作为提交数据标识符，并允许公众检索需要的序列。确认号应该包括在稿件中，最好在文章的第一页有脚注，或按期刊规程要求。

操 作 步 骤

1. 打开链接 http://www.ncbi.nlm.nih.gov/genbank/submit/。

2. 选择提交工具。有几个序列提交选项，按提交向导一步一步完成操作，选择 BankIt（图 5.6）。

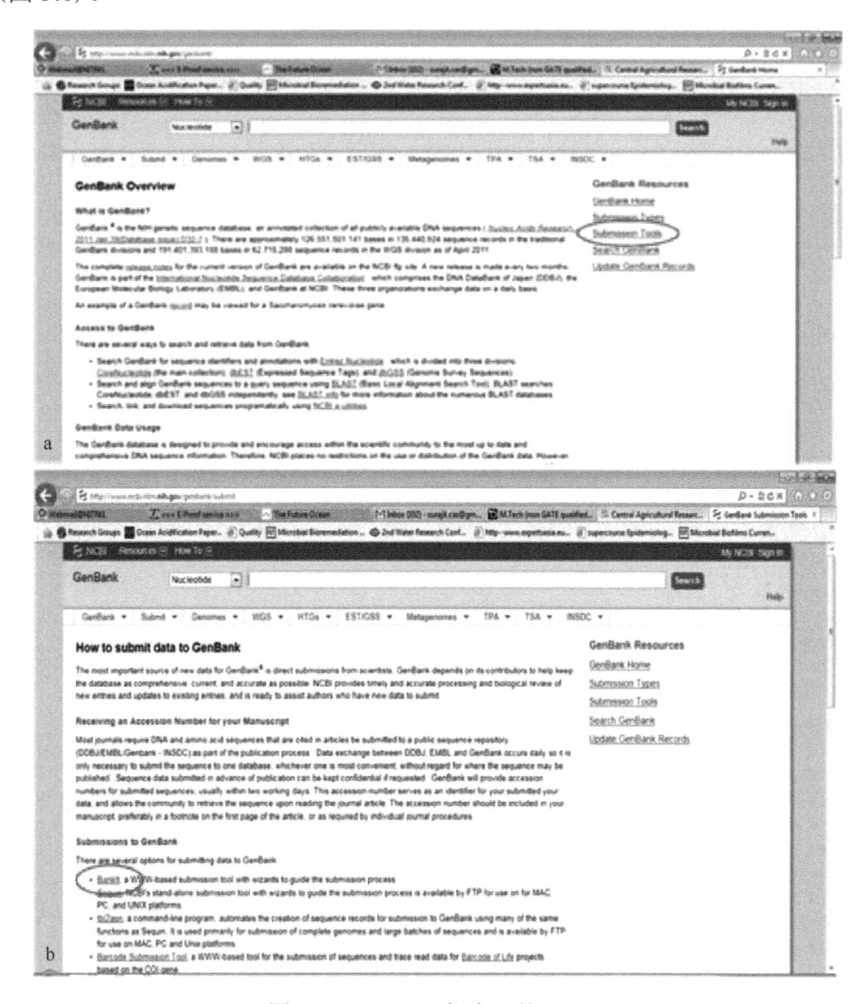

图 5.6　GenBank 提交工具 BankIt

3. 登录使用 BankIt(图 5.7)。你需要有一个用户账户。如果你还没有账户，你必须花几分钟填报个人数据创建一个自己的账户。

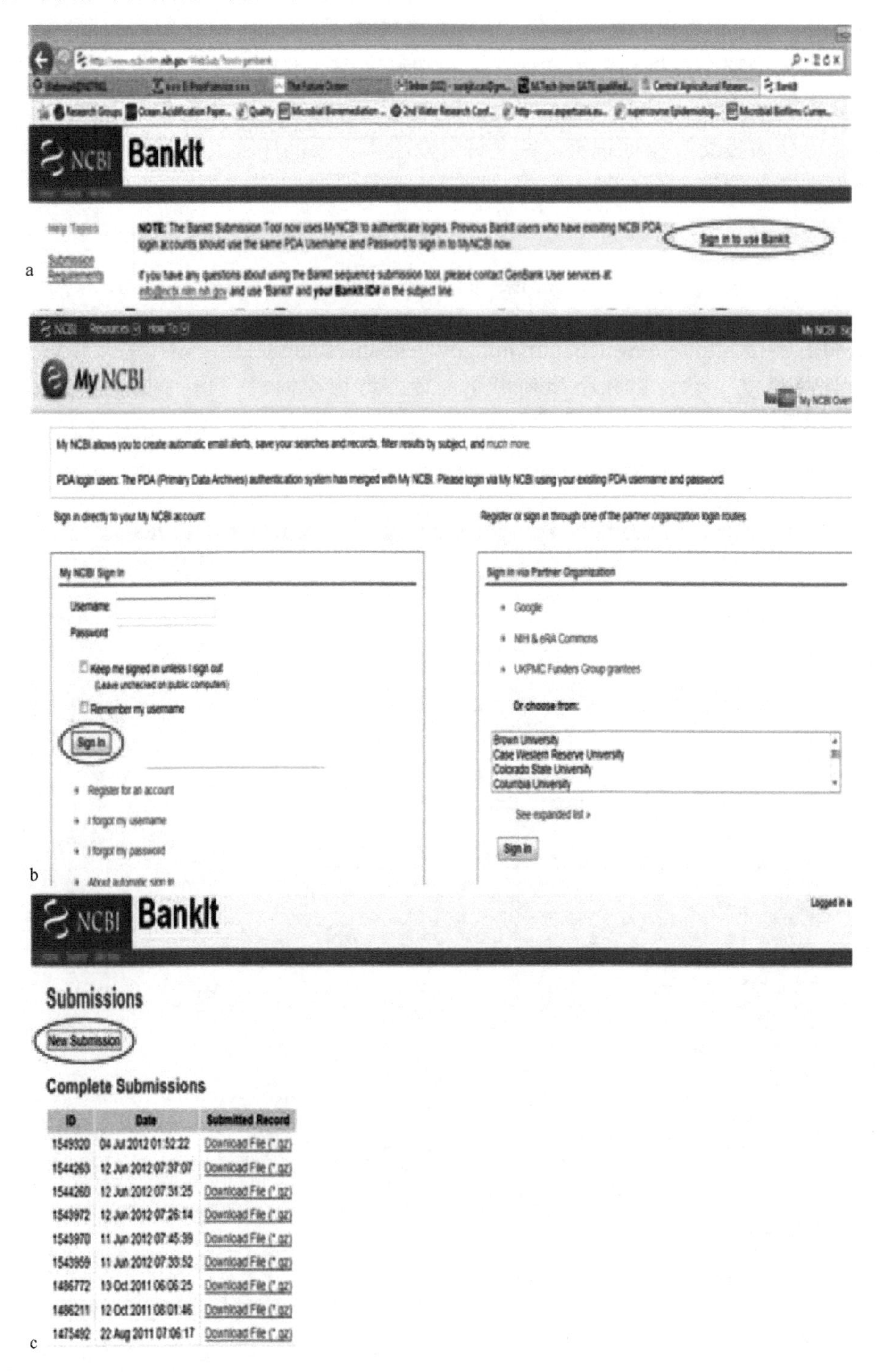

图 5.7　登录账户提交一个新的序列

4. 登录后，将显示提交选项，点击新提交选项，将显示参考选项，添加需要的信息如作者姓名和序列状态。

5. 进入下一步，如核苷酸，填入需要的信息，如发表时间、序列类型、序列，然后点击继续(图 5.8)。

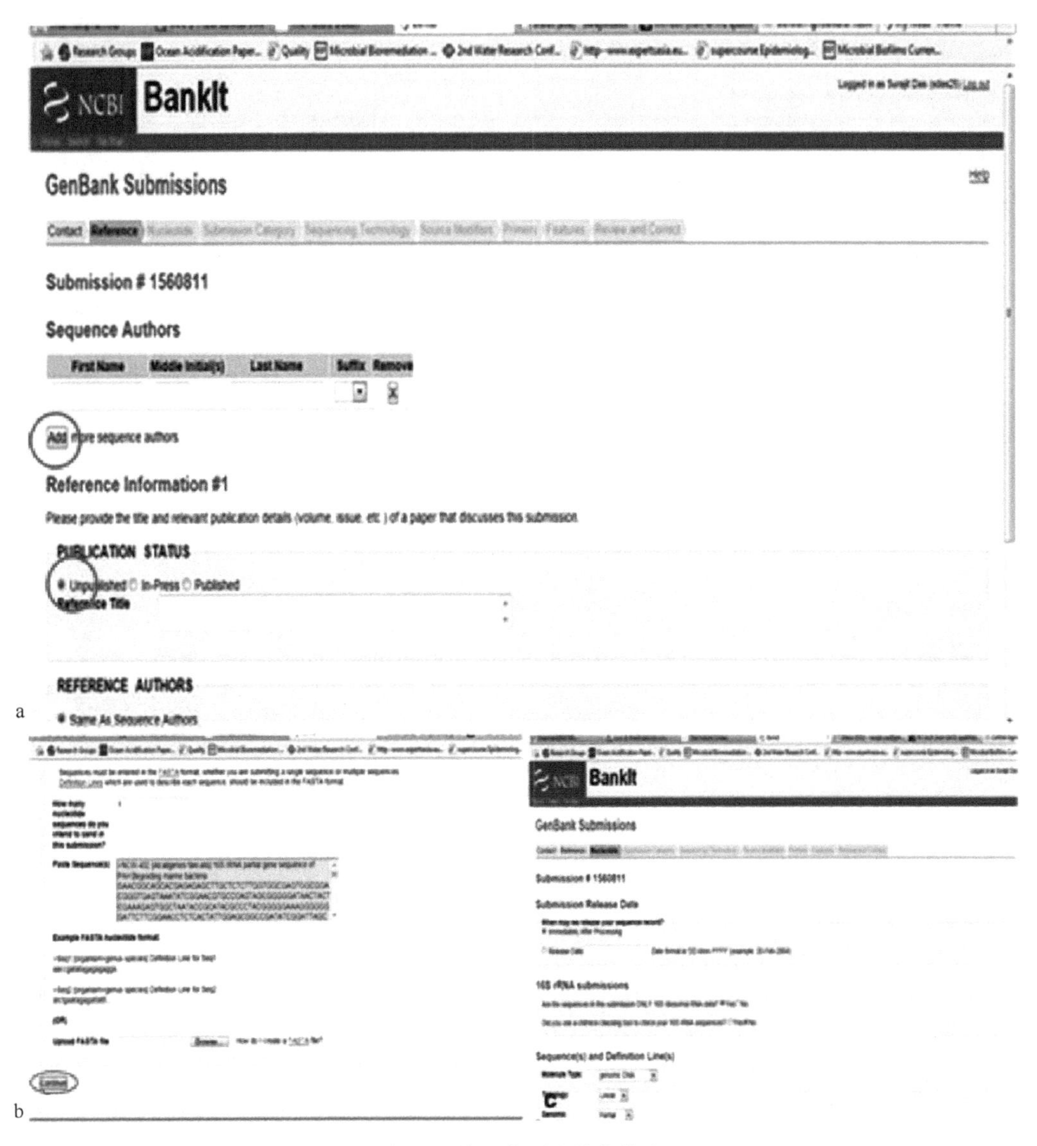

图 5.8　填入序列和其他信息

6. 加入生物名，提交类别和测序技术(图 5.9)。

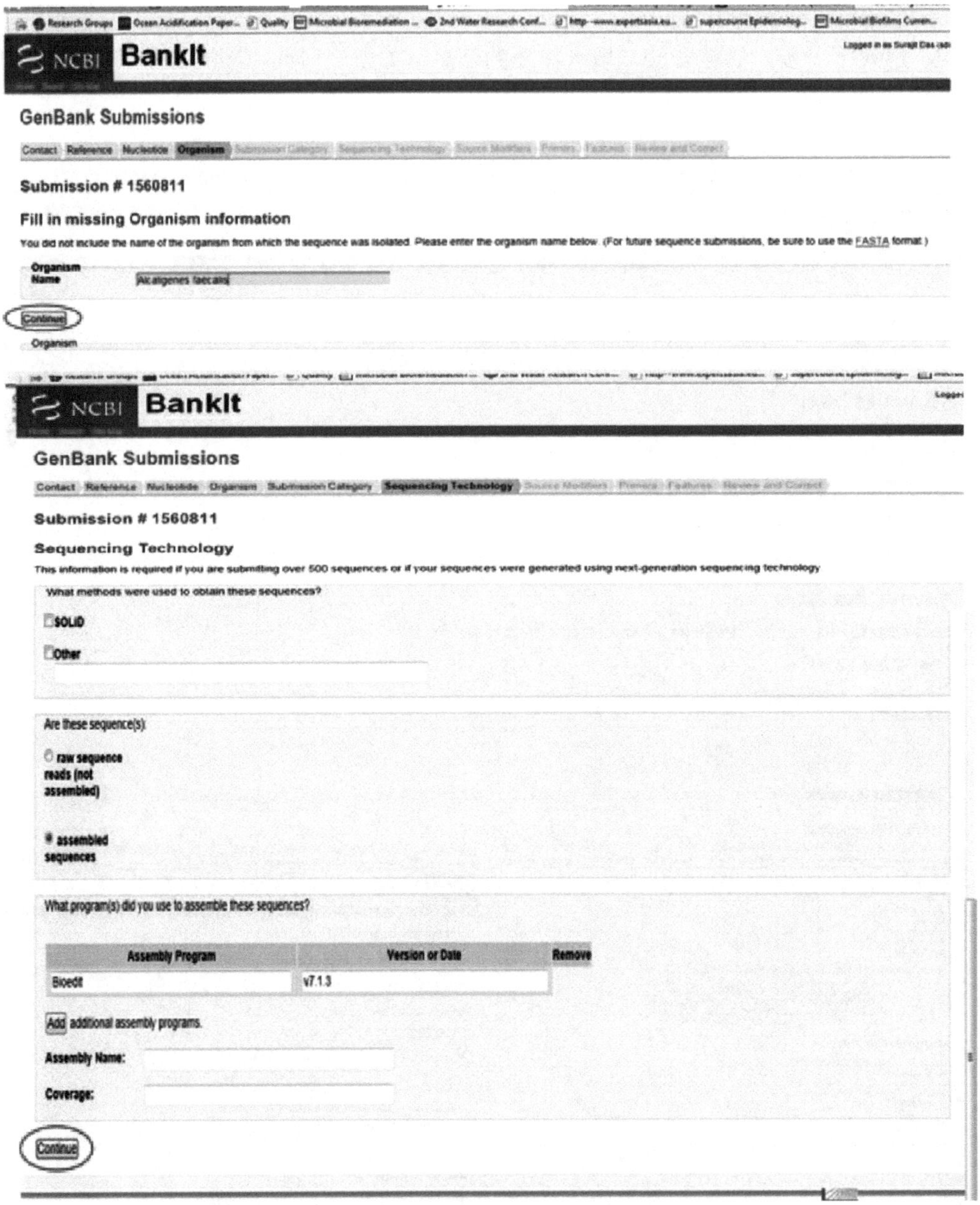

Research Groups　Ocean Acidification Paper...　Quality　Microbial Bioremediation ...　2nd Water Research Conf...　http--www.expertsasia.eu...　supercourse Epidemiolog...　Microbial Biofilms Curren...

NCBI　BankIt

GenBank Submissions

Contact　Reference　Nucleotide　Organism　Submission Category　Sequencing Technology　Source Modifiers　Primers　Features　Review and Correct

Submission # 1560811

Fill in missing Organism information

You did not include the name of the organism from which the sequence was isolated. Please enter the organism name below. (For future sequence submissions, be sure to use the FASTA format.)

Organism Name　Alcaligenes faecalis

Continue

Organism

NCBI　BankIt

GenBank Submissions

Contact　Reference　Nucleotide　Organism　Submission Category　Sequencing Technology　Source Modifiers　Primers　Features　Review and Correct

Submission # 1560811

Sequencing Technology

This information is required if you are submitting over 500 sequences or if your sequences were generated using next-generation sequencing technology

What methods were used to obtain these sequences?

SOLiD

Other

Are these sequence(s):

raw sequence reads (not assembled)

assembled sequences

What program(s) did you use to assemble these sequences?

Assembly Program	Version or Date	Remove
Bioedit	v7.1.3	

Add additional assembly programs.

Assembly Name:

Coverage:

Continue

图 5.9　填写生物名、提交类别和测序技术

7. 填入修饰来源和引物信息(图 5.10)。
8. 加入序列特征并完成提交(图 5.11)。

图 5.10　修饰来源和引物信息

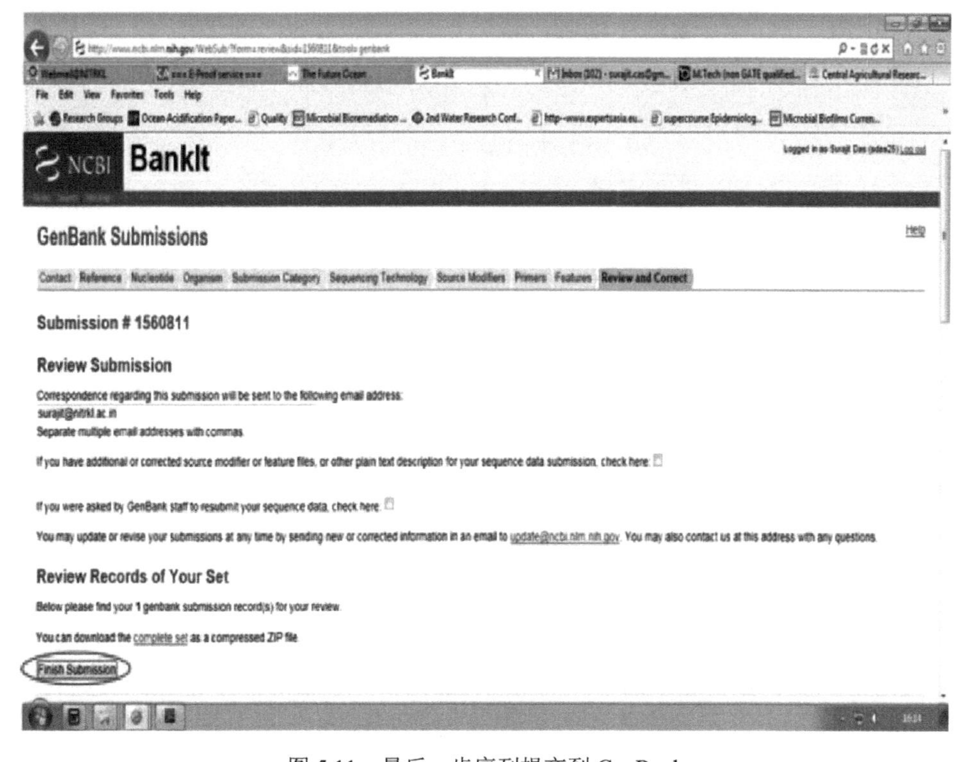

图 5.11　最后一步序列提交到 GenBank

操 作 流 程

打开链接 http://www.ncbi.nlm.nih.gov/genbank/submit/

选择提交工具，有几种序列提交选项，按提交向导一步一步完成操作，选择 BankIt

登录 BankIt，需要建立你自己的账户，如果已经有账户就登录或花了几分钟填报了基础信息创建新账户

登录显示提交选项后，点击新提交选项，参考显示的界面，添加需要的信息如作者姓名和序列状态

进入下一步，如核苷酸，并填入需要的信息，如公开的数据、序列类型、序列，点击继续下一步

加入生物名，提交类别和测序技术

填入修饰来源和引物的信息

加入序列特征并完成提交

实验 5.3　系统发育树

目的：从 16S rRNA 基因序列数据画出系统发育树，从而用 MEGA5 推断细菌间的系统发育关系。

导　　言

种系发育树是说明不同物种、生物或来自共同祖先基因的进化起源路线图解。系统发育分析有利于为生物多样性组织的事实、分类构成和进化过程中发生的事件提供新视角。此外，这些发育树显示来自共同的起源，因为有许多来自共同祖先的最有力的进化证据，人们必须了解系统发育以便充分理解强有力的证据支持进化理论。虽然原核生物的形态和生理机能比真核生物更简单，但是它们的 DNA、RNA 和蛋白质分子序列有大量的信息。因此，可以使用分子相似性来推断基因的关系，进而了解生物体本身的关系。为了推断已知生物多态性跨度的关系，有必要寻找通过几十亿年趋异进化的基因守恒。这类基因的一个例子是那些定义的核糖体 RNA(rRNA)。本研究的目的是使用 16S rRNA 基因的部分序列构建 MEGA5 系统发育树。通过对比推断 rRNA 序列(或其他任何适当分子序列)，可以评估物种历史分支的顺序，也可以评估序列变化的总量。

解　读　树

系统发育或进化树代表一组生物或生物群体(称为类群，单数为分类单元)之间的进化关系。树顶表示后代类群物种(通常为种)，树上的节点代表这些后代的共同祖先。两个后代从同一个节点分裂称为姐妹群。在树上(图 5.12)，物种 A 和 B 是姐妹群——他们彼此是近亲。许多系统发育也包括外群体分类单元、外部目的群体。目的群体所有成员彼此间比外群体有着更近的亲缘关系。因此，外群体树干来源于树的基础。构建进化树时也很有用。

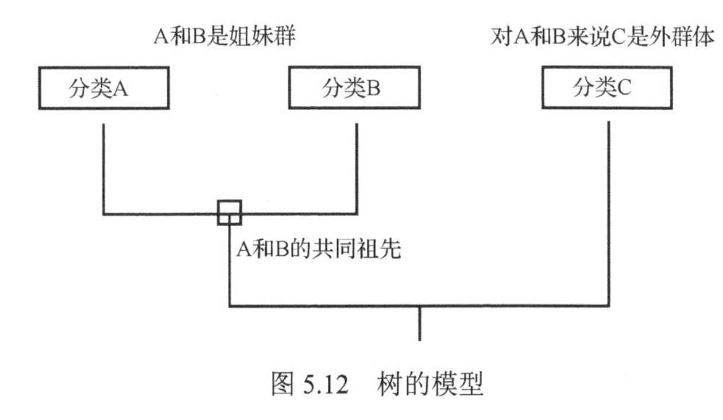

图 5.12　树的模型

系统发育树软件

有许多商用软件程序可以用于使用它们对应的核苷酸序列构建和分析系统发育树。

PHYLIP：http://evolution.genetics.washington.edu/phylip.html

PAUP：http://paup.csit.fsu.edu

MrBayes：http://mrbayes.csit.fsu.edu

MEGA(分子进化遗传分析)：http://www.megasoftware.net

BioEdit：http://www.megasoftware.net

原　　理

任何系统发育树都是由连接分支的节点所组成，每个分支代表穿过时间保留的遗传谱系，每个节点代表谱系的诞生。系统发育构建方法有基于距离或基于特征两种方法。基于距离的方法：计算每一对序列之间的距离和产生的距离矩阵用于构建树结构。基于特征的方法：探讨最大简约法、最大似然法和贝叶斯(Bayesian)推理方法，同时这种方法比较所有比对序列，考虑每次一个字符计算每棵树的得分。

最大简约法技术通过树内部节点指定字符位点计算系统发育树的最小变化数量。字符长度是那个位点需要变化的最小数字，而树的分数就是所有位点字符长度的总和。在这种情况下，最大简约树是最小分数的树。另一个方法是最大似然法，似然是参数与观察数据和固定数据的功能，它代表了所有数据参数的信息。最大似然法评价的参数是最大似然的参数。最大似然法有可取的渐近性质，因为它们是公正的、一致的和高效的。然而，贝叶斯干扰的一般方法与统计干扰不同。它与那些被认为是统计分布的随机变量参数模型中最大似然法不同，而在最大似然法中它是未知的固定常数。最近贝叶斯执行的是 BEAST72 程序，使用宽松的时钟模式来推断有根树，即使模型允许改变交叉谱系的替换率。表 5.4 为通常用于系统发育的程序与它们功能的广泛列表。

表 5.4　几种常用系统发育程序的功能

软件名	简要描述	链接
Bayesian 进化分析样本树(BEAST)	贝叶斯随机模拟(MCMC)程序用于在钟或电子钟模型下推断有根树。它可以用于分析核苷酸和氨基酸序列及形态学数据。一套程序，如 Tracer 和 Fig Tree 也提供诊断、综述和可视化结果	http://beast.bio.ed.ac.uk/
用于快速似然判断的遗传算法(GARLI)	用于遗传算法的程序探索最大似然树。包括 GTR+Γ 模型和特殊情况，能分析核苷酸、氨基酸和密码子序列。平行选项也可用	http://code.google.com/p/garli
用于系统发育假设实验(HYPHY)	适合分子进化模型最大似然程序。它执行高水平语言，用户能利用指定模型建立似然法比率实验	http://www.hyphy.org
分子进化遗传分析(MEGA)	基于 Windows 全绘画程序，利用 Windows 仿真器可以在 Mac OS X 或 Linux 运行。它包括距离、简约值和系统发育重建的拟然法，也包含算法程序 Clustal W 和 GenBank 的反向数据	http://www.megasoftware.net
MrBayes	随机模拟程序用于系统发育推断，包括用似然法分析构建的所有核苷酸、氨基酸和密码子成分模型	http://mrbayes.net
最大似然法系统发育分析(PAML)	用于评价参数和用似然假设法实验程序的收集。大多数用于阳性选择、祖先重建和分子钟测定。但并不适合树的探索	http://abacus.gene.ucl.ac.uk/software
简约法*和其他方法的系统发育分析(PAUP*4.0)	PAUC*4.0 仍然是测试版(本书写作时)。它执行系统发育重建的简约法、距离法和似然法	http://www.sinauer.com/detail.php?id=8086
PHYLIP	通过距离法、简约法和似然法系统发育的推断程序包	http://evolution.gs.washington.edu/phylip.html
PhyML	用核苷酸或蛋白质序列数据探索最大似然树的快速程序	http://www.atgc-montpellier.fr/phyml/binaries.php
RAxML	使用核苷酸或氨基酸序列在 GTP 模型下探索最大似然树的快速程序	http://scoh-its.org/exelixis/software.Html
用新技术对树的分析(TNT)	替代非常大数据集快速简约程序	http://www.zmuc.dk/public/phylogeny/TNT

＊表示没有被核苷酸序列编码，在蛋白质合成中翻译成末端

操 作 步 骤

1. 将你想用于建树的所有 16S rDNA 放在同一个 FASTA 文件中。

2. 打开 MEGA5，选择比对搜索器和点击编辑/建立比对。MEGA5 比对备忘盒将显示创建新的比对选择。

3. 比对，备忘盒显示，提交 DNA 或蛋白质序列。点击进入 DNA 序列(图 5.13)。

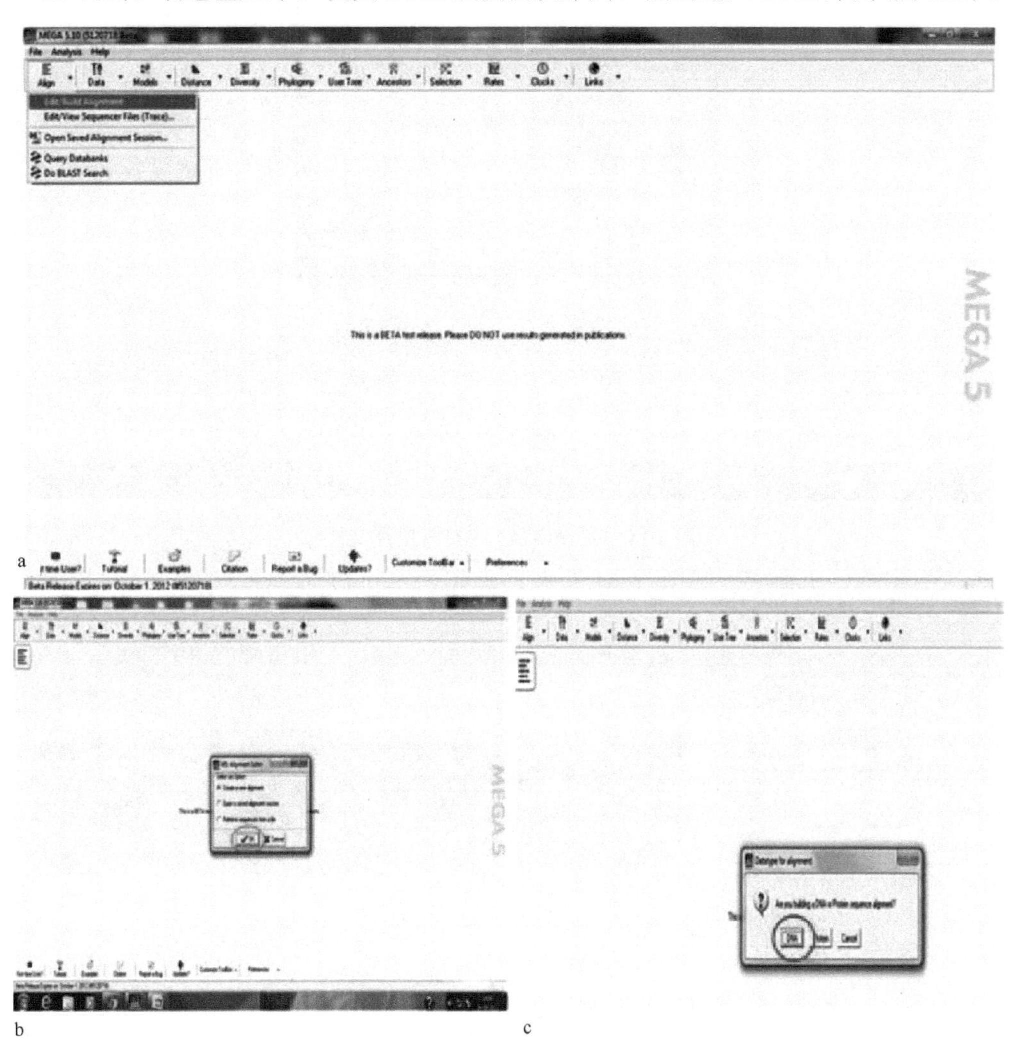

图 5.13　MEGA5 绘图的起始步骤

4. 现在打开所有序列文件(图 5.14)。

5. 点击选择所有序列(用键盘上的“上箭头”和鼠标——它们将突出为深蓝色)，然后选择比对＞由 Clustal W 比对＞OK。

图 5.14　在 MEGA5 中打开序列文件

6. 视觉检查是否对齐。如果需要，加入或删除序列或保存(图 5.15)。

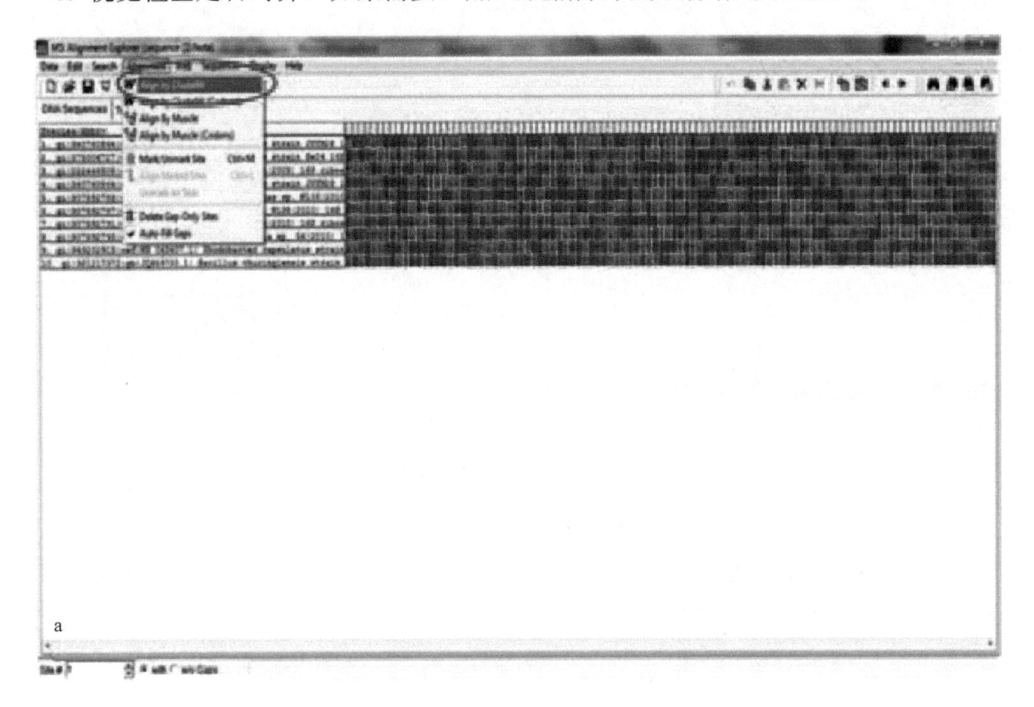

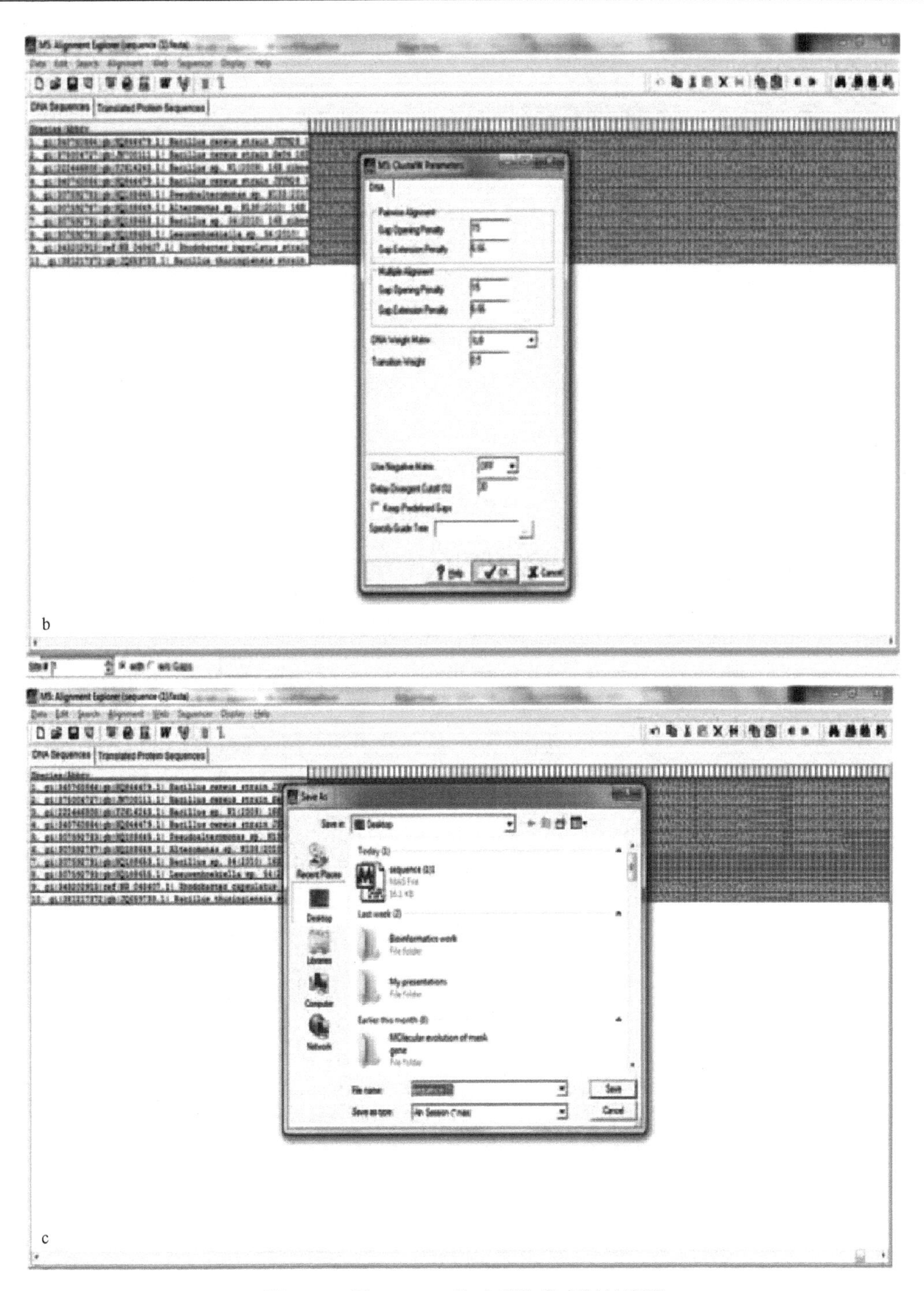

图 5.15　用 MEGA5 构建系统发育树的步骤

7. 在MEGA5选择，通过点击进入系统发育搜索器，选择最小似然树构建实验（图5.16）。
8. 显示分析窗口，填入自展值（bootstrap）为 100/500/1000 并点击计算。
9. 将显示系统发育树。以期望的格式（PNG 或 PDF）保存（图 5.17）。

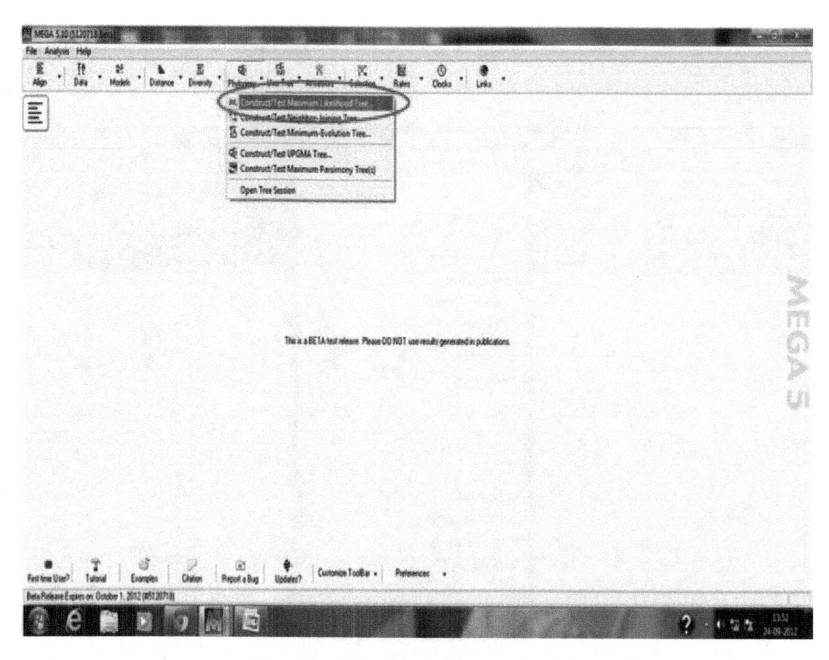

图 5.16　通过最小似然法构建树

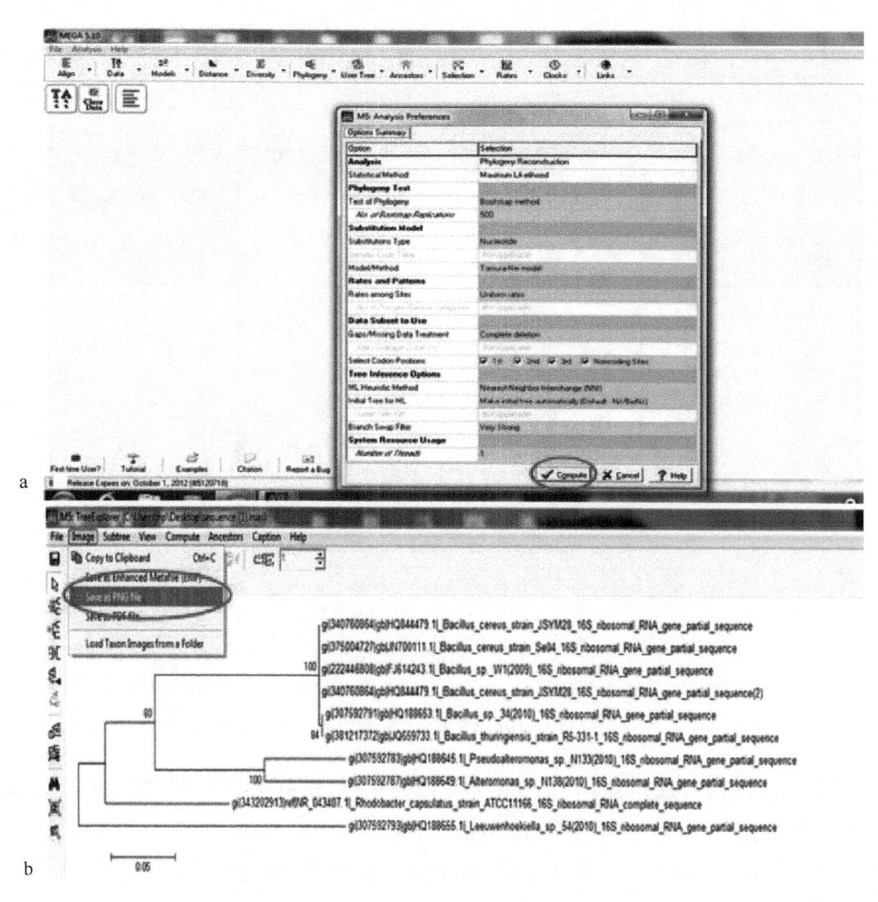

图 5.17　最终绘图和以期望格式保存

操 作 流 程

将 16S rRNA 变成 FASTA 格式

开始 MSGA5 和打开所有序列文件

选择所有序列＞比对＞由 Clustal W 排列

保存比对

MEGA5＞系统发育＞构建/实验最小似然树

计算获得树

以期望的格式保存系统发育树

实验 5.4　引 物 设 计

目的：为靶基因特异性扩增设计一套引物。

导　　言

在许多领域如生物医学研究和诊断或法医测试中，PCR 是目的 DNA 扩增的常用方法。关键是 PCR 要克服许多其他条件如模板 DNA 制备、反应条件、设计一个好的引物等因素的影响。一般要求是引物应该有类似的解链温度(T_m)和 G/C 平衡，但应避免自互补和发夹结构。额外的要求也适用于某些情况。例如，在逆转录 PCR(RT-PCR)中避免基因组 DNA 不必要的扩增，建议引物对跨越内含子或者其中一个引物位于外显子-外显子连接处。另一个问题是在引物区单核苷酸多态性(SNP)可能受到影响。在某些情况下，由于 SNP 可能作为错配起作用，应该考虑选择这些区域以外的引物。一个引物的关键性质是靶特异性。理想情况下，引物对应该只扩增目的靶，而没有任何非目的靶。这对于实时定量 PCR(qPCR)是特别重要的，在许多情况下，PCR 产物量用纳入扩增 DNA 的总荧光强度表示，但扩增的非目的靶可能影响检测。

用软件设计引物

有许多引物设计工具可以协助 PCR 设计新的引物且对有经验的用户也同样有用。这些工具可以减少成本和节约时间包括降低实验失败的机会。目前，在网上有许多可用的用户友好的软件。网上在线可用工具已列于表 5.5。

表 5.5　个人计算机引物设计软件列表

软件名	介绍	地址
引物选择	模板 DNA 序列分析和为 PCR 选择引物对及 DNA 测序的引物	http://www.dnastar.com
DNASIS Max	DNASIS Max 是完整的集成程序，包括大范围标准序列分析特征	http://www.medprobe.com/no/dnasis.html
Primer Premier 5	用 Windows 和苹果电脑设计引物	http://www.premierbiosoft.com/primerdesign/primerdesign.html
Primer Premier	用 Windows 和苹果电脑设计综合性引物	http://www.premierbiosoft.com
NetPrimer	单个引物和引物对的综合分析	http://www.premierbiosoft.com/NetPrimer.html
Array Designer 2	用于芯片特异性寡核苷酸或 PCR 引物对的快速、高效设计	http://www.premierbiosoft.com/dnamicroarray/dynamicroarray.html
Beacon Designer 2.1	对强劲扩增和实时 PCR 荧光设计分子信标	http://www.premierbiosoft.com/molecular_beacons/taqman_molecular_beacons.html
Genome PRID E 1.0	为 DNA 阵列 / 芯片设计引物	http://pride.molgen.mpg.de/genomepride.Html
Fast PCR	微软 Windows 软件，有许多 PCR 和测序应用的专门模版：标准和长 PCR、逆向 PCR、在氨基酸序列上直接兼并 PCR、多重 PCR	http://www.biocenter.helsinki.fi/bare-1_html/manual.html
OLIGO 6	Mac 和 Windows 引物分析软件	http://www.oligo.net/
Primer designer 4	会在 DNA 靶区或蛋白质分子、分子中的扩增特征找到最适引物，或创建特异性长度产物	http://www.scied.com/ses_pd5.html
GPRIME	引物设计软件	http://life.anu.edu.au/molecular/software/gprime.html
Sarani Gold	基因组寡核苷酸设计器是芯片实验最适寡核苷酸探针自动大规模设计的软件	http://mail.strandgenomics.com/products/sarani/
PCR Help	引物和模板设计和分析	http://www.techne.com/CatMol/perhelp.html
Genorama chip Design Software	Genorama Chip Design 软件是基因分型芯片设计需要的完整程序包。也可以分别购买程序	http://www.asperbio.com/Chip_design_soft.html
Primer Designer	引物设计特征强大而操作也极其简单，对 PCR 反应假设的理想引物实时推断迅速鉴定	http://genamics.com/expression/primer.html
Primer Premier	PCR、序列或杂交探针、兼并引物设计、巢式/多重引物设计、限制性内切核酸酶分析和更多分析的自动化设计工具	http://www.biotechniques.com/freesamples/itembtn21.html
Primer Design	为 PCR 或寡核苷酸探针选择引物的 DOS 程序	http://www.chemie.unimarbug.de/%7Ebeckerpdhome.html

引物设计指南

当选择两个 PCR 扩增引物时，应考虑以下指南。

引物长度：公认的最优 PCR 引物的长度为 18～22bp。这个长度足够长，具有足够的特异性，也足够短，使引物在退火温度下容易与模板结合。

解链温度(T_m)：可以使用 Wallace 等(1979)的公式计算：T_m(℃)=2(A+T)+4(G+C)。引物最适解链温度范围为 52～58℃。应避免引物的解链温度超过 65℃，也应该避免潜在的二次退火。序列的 GC 含量对引物的 T_m 有清晰的指示作用。我们所有的产品使用近邻热力学理论计算它，其作为非常优越的评估方法被人们所接受，它们被认为是最新的和最适用的。

引物退火温度：为了 PCR 产物最大化，两个引物应该与解链温度匹配。5℃或以上的差异会导致没有扩增。

$$T_a=0.3T_m(\text{引物})+0.7T_m(\text{产品})-14.9$$

式中，T_m(引物)为引物的解链温度，T_m(产品)为产品的解链温度，14.9 为引物长度。

GC 含量：引物 GC 含量应该为 45%～60%(Dieffenbach et al.，1995)。GC 含量、解链温度和退火温度严格相互依赖(Rychlik et al.，1990)。

二聚体和假启动造成的结果：二级结构的存在如发夹、自身形成的二聚体通过引物中分子间和分子内的相互作用导致产物少或没有产物。

避免同源性交叉：为了提高引物的特异性有必要避免同源性区域。

使用 NetPrimer 软件设计引物程序

NetPrimer 是用于引物序列设计参数的设计和分析软件。

1. 为了开始 NetPrimer，链接以下网址 http://www.premierbiosoft.com/crm/jsp/com/pbi/crm/clientside/EligibleForDiscount-LoginForm.jsp?LoginForFreeTool=true&PID=3。

2. 点击上面的网页后，NetPrimer 会询问您的电子邮件 ID。

3. 新用户请点击新用户，使用 NetPrimer 报名注册，请提供电子邮件地址以方便您以后的登录。登录之后，您可以看到以下网页屏幕。

4. 点击“Launch NetPrimer”。

注意：NetPrimer 软件需要系统安装 Java。你可以下载 Java 1.4 直接使用以下链接插件。

5. 为 *merA* 基因表达分析设计引物，设计引物用于扩增子大小约 500bp。

6. 手动选择全基因序列中 20～22bp 周围的序列，并以 5′—3′方向将序列输入 NetPrimer 软件。

7. NetPrimer 引物设计和分析窗口如图 5.18 所示。

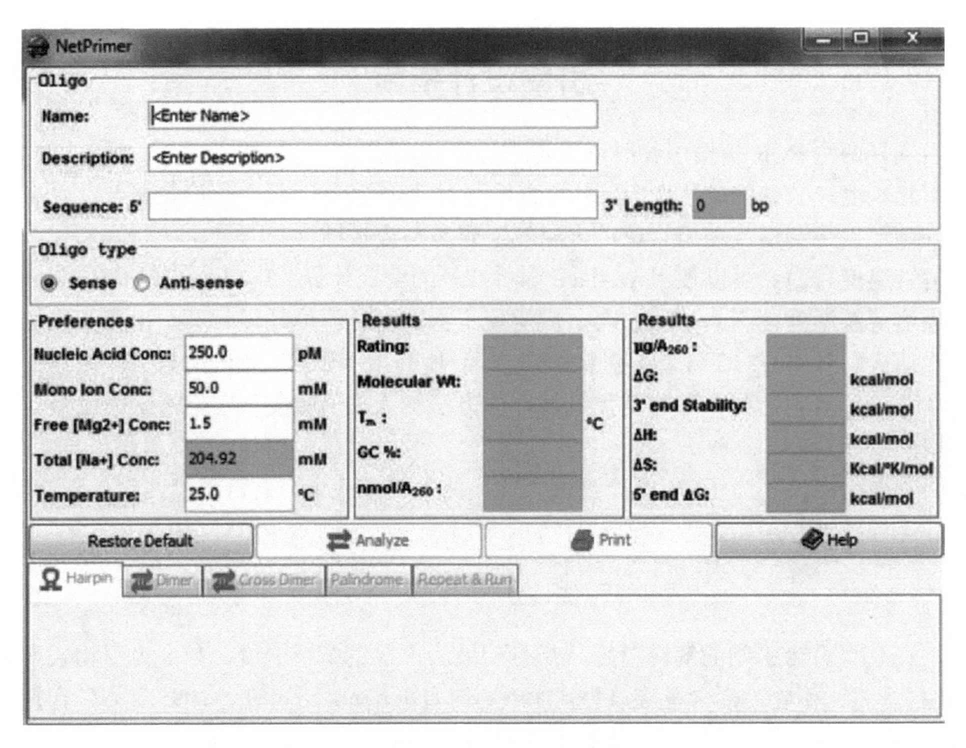

图 5.18　NetPrimer 引物设计窗口

8. NetPrimer 已经设置一些默认值，这可以根据需求进行改变(图 5.19)。

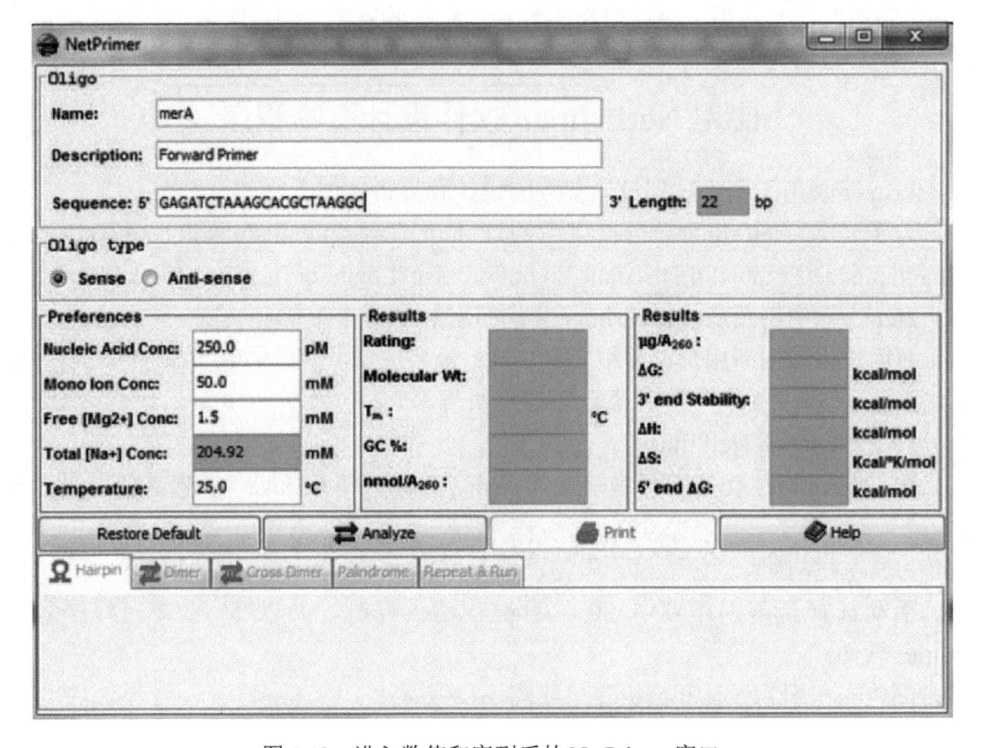

图 5.19　进入数值和序列后的 NetPrimer 窗口

9. 点击“分析”选项。

10. 接下来屏幕显示所有的分析参数，包括 T_m、GC 含量、发夹、二聚体等。

11. NetPrimer 将显示所有参数分析的结果如图 5.20 所示。

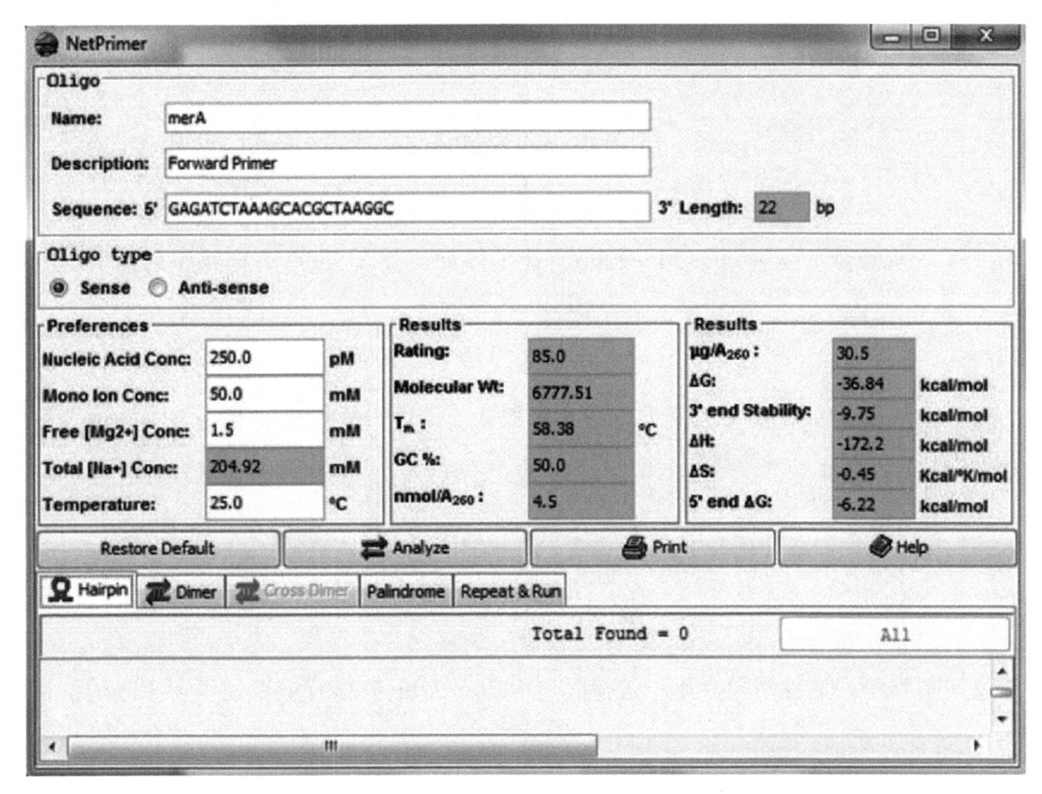

图 5.20　分析参数结果

12. 点击发夹、二聚体、回文、重复和运行选项检查存在的发夹、二聚体、回文、重复序列。

13. 反向引物序列重复相同操作。选择区域内 20～22bp 寡核苷酸以便获得 1kb 的扩增。

14. 改变反义、反向互补序列寡核苷酸类型选项，然后把它提交给软件，例如，如果反向引物序列选择 5′-CCACCGAAACTCCAGGCTTTG-3′；反向互补序列和反向引物序列将为 5′-CAAAGCCTGGAGTTTCGGTGG-3′。

15. 检查两个引物 T_m 之间的区别。它们不应该超过 5℃。

16. 评价表明引物对目的扩增子的质量和效率。评价值 100.0 表明引物对设计得好并更容易产生目的扩增。

操 作 流 程

打开http://www.premierbiosoft.com/crm/jsp/com/pbi/crm/clientside/EligibleForDiscountLoginForm.jsp?LoginForFreeTool=true&PID=3

点击 Launch NetPrimer

手动选择全基因序列中 20～22bp 周围的序列，并以 5′—3′方向将序列输入 NetPrimer 软件

如果需要改变设定参数的默认值请点击分析选项卡

点击发夹、二聚体、回文、重复和运行选项检查存在的发夹、二聚体、回文、重复序列

对反向引物序列重复相同操作。选择区域内 20～22bp 寡核苷酸以便获得 1kb 的扩增

改变反义、反向互补序列寡核苷酸类型选项，然后把它提交给软件

检查两个引物 T_m 之间的区别。它们不应该超过 5℃

评价表明引物对目的扩增子的质量和效率。评价值 100.0 表明引物对设计得好并更容易产生目的扩增

第 6 章　分子微生物学的应用

实验 6.1　细菌生物膜在玻璃管中的形成

目的：通过玻璃管分析筛选细菌生物膜形成。

导　言

细菌生物膜(biofilm)是一种细胞黏附到物体静电表面，具有明显结构的微生物的聚集体。这些细胞内含有由细胞外聚合物(EPS)组成的自产矩阵。这些 EPS 由细胞外脱氧核糖核酸(DNA)、蛋白质和多糖组成。细菌生物膜可以形成生命和无生命物质，它们引起了环境及临床诊断的广泛关注。形成细菌生物膜的细菌群体不同于浮游细胞，因为浮游细胞大多是悬浮或在液体介质中游泳的单个细胞。微生物生物膜可能受许多因素的影响，包括细胞对物体表面附着位点的识别、营养不足或浮游细胞对亚抑制浓度抗生素的接触。

细菌生物膜在物体表面和主要来源于细菌的多糖物质的基质之间的附着是不可逆的。在某些情况下，形成细菌生物膜的细胞不同于浮游生物与转录基因的同源。可以在各种表面形成细菌生物膜，包括活组织、医疗设备、工业或便携式水系统管路或水生自然生态系统。当细菌生物膜在水生自然生态系统中形成时是高度复杂的，因为它可以在腐蚀产品、黏土材料、淡水硅藻及丝状细菌中形成。然而，在医疗设备中生物膜由与 EPS 相关的单球菌生物组成。在这些情况下，它们对生态系统造成有益或有害的影响。

细菌生物膜的形成需要多细胞之间化学信号的协调。除非存在足够数量的邻近细胞，否则生物膜形成的成本超出了细菌获得的利益。在这方面，细菌的信号系统允许细菌感觉到周围其他细菌系统的存在和对各种各样的条件做出反应，这个过程通常称作群体感应。群体感应利用细菌分泌的称为自体诱导物的信号分子。由细菌不断产生分泌并通过细胞膜扩散的自体诱导分子与 DNA 序列的专一性阻遏物或激活子序列相互作用。自体诱导物的存在与缺乏调节编码生物膜形成的信使核糖核酸(mRNA)和蛋白质分子的产生。

这种细胞内信号系统展现出细菌的实体具有很多优势。例如，某些种类的细菌分泌抗生素，抑制其他细菌的生长；然而，在群体感应介导生物膜的形成过程中，细菌聚集在一起形成细菌生物膜。它帮助细菌同时释放毒性因子和克服动物或植物的免疫系统。在细菌生物膜中邻近细菌信号传导增强了细菌的接合，因而获得了转化的新 DNA 和丰富了细菌多样性。

原　　理

细菌生物膜形成的过程分 5 个阶段，即初始附着、不可逆转附着、成熟Ⅰ、成熟Ⅱ和弥散。每一步都涉及微生物与物体表面的牢固附着，因而它们形成了阻止清洁剂和消毒液的作用。细菌生物膜形成的第一步涉及接触到细菌表面的几秒内细胞开始松散聚集。紧随其后是在表面形成电荷，并且细菌牢牢地黏附于相反的电荷表面。然而静电力较弱，在这个阶段是可逆的，微生物很容易被清除。这一步之后是附着Ⅰ，多糖诱使细胞和碎片困在胶样矩阵中，从而使细胞与底层牢固附着。此时，生物膜环境变得营养成分丰富，从而能够支持厚度的快速生长(图 6.1)。

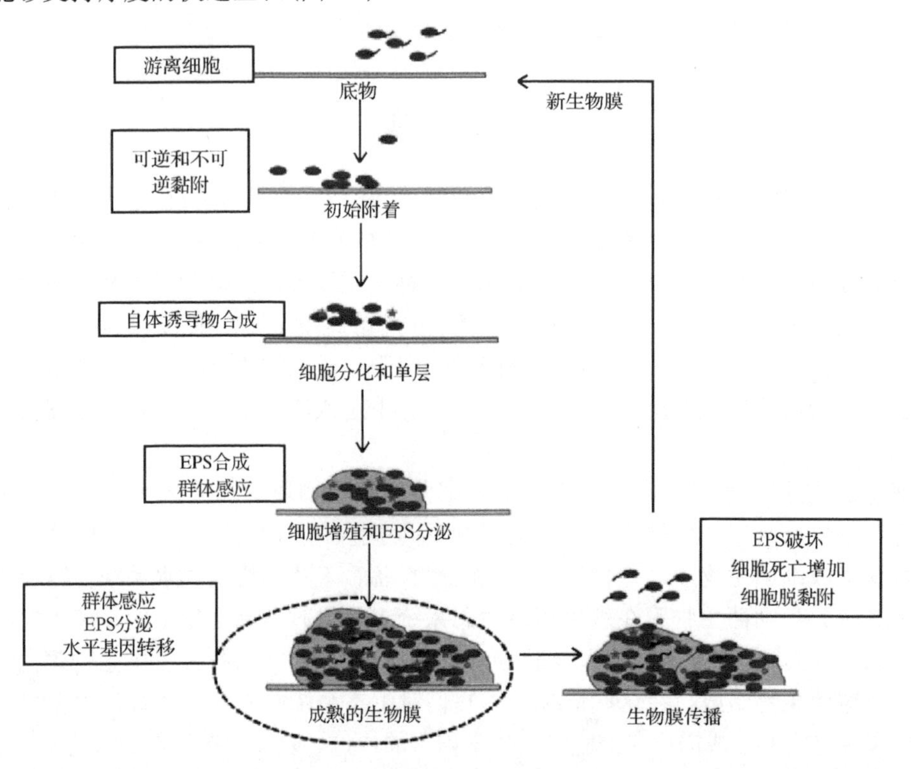

图 6.1　在自然环境条件下生物膜形成步骤(EPS：细胞外聚合物)(彩图请扫封底二维码)

任何生物膜的基本结构单位都是微菌落。在微菌落内邻近的细胞为创造营养梯度、基因交换和群体感应提供了一个理想的环境。因为微菌落由多个种群所组成，通过氧化还原反应各种营养物质循环在水中和土壤生物膜中很容易发生。细菌群体形成的生物膜，增强了对环境中有毒物质的生物修复作用。生物膜的形成增加了生物的净化能力，因此它们随后从环境中消除。在某些情况下，大量的污染物陷入由细菌合成的 EPS 矩阵中，从而增加了细菌某些基因的表达水平，因而提高了生物修复能力。

在玻璃管实验中，静态条件下培养细菌的培养基空气-水界面能形成生物膜。当生物膜与基本染料结晶紫染色时，它在水中电离形成阴离子和阳离子。在基本的染料中，它有发色团如有色质子和负离子即质子受体。细菌的细胞壁和细胞膜在性质上是酸性的，细胞被膜带负电荷。在这方面，结晶紫带正电荷，容易与细胞壁结合。

所需试剂及其作用

LB 肉汤培养基

LB 肉汤培养基是一种营养丰富的培养基，它使许多细菌（包括大肠杆菌）快速生长并获得良好的培养物，它是微生物学研究中最常用的培养基。容易配制、大多数细菌能快速生长、随时可用和成分简单使得 LB 肉汤培养基容易普及。在正常摇瓶培养条件下，LB 肉汤培养基可以支持大肠杆菌生长到 2～3 OD_{600}。

结晶紫

结晶紫是三芳基甲烷染料，主要用于细菌的革兰氏染色。它在 590nm 处有一个最大吸收值，消光系数为 87 000$M^{-1}cm^{-1}$。据报道，它有潜在的抗细菌、抗真菌和驱虫作用。带正电荷的染料容易与带负电荷的细胞膜结合导致细菌生物膜生长的空气-水界面着色而染色。

操 作 步 骤

1. 在 LB 平板上划线纯培养细菌菌株并在 37℃培养 24h。
2. 在含 1ml LB 培养基的试管中接种 2～3 个菌落，37℃静态条件下培养 48h。
3. 48h 后轻轻倒出管中培养基并清除管内所有培养基。
4. 用高压蒸汽灭菌的 milli-Q 水洗涤试管并清除管内所有悬浮培养基。
5. 加 5ml 甲醇到管内并在室温下孵化 15min。
6. 15min 后仔细丢弃管内甲醇以至没有甲醇残留在试管内。
7. 将 5ml 1%结晶紫溶液添加到管的空气-水界面，存在生长的生物膜，就会浸入结晶紫。
8. 试管在室温下孵化 5min。
9. 孵化后轻轻倒出管内所有的结晶紫以至管内没有剩余的结晶紫。
10. 通过加水和倒出的方式用水洗涤试管两次。
11. 空气界面上有生长环证明有生物膜的形成，没有生长环证明没有生物膜。

观　　察

观察试管内空气-水界面的生长环。强的生物膜形式在界面产生清晰的厚环，弱的生物膜在界面形成很薄结构。因此，分离株的质量可以通过是否形成生物膜来筛选。最后一步，随意将 33%乙酸加入到每个管中，在 570nm 测定光吸收值，用乙酸做空白对照。因此，生物膜形成能力可以定量并比较分离株形成生物膜的强弱。

结 果 表 格

分离株	空气-水界面环的强度	570nm 光吸收值	参考[a]

a. 可以基于用结晶紫染色后在空气-水界面环形成的厚度测定分离株形成生物膜的能力(图 6.2)

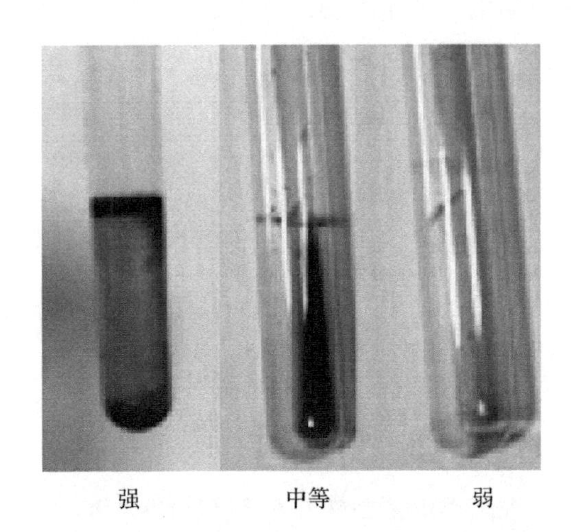

图 6.2 通过玻璃管实验细菌菌株生物膜形成能力演示(彩图请扫封底二维码)

疑难问题和解决方案

问题	引起原因	可能的解决方案
没有环的生长	与甲醇孵化时间过长	分离株与甲醇孵化时间不要超过 10min，因为它可能降解生物膜结构
	结晶紫孵化时间不合适	结晶紫只对环染色，但应该用结晶紫正确染色；在空气-水界面生长的生物膜结构应该浸入结晶紫溶液中
	洗涤过程中破坏了生物膜	特别小心洗涤试管以便生物膜不被洗涤所破坏
	在摇瓶条件下培养	肉汤培养基决不能在摇瓶条件下培养，因为培养物和底层之间需要牢固附着才能生长强的生物膜
环的生长差	与甲醇孵化时间太长	分离株与甲醇孵化时间不要超过 10min，因为它可能降解生物膜结构
	结晶紫孵化时间不合适	结晶紫只对环染色，但它应该用结晶紫正确染色；在空气-水界面生长的生物膜结构应该浸入结晶紫溶液中
	洗涤过程中破坏了生物膜	特别小心洗涤试管以便生物膜不被洗涤所破坏
	在摇瓶条件下培养	肉汤培养基决不能在摇瓶条件下培养，因为培养物和底层之间需要牢固附着才能生长强的生物膜

续表

问题	引起原因	可能的解决方案
环有残片	用水洗涤不合适	如果管中残留了培养物的碎片和培养基，将不适合清晰环的可视化，因此用水细心洗涤试管以便没有多余的碎片残留在管内
	用甲醇洗涤不合适	除结合生物膜和结晶紫外，用甲醇洗涤清除所有的剩余碎片。因此，用甲醇洗涤应该细心正确操作从而使管内除生物膜结构外无细胞和培养基碎片残留

注 意 事 项

1. 试管不要在动态(译者注：英文原书中为“静态”，原文有误。)条件下培养。
2. 小心洗涤试管随后在室温下孵化适当时间以最佳清除除生物膜结构外的细胞碎片。
3. 移液时，不要通过管壁分装溶液，因为生长在表面的生物膜结构可能解体。
4. 加入甲醇后不要长时间孵化，因为冲刷可能分解生物膜结构。
5. 在进行实验时，应始终戴着手套。
6. 建议使用高压灭菌过的吸量管和吸管头进行实验。
7. 极其小心清除管内除生长在空气-水界面的生物膜结构外所有的结晶紫，从而获得清晰的生物膜结构图像。
8. 分别按+、++或+++(弱生物膜形成、中等生物膜形成和强生物膜形成)记录结果。

操 作 流 程

在LB平板上划线，37℃纯培养细菌24h

将2～3个菌落接种到含1ml LB培养基的试管中，37℃静态下培养48h

48h后从管中倒出培养基并清除管内所有培养基

用高压灭菌的milli-Q水洗涤清除管内所有悬浮培养基

加5ml甲醇到管内，并室温下孵化15min

15min后小心倒出管内甲醇以至管内没有多余的残留甲醇

加入 1%结晶紫溶液到管内，当空气-水界面存在生长的生物膜，就会浸入结晶紫溶液内

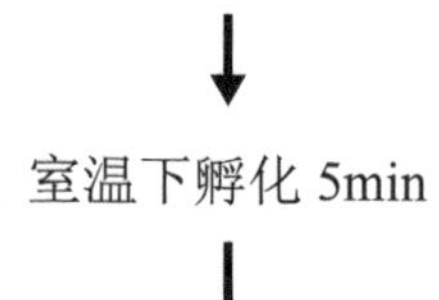

室温下孵化 5min

孵化后小心倒出管内所有结晶紫，以至没有结晶紫残留于管内

通过加水洗涤和倒出的方式洗涤试管两次

空气-水界面有生长环证明生物膜形成，没有生长环证明分离株没有生物膜形成

实验 6.2　微孔板中细菌生物膜形成的筛选

目的：通过微孔板分析定量评价细菌生物膜形成。

导　言

细菌生物膜是细胞黏附在物体静态表面的一组微生物。这些细胞嵌入了由胞外聚合物(EPS)组成的自产矩阵。这些 EPS 由细胞外 DNA、蛋白质和多糖组成。细菌生物膜可以形成生命和非生命物质，它们受到环境和临床诊断的广泛关注。形成生物膜的细菌群体与浮游细胞完全不同，因为浮游细胞大多是悬浮或在液体介质中游泳的单个细胞。微生物生物膜可能受许多因素的影响，包括细胞对物体表面不同附着位点的识别、营养不足或接触了亚抑菌浓度的抗生素。

细菌生物膜对表面和主要来源于细菌的多糖物质基质之间附着是不可逆的。在某些情况下，形成生物膜细胞不同于浮游细胞与转录基因的同源。可以在各种表面形成生物膜，包括活组织、医疗设备、工业或便携式水系统管路或水生自然生态系统。当水生自然生态系统中形成生物膜时，它是高度复杂的，因为它可以在腐蚀产物、黏土材料、淡水硅藻及丝状细菌表面形成生物膜。然而，在医疗设备中生物膜由与 EPS 相关的单一球菌生物组成。在这些情况下，它们对生态系统造成有益或有害的影响。

生物膜的形成需要多细胞间的化学信号协调。除非存在足够数量的邻近细胞，否则生物膜形成的成本超越了细菌获得的利益。在这方面，信号传递系统发挥作用，使细菌感知周围其他细菌系统的存在和应对各种各样的条件，这个过程通常被称为群体感应。群体感应利用细菌分泌的称为自体诱导物的信号分子。由细菌不断产生分泌并通过细胞膜扩散的自体诱导物分子与 DNA 序列专一性阻遏物或激活子序列相互作用。这些自体

诱导物分子的存在与缺乏调节编码生物膜形成的mRNA和蛋白质分子的产生。

这种细胞内信号系统对细菌实体显示出很多优势。例如，某些种类的细菌分泌抑制其他细菌生长的抗生素；然而，在群体感应调节生物膜的形成过程中，细菌聚集在一起形成生物膜。它有助于细菌协调释放的毒性因子和克服动物或植物的免疫系统。在生物膜中邻近细菌信号传导提高了细菌接合，因此获得了转化的新DNA，丰富了细菌的多样性。

原　理

细菌生物被膜形成有5个阶段，即初始附着、不可逆转附着、成熟Ⅰ、成熟Ⅱ和弥散。每一步都涉及微生物与物体表面的牢固附着，因而它们形成了防止清洁剂和消毒液的作用。生物膜形成的第一步涉及开始接触到细菌表面的几秒内细胞开始松散聚集。紧随其后是表面电荷的形成和细菌牢牢地黏附在相反的电荷表面。然而静电力较弱，在这个阶段是可逆的，微生物很容易被清除。这一步之后是附着Ⅰ，多糖诱使细胞和碎片困在胶样矩阵中，从而使细胞与底层形成牢固附着。此时，生物膜环境变得营养成分丰富，从而能够支持厚度的快速生长。

任何生物膜的基本结构单位是微菌落。在微菌落内邻近的细胞为创造营养梯度、基因交换和群体感应提供了一个理想的环境。因为微菌落由多个种群所组成，在水和土壤生物膜中各种营养物质容易通过氧化还原反应循环。细菌群体形成的生物膜可以促进环境有毒物质的生物修复作用。生物膜的形成增加了生物的吸附能力，因此它们随后从环境中消除。在某些情况下，大量的污染物陷入由细菌合成的EPS矩阵中，从而增加了细菌某些基因的表达水平，因而提高了生物修复能力。

生物膜的形成能用几种不同方法测定，然而，最常用的技术是玻璃管实验。但是，这种技术只允许生物膜阳性分离株通过与阳离子染料染色后空气-水界面形成的环进行定性筛选。在这方面，微孔板实验可测定菌株对各自控制的生物膜形成的定性值。染色细菌生物膜光学密度可由分光光度计测定。

所需试剂及其作用

LB肉汤培养基

LB肉汤培养基是一种营养丰富的培养基，它能使许多细菌（包括大肠杆菌）快速生长并获得良好的培养物，它是微生物学研究中许多细菌培养最常用的培养基。容易配制、大多数菌株能快速生长、随时可用和成分简单为LB肉汤培养基的普及做出了贡献。在正常摇瓶培养条件下，LB肉汤培养基可以支持大肠杆菌生长到2～3 OD_{600}。

结晶紫

结晶紫是三芳基甲烷染料，主要用于细菌的革兰氏组织学染色。它的最大吸收峰为590nm，消光系数为87 000$M^{-1}cm^{-1}$。据报道，它有潜在的抗细菌、抗真菌和驱虫作用。带正电荷的染料容易与带负电荷的细胞膜结合，使在空气-水界面生长的生物膜着色而染色。

操 作 步 骤

1. 将 2～3 个细菌菌落接种到 2ml LB 培养基中，37℃ 180r/min 摇瓶培养 24h。
2. 用新鲜 LB 培养基将培养过夜的培养物 1∶100 稀释。
3. 将 100μl 稀释培养基添加到微孔板的每个孔中。每个培养物有 3 个重复作为生物膜分析标准。
4. 微孔板在 37℃静态条件下培养 24h、48h 和 72h。
5. 培养后，翻转板倾倒孔和振动倒出剩余培养基。
6. 小心地用水在盆中淹没板，甩掉水，重复这个过程两次。该步骤帮助消除未黏附的细胞和降低培养基成分的背景染色。
7. 加 125μl 0.1%结晶紫水溶液到微孔板的每个孔中。
8. 室温下孵化微孔板 10～15min。
9. 用水冲洗微孔板 3～4 次，淹没到盆的水中，甩干水并在一堆纸巾上用力摇晃和擦拭以清除板上所有多余的细胞和染料。
10. 颠倒微孔板并干燥几小时或过夜。
11. 定性分析，对干燥的孔拍摄照片。
12. 将 125μl 30%乙酸溶液加入到微孔板的每个孔内溶解结晶紫。
13. 将微孔板室温下孵化 10～15min。
14. 125μl 可溶性结晶紫转移到新的平底微孔板。
15. 用 30%的乙酸水溶液作空白对照，测 550nm 吸光度。

观 察

比较 550nm 的光密度(OD)值获得细菌培养物中生物膜形成的比较概念。550nm 细菌培养物 OD 值越高，生物膜形成能力就越好。

结 果 表 格

细菌培养物	OD_{550}			参考[a]
	24h	48h	72h	
生物膜＋对照组				
实验染色 1				
实验染色 2				

a. OD_{550} 值越高，细菌分离株形成生物膜的能力越强。用结晶紫染色后，微孔板孔内显示沿孔壁黏着着色。表示生物膜黏着在平板表面(图 6.3)

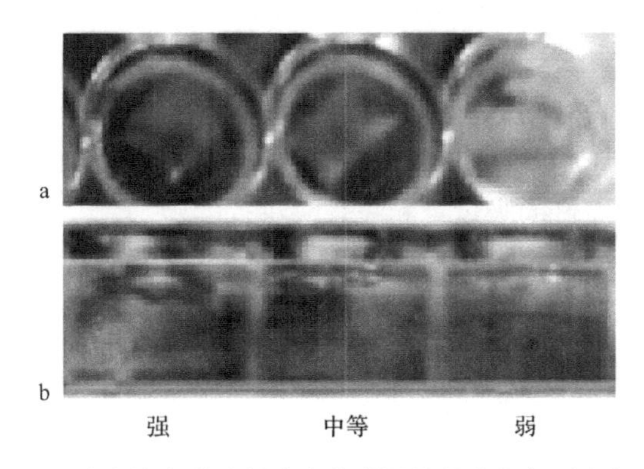

图 6.3　苏云金杆菌 PW-50 分离株在微孔板中生物膜用结晶紫染色后空气中(a)和横切面(b)视图
(彩图请扫封底二维码)

疑难问题和解决方法

问题	引起原因	可能的解决方案
没有环的生长	与甲醇孵化时间过长	分离株与甲醇孵化时间不要超过 10min，因为它可能降解生物膜结构
	结晶紫孵化时间不合适	结晶紫只对环染色，但它应该用结晶紫正确染色；在空气-水界面生长的生物膜结构应该浸入结晶紫溶液中
	洗涤过程中破坏了生物膜	特别小心洗涤试管以便生物膜不被洗涤所破坏
	在摇瓶条件下培养	肉汤培养基决不能在摇瓶条件下培养，因为培养物和底层之间需要牢固附着才能生长好的生物膜
环的生长差	与甲醇孵化时间太长	分离株与甲醇孵化时间不要超过 10min，因为它可能降解生物膜结构
	结晶紫孵化时间不合适	结晶紫只对环染色，但它应该用结晶紫正确染色；在空气-水界面生长的生物膜结构应该浸入结晶紫溶液中
	洗涤过程中破坏了生物膜	特别小心洗涤试管以便生物膜不被洗涤所破坏
	在摇瓶条件下培养	肉汤培养基决不能在摇瓶条件下培养，因为培养物和底层之间需要牢固附着才能生长强的生物膜
环有残片	用水洗涤不合适	如果管中残留了培养物的碎片和培养基，将不适合清晰环的可视化，因此用水细心洗涤试管以便没有多余的碎片残留在管内
	用甲醇洗涤不合适	除结合生物膜和结晶紫外，用甲醇洗涤清除所有的剩余碎片。因此，用甲醇洗涤应该细心正确操作从而使管内除生物膜结构外无细胞和培养基碎片残留

注 意 事 项

1. 试管不要在动态(译者注：英文原书中为“静态”，原书有误。)条件下培养。

2. 小心洗涤试管随后在室温下孵化适当时间以最佳清除除生物膜结构外的细胞碎片。

3. 移液时，不要通过管壁分装溶液，因为生长在表面的生物膜结构可能解体。

4. 加入甲醇后不要长时间孵化因为冲刷可能分解生物膜结构。

5. 在进行实验时，应始终戴着手套。

6. 建议使用高压灭菌过的吸量管和吸管头进行实验。

7. 极其小心清除管内除生长在空气-水界面的生物膜结构外所有的结晶紫，从而获得清晰的生物膜结构图像。

8. 分别按+、++或+++（弱生物膜形成、中等生物膜形成和强生物膜形成）记录结果。

操 作 流 程

将 2～3 个细菌菌落接种到 2ml LB 培养基中，37℃ 180r/min 摇瓶培养 24h

用新鲜培养基稀释培养过夜的培养物

将 100μl 稀释培养基加入到微孔板的每个孔中。每个培养物有 3 个重复作为生物膜分析标准

微孔板在 37℃静态条件下培养 24h、48h 和 72h

培养后，翻转板倾倒细胞和振动倒出剩余培养基

小心地用水在盆中淹没板，甩掉水，重复这个过程两次

加 125μl 0.1%结晶紫水溶液到微孔板的每个孔中

室温下孵化微孔板 10～15min

用水冲洗微孔板 3～4 次，淹没到盆的水中，甩干水并在一堆纸巾上用力摇晃和擦拭以清除板上所有多余的细胞和染料

颠倒微孔板并干燥几小时或过夜

定性分析，对干燥的孔拍摄照片

将 125μl 30%乙酸溶液加入到微孔板的每个孔内溶解结晶紫

将微孔板室温下孵化 10～15min

125μl 可溶性结晶紫转移到新的平底微孔板

用 30%的乙酸水溶液作空白对照，测 550nm 吸光度

实验 6.3　生物膜共聚焦激光扫描显微镜分析

目的：用共聚焦激光扫描显微镜分析细菌菌株生物膜体系结构。

导　　言

共聚焦激光扫描显微镜(CLSM)是分析细菌生物膜功能最多的和有效的方法。使用该技术的优点是其无损生物膜体系结构。这种技术大大减少了预处理工作如破坏和固定等从而保持生物膜中微生物相互关系、复杂的结构和细菌细胞组织。除了 CLSM 外，其他显微技术如光学显微镜、扫描电子显微镜也可以用于分析生物膜的体系结构。由于其非侵入式和非破坏性的性质，CLSM 提供了超过其他显微技术的优势，可重构细菌生物膜以自然含水形式的三维结构。此外，一组计算工具可用于分析数据从而获得微生物体系结构及其性质的清晰图像。

CLSM 是获得深度选择性高分辨率光学图像的显微技术。这种显微技术的优点是通过光学分割过程以选择深度聚焦图像。在这个过程中，逐点获取图像并使用软件重建来形成拓扑结构复杂对象的三维图像。分析生物样品，CLSM 可以结合激光扫描方法检测荧光标记的生物样品。此外，统计项目如计算机统计项目(COMSTAT)可以用来量化生物膜结构的平均菌落大小、平均厚度、粗糙度系数和其他参数。

原　理

共聚焦显微镜是光学成像技术，它提高了光学显微照片的分辨率和对比度，使用点照明能从获得的图像中构建三维结构。标准的显微镜，聚焦厚样品上方和下方区域，聚焦位面就会出现“失焦模糊”的图像。共聚焦显微镜、标本和探测器之间的针孔用于选择来自单个聚焦平面的信息。这就反过来穿过样品产生急剧聚焦光学切片(图 6.4)。最后，从不同聚焦水平得到的一系列光学切片生成三维数据集。

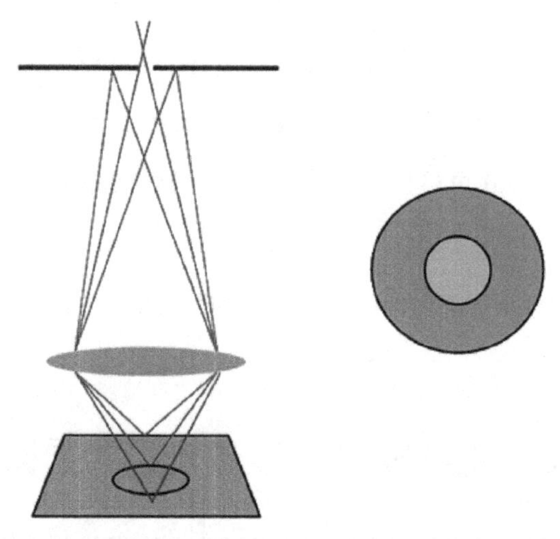

图 6.4　在产生三维数据集中不同聚焦水平的发展(彩图请扫封底二维码)

共聚焦显微镜的高级版本是共聚焦激光扫描显微镜。在这种情况下，一对摆动镜扫描样品通过目镜交叉的激光。样品发出的荧光通过分束器，分束器拒绝任何反射激发波长，然后将其通过针孔传递产生光学切片。探测器是光电倍增管，它简单记录荧光在每个栅格点的亮度并映射二维图像(XY)。共聚焦显微镜高级版本使用的声光学分束器(AOBS)，它充当二向色分束器从长波长荧光发射中分离短波长。

AOBS 显示信号传输和排除相对标准光束分割之间非常清晰、锋利的切面。使用 AOBS 系统的另一优点是快速切换频道，很少由于多重标记、高信号传输而渗出，通过优化激发强度和简化目的扫描区域来减少漂白。除此之外，它还可以检测任何可见光发射和近红外波长，且当采用新染料时不必购买新的过滤器。

生物膜是细胞互相黏附在支撑物表面的微生物群。为了分析形成生物膜的生物功效，要照顾到许多因素包括生物量、数量即菌落形成单位[CFU/(ml·cm^2)]、细胞的生存能力和它们的活性。其他因素包括生物多样性组分、生物膜体系结构和生长速率、利用底物的范围、产物或形成的中间体，也研究对环境的影响。有许多方法评价微生物而量化形成的生物膜，如通过检测最大数量和生物活性测定或间接测定耗氧量、导电性、二氧化碳和其他细胞代谢物的产生。大多数的生物膜成分可以使用核酸染色包括吖啶橙、4′,6-二脒基-2-苯基吲哚(DAPI)，但是这种染色不能区分死细胞和活细胞。同样，活生物可以通过在各种培养基上培养的方法、酶活性测定、延伸率测定和浊度测量来测定。

许多显微镜工具也可以用来分析细菌生物膜样品，如光学显微镜、荧光显微镜、扫描电子显微镜和CLSM等(图6.5)。然而，CLSM是生物膜可视化最先进的技术。CLSM与荧光染料使得能够可视化碘化丙锭(PI)染色的细菌和基质多糖与刀豆蛋白A(ConA)凝集素结合偶联异硫氰酸荧光素(FITC)成为可能。与荧光染料结合的不同碳水化合物特异性凝集素通常用于分析生物膜组成。在先进技术中，为了CLSM可视化，将编码荧光标签即绿色荧光蛋白(GFP)插入到染色体序列来标记细菌细胞。用各种染料分析生物膜样品列于表6.1。

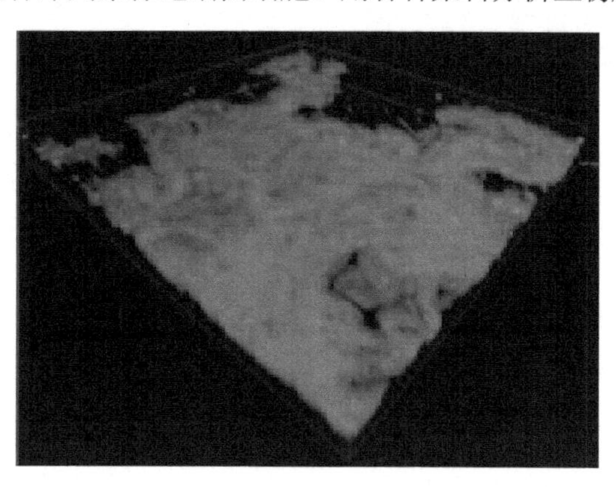

图6.5　门多萨假单胞菌(*Pseudomonas mendocina* NR802)绿色荧光核酸染料Syto-9染色后在共聚焦激光扫描显微镜下细菌生物膜的三维图像(彩图请扫封底二维码)

表6.1　用于共聚焦激光扫描显微镜分析细菌生物膜染料和性质列表

染色剂	染料的性质/亲和性	激发/发射
Syto-9	染色革兰氏阳性细菌和革兰氏阴性细菌的绿色荧光核酸染料	486/501nm(RNA) 485/498nm(DNA)
四甲基异硫氰酸罗丹明标记刀豆蛋白A(ConA-TRITC)	对葡萄糖、右旋糖苷、凝集素衍生物有亲和性	555/580nm
碘化丙锭(PI)	核酸染色	535/617nm
吖啶橙	细胞核酸可渗透性染色，与双链DNA结合产生绿色荧光，与单链RNA结合产生红色荧光	500/526nm(DNA) 460/650nm(RNA)
Syto-17	展示亮红色荧光的红色荧光核酸染色	621/634nm
刀豆蛋白A-荧光素	对葡萄糖、右旋糖苷、凝集素衍生物有亲和性	494/518nm

所需试剂及其作用

LB肉汤培养基

LB肉汤培养基是能使许多细菌菌株快速生长并获得良好培养物的营养丰富的培养基。它是微生物研究中许多细菌培养最常用的培养基。容易配制、大多数细菌快速生长、随时可用和成分简单为LB肉汤培养基的普及做出贡献。在正常摇瓶培养条件下，LB肉汤培养基可以支持细菌生长到2～3 OD_{600}。

形成生物膜细菌

生物膜形成特征是某些细菌形成胶样结构的新性质。黏附细胞含有胞外聚合物物质的自体诱导阵列。可以形成生物膜的生物对许多因子有反应，包括在表面上的附着位点、营养差异、对抗生素的接触、毒金属的存在和其他胁迫条件。已报道，许多细菌包括芽孢杆菌属、绿脓杆菌属、大肠杆菌、乳酸杆菌属等在环境条件下能形成生物膜。

绿色荧光核酸染料(Syto-9)

Syto-9 是染色革兰氏阳性细菌、革兰氏阴性细菌及真核细胞的绿色荧光核酸染料。它可以染色 DNA 和 RNA。用这种染料染色有许多优点，实际上它可以穿透所有细胞膜。它拥有高质量的吸附性与在可见光最大吸收值＞500 000$cm^{-1}M^{-1}$ 的消光系数。当没有与核酸结合时，Syto-9 有极其低的内在荧光，量子产率＜0.01。它溶解于二甲基亚砜(DMSO)，单链 RNA 拥有的最大激发/发射光为 486/501nm，双链 DNA 为 485/498nm。

刀豆蛋白 A-四甲基罗丹明

刀豆蛋白 A(ConA)是最广泛用于染色实验的外源凝集素。当与四甲基罗丹明(TRITC)结合时展现亮色或橘红色荧光，最大吸收/发射光为 555/580nm。在中性或碱性溶液中，刀豆蛋白 A 以具有分子质量大约 104 000Da 的四聚体形式存在。在酸性溶液中(pH 低于 5.0)，刀豆蛋白 A 以二聚体形式存在。ConA-TRITC 选择性地与 α-吡喃甘露糖基和 α-吡喃葡萄糖基残基结合。

磷酸盐缓冲液

磷酸盐缓冲液(PBS)用于洗涤未染色的细菌及过量染色的细胞，以避免在荧光显微镜下干扰获得的图像。利用 PBS 洗涤细菌细胞与用蒸馏水或 milli-Q 水相比有很多优点。由于低盐差异，用磷酸盐缓冲液洗涤细胞，细胞很少有机会因破裂而死亡。然而，milli-Q 水虽达到洗涤目的，但由于高盐的差异，有很多使细胞破裂从而死亡的机会。1×PBS 缓冲液用以下组分制备：在水中加 4.3mmol/L 磷酸氢二钠、137mmol/L 氯化钠、2.7mmol/L 氯化钾和 1.4mmol/L 磷酸二氢钾。制备 1000ml 的 1×PBS，在 800ml milli-Q 水中加 8g 氯化钠、1.44g 磷酸氢二钠、0.25g 磷酸二氢钾，让溶质溶解 3～5min，缓慢加入 1mol/L 盐酸调 pH 至 7.4，将体积定容至 1000ml 并高压灭菌。高压灭菌的 PBS 室温下储存备用。

操 作 步 骤

样品制备

1. 将2～3个形成生物膜的细菌菌落接种到100ml LB肉汤培养基中并在37℃ 180r/min 剧烈摇瓶培养 24h。

2. 用穿透标记器标记需要的六孔平板，小心将 2.5ml LB 肉汤培养基转移到平板孔中。

3. 将不易碎的盖玻片盖于孔上，以便一层培养基保留在盖玻片顶上。

4. 细心接种 10μl 来自生长培养物的细菌，37℃静态条件下在潮湿的密室中培养 48h。
5. 培养后，用手术钳从培养基中取出盖玻片，放到棉纸上。

盐析

1. 用 PBS 洗涤盖玻片除去附着在上面的游离细胞，室温干燥。
2. 将盖玻片悬浮于 100μl Syto-9 溶液，室温下在凝胶摇杆上保温 30min。
3. 用 PBS 洗涤染过色的盖玻片 2 次。
4. 室温下空气干燥。
5. 将盖玻片悬浮于 100μl ConA-TRITC 溶液中，室温下在凝胶摇杆上保温 30min。
6. 倒出剩余的染色液并用 PBS 洗涤 2 次。
7. 在室温下干燥盖玻片。

聚焦成像

1. 将盖玻片倒置固定在载玻片上并在上面滴上一滴香柏油。
2. 将盖玻片倒置于 CLSM 物镜上。
3. 用 63×目镜与 1.2 数码光圈观察。
4. 用激光束以 X、Y 平面扫描 512×512 像素框架摄取所有图像。
5. 从不同点上收集任意 10 个堆积以获得重要数据。
6. 用 1.33 针孔收集每个图像和以 1μm Z-间隔摄取每个光学切片来构建 3D 堆积图像。
7. 使用 COMSTAT 将样品生物膜参数聚在一起，如平均厚度、最大厚度、总生物量、菌落平均大小、平均菌落数、平均分维、每个堆积图生物量的平均表面积、表面积对体积比和粗糙度系数等。

观　　察

观察图像中绿色和橙红色画面。绿色部分指示细菌生物质，橙红色指示胞外多糖产物。绿色荧光比橙红色荧光更强表示细菌生物质产生的 EPS 少，而橙红色荧光量多可能是由于实验分离株形成生物膜能力强。

结 果 表 格

分离株	平均厚度	菌落平均大小	表面积对体积比	粗糙度系数	总生物量	结论
生物膜阳性对照						
实验分离株 1						
实验分离株 2						

注 意 事 项

1. 始终在受控区域内操作激光产品。在受控区域的入口处发出激光警告信号。
2. 当你想观察直射光或反射光时，戴上护目镜保护眼睛。
3. 共聚焦显微镜中使用的所有染料都具有致癌作用。因此，在处理这些染料时要小心。
4. 确保工作区域定期清理灰尘颗粒。
5. 在共聚焦显微镜下工作时，要穿戴手套、实验室外套和护目镜。

疑难问题和解决方案

问题	引起原因	可能的解决方案
显微镜光径在照相端口时无图像	光径开关把手摘下了	将把手和开关推到第一端口
	马达没有转动	打开关键开关
	照明太弱	加大灯照明电力
可见到灰尘	样品上有灰尘	清洗载玻片和盖玻片
	目镜不干净	按照仪器制造商的操作指南清理目镜镜片
	照相端口上有灰尘	用洗耳球清除照相端口灰尘
背景有干扰	样品上有灰尘	清洗载玻片和盖玻片
	洗涤太多	猛力洗涤可能减少细胞数及其他成分产生了不合适的结果。按规定间隔按要求洗涤

操 作 流 程

将 10μl 培养过夜细菌培养物接种到含有 2.5ml LB 肉汤培养基和盖玻片的六孔平板上

接种平板在 37℃静态条件下培养 48h

取出盖玻片，用 PBS 洗涤，用 100μl Syto-9 溶液室温下染色 30min，用 PBS 洗涤盖玻片 2 次

盖玻片悬浮于 100μl ConA-TRITC 溶液中，室温下在凝胶摇杆上孵化 30min，倒出剩余染色液并用 PBS 洗涤 2 次

在共聚焦显微镜的油浸下用 63×目镜和 1.2 光圈观察染色的盖玻片

用 COMSTAT 软件聚集生物膜参数，如平均厚度、总生物量、菌落平均大小、表面积对体积比、粗糙度系数等

实验 6.4　细菌生物膜荧光显微镜和图像分析

目的：使用荧光显微镜分析细菌生物膜和通过 IMAGE J 软件分析图像。

导　言

生物膜是生长在不同环境中的复合微生物群体。当数以百万计微生物聚集在潮湿环境的固体表面时就形成生物膜，产生有群体功能的复合结构。细菌生物膜是包被一层含水的细胞外聚合物(EPS)的三维结构。微生物 EPS 是由多糖、蛋白质和核酸组成的生物多聚体。EPS 参与生物膜中微生物的稳定排列。EPS 主要由高分子质量化合物多糖蛋白和两性分子多聚体组成。生物膜矩阵超微结构完全了解的关键在于生物膜相关研究。用于研究的生物膜信息通过荧光显微镜和共聚焦激光扫描显微镜(CLSM)分析。荧光显微镜和更高级的 CLSM 能进行生物膜原位非破坏性研究。当用荧光染料结合生物膜时，荧光显微镜和 CLSM 可以有效用于生物膜物质的可视化和定量。有许多荧光染料对生物膜成分有特异性，可用于染色生物膜组分如 EPS、活细胞和死细胞。本研究的目的是使用吖啶橙对生长的和可见的细菌生物膜染色并用荧光显微镜研究其生长和可视化。采用 IMAGE J 软件分析生物膜图像，计算生物膜密度和绘制 3D 结构。

许多形成生物膜的细菌可以从自然环境分离，最丰富的微生物包括绿脓杆菌(*Pseudomonas aeruginosa*)、枯草芽孢杆菌(*Bacillus subtilis*)、大肠杆菌(*Escherichia coli*)、金黄色葡萄球菌(*Staphylococcus aureus*)。然而，为了获得分离株生物膜体系结构清晰的图像，需要用合适的染色剂染色。最通用的染色剂是(与核酸结合的)吖啶橙、(与核酸结合的)Syto-9、(与 DNA 结合的)碘化钾、(与糖蛋白结合的)四甲基罗丹明异硫氰酸酯刀豆蛋白 A。

在染色过程中获得的图像接下来需要用荧光显微镜分析，获得细菌分离株形成清晰的生物膜图像。在这方面，由美国国立卫生研究院开发的基于 Java 图像处理软件已开始应用。使用该软件工具可以分析测定分离株生物膜体系结构及解释形成生物膜的能力。

原　理

荧光显微镜使用荧光来生成图像。生物膜用荧光染料染色或用荧光蛋白标记并在特定波长的光照明，通过荧光体吸收导致它们发射更长波长的光(即与吸收的光颜色不同)。选择过滤器和分色器与荧光体激发和发射光谱特性用于光谱标记。以这种方式，单个荧光体(颜色)的分布是一次性成像。几种类型荧光团的多色图像必须结合几个单色图像组成。每种染料具有其自身激发光谱和发射光谱，关键是取决于对显微镜可视化标本过滤器的选择。

所需试剂及其作用

形成生物膜细菌分离株

某些细菌存在形成新生物膜的潜力。它们不同于在胁迫条件下形成生物膜矩阵的浮游细胞，它们对于生物治理观念有重大意义。在这个实验中，可以使用两个潜在生物膜形成菌：绿脓杆菌和门多萨假单胞菌(*Pseudomonas mendocina*)。您可以使用玻璃管或微孔板分析任何生物膜形成的阳性结果。

LB 肉汤培养基

LB 肉汤培养基是用于微生物实验的常规培养基。容易配制、大多数细菌菌株快速生长、随时可用和成分简单是 LB 培养基普及的原因。在正常摇瓶培养条件下，LB 肉汤培养基能支持细菌培养 12～24h 生长到 2～3 OD_{600}。

吖啶橙

吖啶橙(AO)是核酸选择荧光染料。它穿透细胞。当与 DNA 相互作用时，它在 502nm 产生最大激发峰和在 522nm(绿色)产生最大发射峰。但是，与 RNA 相互作用最大激发峰转移到 460nm，最大发射峰移转移 650nm(红色)。因此，生物膜附着到表面可以用吖啶橙染色和染色后两个激发波长均可可视化。使用 0.02%吖啶橙溶液染色是生物膜样品染色的合适方法。在 100ml milli-Q 水中溶解 20mg 吖啶橙粉制备染色液。制备的染色液应该在室温黑暗条件下储存。

磷酸盐缓冲液

磷酸盐缓冲液(PBS)是用于洗涤没有染色的细胞及过量染色的细胞，以避免在荧光显微镜下干扰获得的图像。利用 PBS 洗涤细菌细胞与用蒸馏水或 milli-Q 水相比有很多优点。由于低盐的差异，用磷酸盐缓冲液洗涤后细胞破裂的机会较少，细胞死亡率较小。然而，用 milli-Q 水可以达到洗涤的目的；但由于高盐的差异，有很多使细胞破裂导致死亡的机会。1×PBS 缓冲液用以下成分配制：水中加入 4.3mmol/L 磷酸氢二钠、137mmol/L 氯化钠、2.7mmol/L 氯化钾和 1.4mmol/L 磷酸二氢钾。制备 1000ml 的 1×PBS：在 800ml milli-Q 水中加入 8g 氯化钠、1.44g 磷酸氢二钠、0.25g 磷酸二氢钾，让溶质溶解 3～5min，缓慢加入 1mol/L 盐酸调 pH 至 7.4，将体积定容至 1000ml 并高压灭菌。高压灭菌的 PBS 室温下储存备用。

IMAGE J(版本 1.46)

用于分析荧光显微镜获得生物膜图像的计算机程序为 IMAGE J(版本 1.46)。该软件在 Java 中运行，公共领域免费使用。它支持不同数据类型格式，如 TIFF、GIF、JPEG、BMP、PNG 和许多其他格式。它用户界面友好，用单命令操作容易。链接 http://imagej.nih.gov/ij/index.html 可以免费下载。

操 作 步 骤

生物膜生长和显微镜研究

1. 将绿脓杆菌和门多萨假单胞菌接种到 5ml LB 肉汤培养基中并在 37℃培养过夜。
2. 用 LB 肉汤培养基 1∶100 稀释上述培养物(如 1ml 加到 99ml LB 肉汤培养基)。
3. 为了在气-液界面生长生物膜，将 5ml 上述稀释培养物转移到具有玻璃载玻片的试管中，以便玻璃片浸入培养基中。
4. 为了在水下生长生物膜，将上述稀释培养物 15ml 转移到有玻璃载玻片的陪替氏培养皿中，使玻璃片完全浸入培养基。
5. 静态条件下，37℃培养 24～48h。
6. 培养后，取出玻璃片，用 PBS 洗涤 2～3 次，温和旋涡除去游离细胞。
7. 用 0.02%吖啶橙(AO)水溶液染色载玻片并在黑暗中保持 5min。
8. 用 1×PBS 缓冲液温和洗涤；让其干燥，染色区域用盖玻片盖上。
9. 在荧光显微镜下观察。

IMAGE J 软件分析

1. 打开 IMAGE J 软件，打开获得的生物膜图像(图 6.6)。

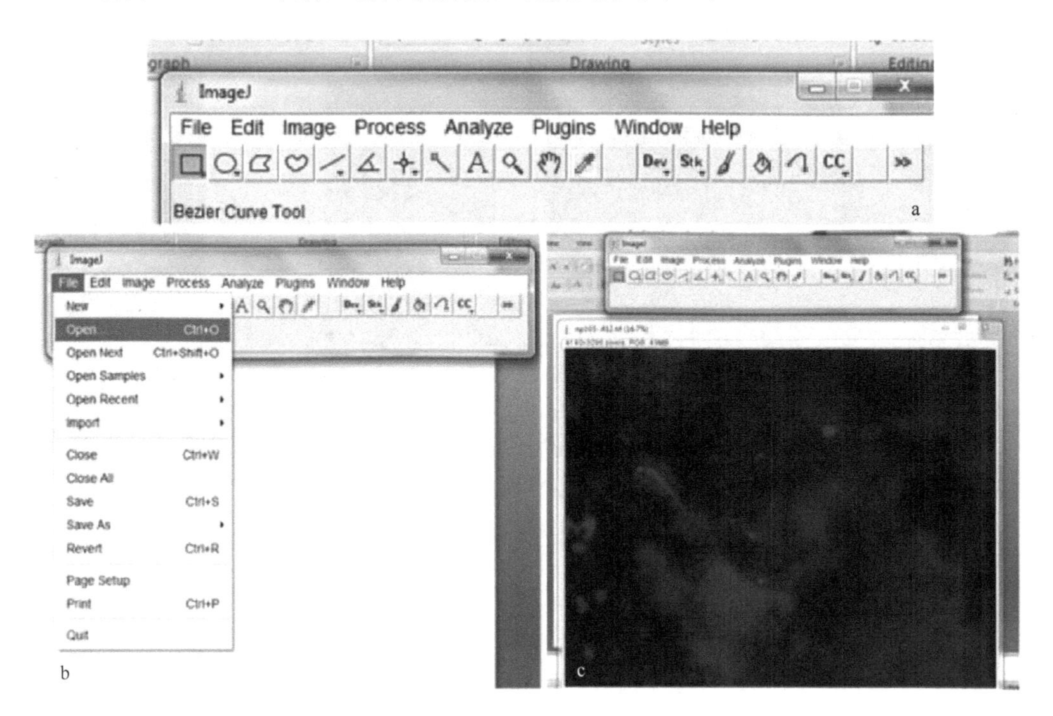

图 6.6　用 IMAGE J 软件分析生物膜矩阵(彩图请扫封底二维码)

2. 进入分析和点击设定测定和选择参数，点击 OK(图 6.7)。

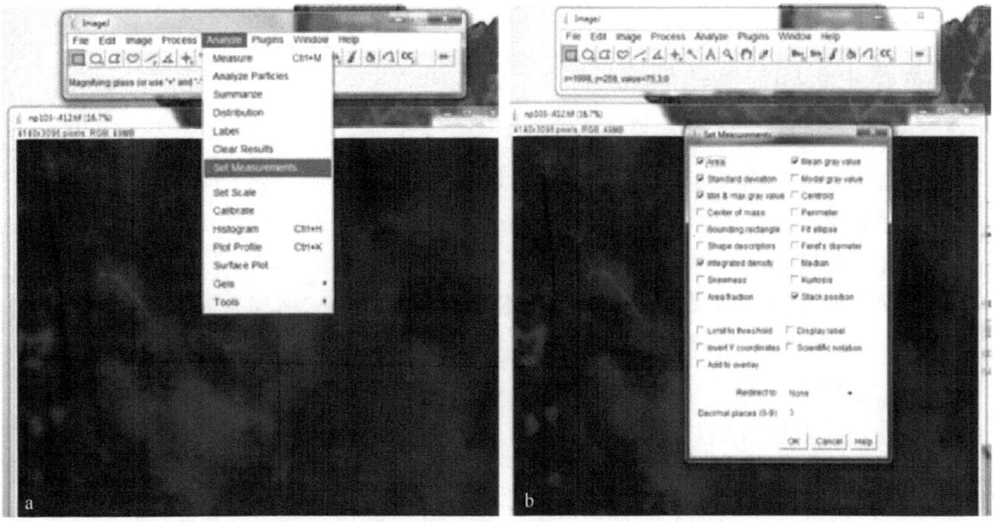

图 6.7　生物膜分析的参数选择(彩图请扫封底二维码)

3. 从生物膜图像区选择一个区域和点击测定。选择至少 10 个不同图像或区域获得静态意义的数据(图 6.8)。

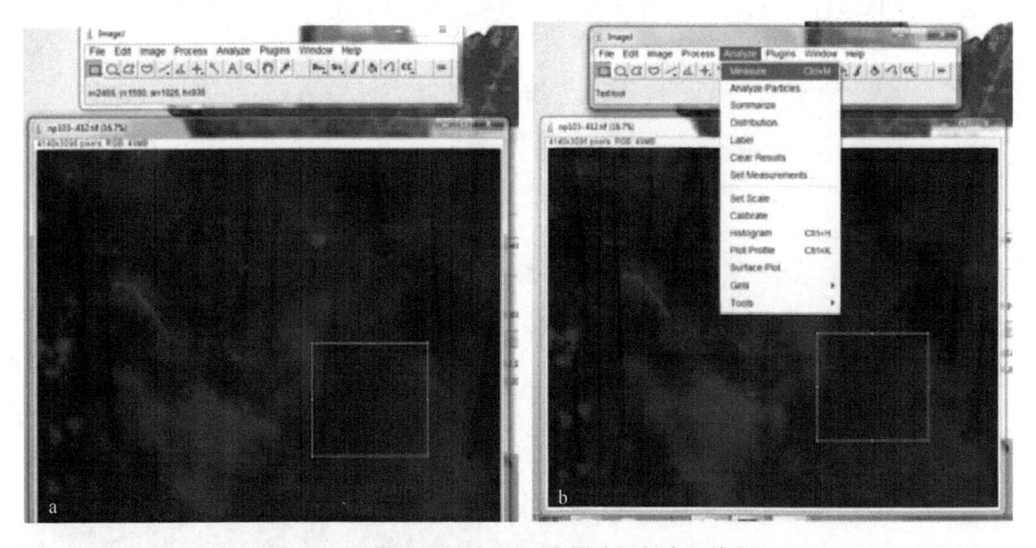

图 6.8　图像分析区域选择(彩图请扫封底二维码)

4. 显示结果窗口。以原始结合密度平均数来量化生物膜。原始结合密度可以用于量化生物膜在不同时间间隔的生长或不同细菌种类生物膜生长的比较(图 6.9)。

5. 绘制 3D 生物膜结构，选择相关插件和交互式 3D 绘图板。显示 3D 绘图窗口。调节不同图像参数，获得高级 3D 绘图(图 6.10)。

6. 如果需要，用微软 Excel 软件绘制原集成密度曲线。

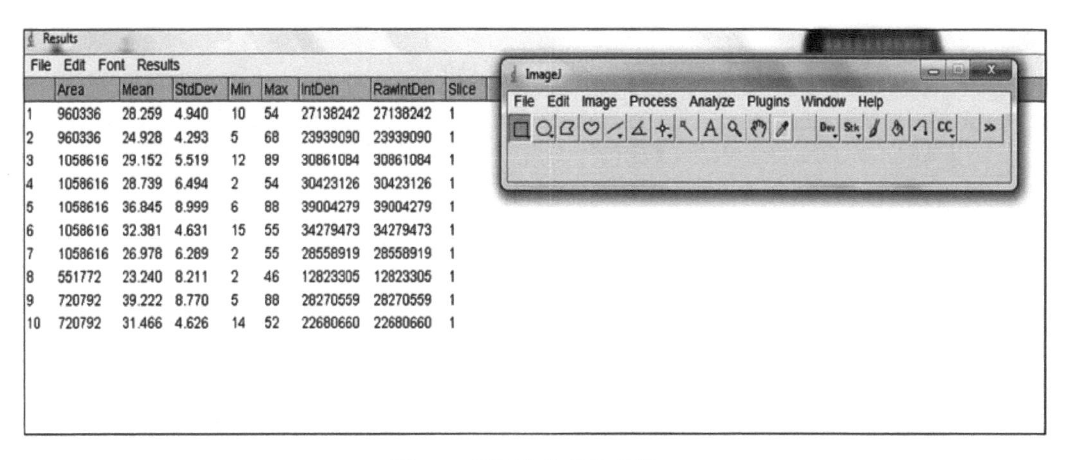

Results

File　Edit　Font　Results

	Area	Mean	StdDev	Min	Max	IntDen	RawIntDen	Slice
1	960336	28.259	4.940	10	54	27138242	27138242	1
2	960336	24.928	4.293	5	68	23939090	23939090	1
3	1058616	29.152	5.519	12	89	30861084	30861084	1
4	1058616	28.739	6.494	2	54	30423126	30423126	1
5	1058616	36.845	8.999	6	88	39004279	39004279	1
6	1058616	32.381	4.631	15	55	34279473	34279473	1
7	1058616	26.978	6.289	2	55	28558919	28558919	1
8	551772	23.240	8.211	2	46	12823305	12823305	1
9	720792	39.222	8.770	5	88	28270559	28270559	1
10	720792	31.466	4.626	14	52	22680660	22680660	1

图 6.9　不同参数的结果窗口

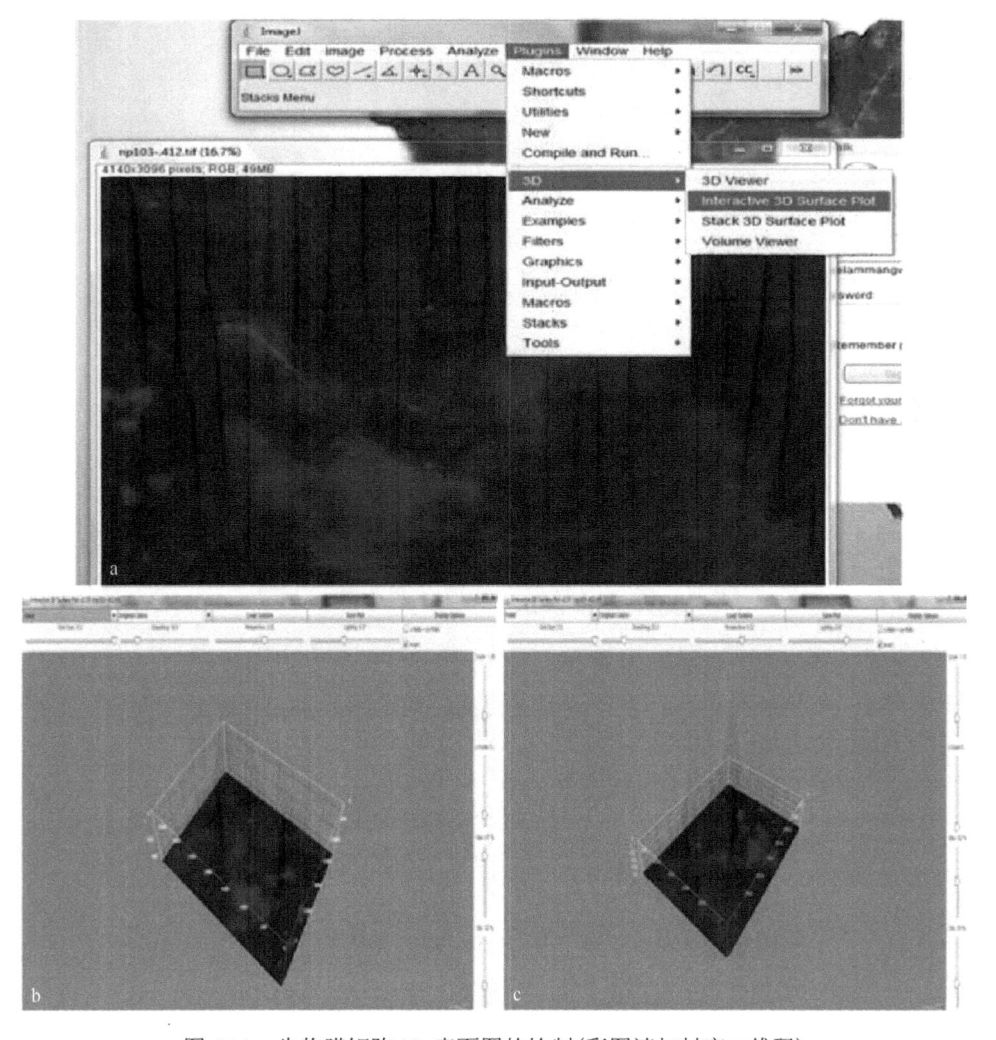

图 6.10　生物膜矩阵 3D 表面图的绘制(彩图请扫封底二维码)

结 果 表 格

菌株	AO 的原集成密度	原集成平均密度	生物膜形成能力
对照			
实验菌 1			
实验菌 2			

注 意 事 项

1. 始终戴着手套。

2. PI 和 AO 是潜在的突变剂，触摸要特别小心。染料必须安全处理并符合当地操作规则。

3. 小心触摸染料，避免溢出与皮肤和眼睛接触，触摸后洗手。

操 作 流 程

接种细菌培养物到 LB 肉汤培养基

37℃培养过夜

用 LB 肉汤培养基 1∶100 稀释上述培养物

转移到玻璃管或有玻璃载玻片的陪替氏培养皿

培养需要的时间

洗涤和用荧光染料（0.02% AO）染色

荧光显微镜研究（激发波长 460nm，发射波长 650nm）

IMAGE J 软件分析

原集成密度，3D 绘图和表面绘图

实验 6.5　生物表面活性剂的筛选

目的：采用落塌陷测试和油滴扩散分析，在环境分离株中筛选产生生物表面活性剂的细菌。

导　言

生物表面活性剂是在生物表面主要是微生物细胞表面合成的两性化合物。它可以被排出细胞外，包括亲水性和疏水性基团两个部分，被公认能降低表面张力和个体分子之间的界面张力。大部分生物表面活性剂含有以下成分，即分枝菌酸、糖脂、多糖脂质复合物、脂蛋白或脂肽、磷脂或微生物细胞表面本身。已知生物表面活性剂受到缺乏经济又多功能的产品的限制。表面活性肽、槐糖脂和鼠李糖脂等是有限的市售生物表面活性剂商品。虽然微生物表面活性剂产生的数量与类型取决于产生的生物，但诸如碳源、氮源、微量元素，温度和通风也对表面活性剂高效产生起着重要作用。

在环境中存在许多疏水性污染物，它们被微生物细胞降解之前需要溶解。在这方面，矿化受到来自于土壤的碳氢化合物解吸附控制。因此，在过去的几十年中，生物表面活性物质或生物表面活性剂需求量越来越大，它们由大量的各种微生物产生，广泛应用于生物降解，与化学表面活性剂相比，毒性低、应用广泛。它们有许多用途，如作为乳化剂、脱乳化剂、润湿剂、扩散剂、发泡剂、功能性食品配料和洗涤剂等。虽然常规的化学表面活性剂价格低廉及高效率，但它们有很多对环境造成污染的不利影响。在这方面，使用生物表面活性剂污染低、毒性低，生物相容性和消化能力允许它们在化妆品、医药和食品添加剂中使用。

生物表面活性剂显示与化学产品有巨大的兼容性，导致形成新型制剂。据报道，有许多细菌产生生物表面活性剂，如气单胞菌属(*Aeromonas* sp.)(糖脂)、枯草芽孢杆菌(*Baxillus subtilis*)（脂肽)、克雷伯氏杆菌(*Klebsiella oxitoca*)（脂多糖)、铜绿假单胞菌(*Pseudomonas aeruginosa*)（鼠李糖脂)、荧光假单胞菌(*Pseudomonas fluorescence*)(糖脂)和许多其他的细菌。筛选产生生物表面活性物质的细菌菌株有许多简单的标准，包括血琼脂上溶血、测定乳胶指数值、落塌陷检测和其他标准。这些生物表面活性剂产生菌表现出各种生理优势，包括为水不溶性底物的乳化增加表面积，提高疏水底物生物利用度、与重金属结合、参与发病研究、具有抗菌活性和调节表面微生物的附着或脱附着。

原　理

在结构上，生物表面活性剂是生物分子多样化基团，如糖脂、脂肽、脂蛋白、脂多糖、磷脂等。筛选生物表面活性剂产生菌的大多数技术是基于它们的界面或表面活性。生物表面活性剂筛选的另一种方法为探讨它们与疏水界面的干扰。也有许多其他特异性筛选技术如比色十六烷基三甲基溴化铵(CTAB)琼脂实验，已成功应用于生物表面活性剂某些基团的测定。这些筛选技术提供定性及定量的结果。然而，为了初步筛选产生生物表面活性剂微生物，定性筛查技术是充足的。在某些情况下，加入少量的生物表面活性剂能增加微生物的生长(图 6.11)。

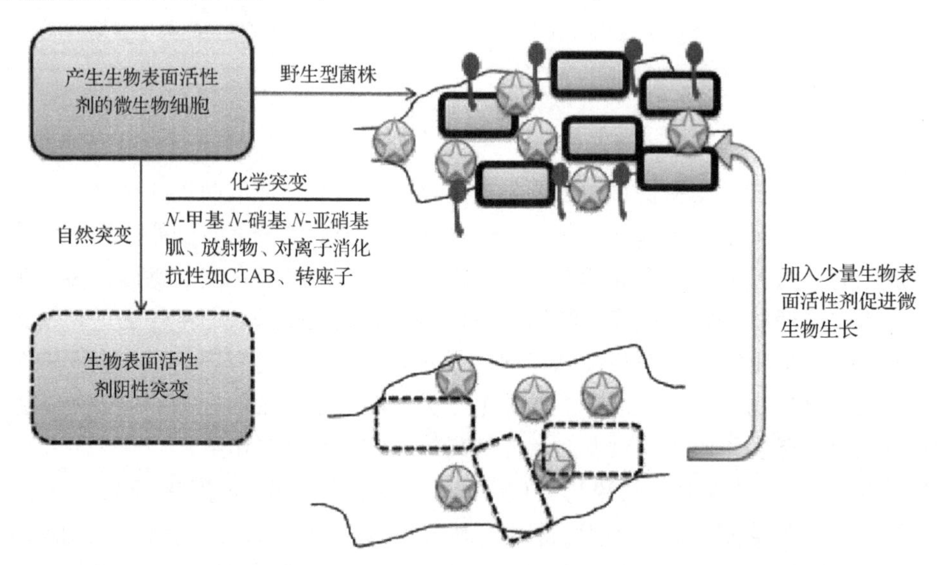

图 6.11　加入生物表面活性剂促进微生物生长并进一步促进生物表面活性剂的产生

生物表面活性剂产生菌筛选技术绝大多数涉及界面或表面活性测定。在这方面，培养上清液界面或表面活性的直接测定为生物表面活性剂产生菌提供了直接筛选技术。这种技术的结果为强大生物表面活性剂产生提出了新概念。界面活性测定的另一种方法包括依赖表面活性剂不稳定的液滴落塌陷检测。当细胞悬浮/培养上清液液滴放上涂有油的固体表面时，可以用肉眼见到结果。当液体不包含表面活性剂时，水分子极面就排斥疏水表面，液滴保持稳定。当液体含有表面活性剂时，由于减少了液滴和疏水表面之间界面的张力，液滴伸展或崩溃。液滴的稳定性取决于表面活性剂浓度及相关表面张力和界面张力。

产生生物表面活性剂有很多其他筛选技术，包括用细菌黏附到烃类检测(BATH)、疏水相互作用色谱(HIC)、复制平板测定、盐聚合测定或 CTAB 琼脂平板法和血琼脂溶血实验检测细胞表面疏水性。在本实验中，我们讨论的各种技术包括生物表面活性剂筛选，如落塌陷测试和油滴扩散分析。

所需试剂及其作用

LB 肉汤培养基

LB 肉汤培养基是一种营养丰富的培养基，它使许多细菌（包括大肠杆菌）快速增长并获得良好的培养物，它是微生物学研究中最常用的培养基。容易配制、大多数细菌能快速生长、随时可用和成分简单为 LB 肉汤培养基的普及做出了贡献。在正常摇瓶培养条件下，LB 肉汤培养基可以支持大肠杆菌生长到 2～3 OD_{600}。

煎炸油

油是中性、非极性的化学物质，在室温和压力下具有黏性液体特性。在自然界既有疏水性也有亲脂性。大多数油含有大量的碳和氢。煎炸油可以来自蔬菜或动物，或用于各种烹饪和食品制备的脂肪。烹饪油一般来自动物脂肪或来自于橄榄、玉米、向日葵和许多其他植物的植物油。

操 作 步 骤

1. 从含有细菌菌株纯培养物的培养皿中接种 2～3 个菌落到 5ml LB 肉汤培养基中。
2. 试管在 37℃ 180r/min 摇瓶培养 24h。
3. 将细胞转移到 1.5ml 微量离心管中并以 6000r/min 室温离心 5min。
4. 收集上清液，将上清液转移到新的微量离心管中进一步筛选生物表面活性剂产生菌。

油扩展技术

1. 取 30ml 蒸馏水到陪替氏培养皿中。
2. 加 1ml 煎炸油到含有蒸馏水的陪替氏培养皿的中心。
3. 在含有水和煎炸油的陪替氏培养皿中心加入 20μl 培养物上清液。
4. 小心观察油的置换和接下来在水中的扩展。
5. 如果培养物上清液能置换油到扩展，可以认为是生物表面活性剂阳性。

液滴崩溃方法

1. 该方法是关于表面活性剂导致液滴不稳定的实验。
2. 将培养物上清液滴在涂有油的表面。
3. 仔细观察水分子从疏水表面推开。
4. 由于液滴和疏水表面之间张力和界面张力的减小，含有生物表面活性剂液滴伸开或崩溃。
5. 液滴的稳定取决于表面活性剂浓度，它与表面张力和界面张力有关。

观　察

加入培养物上清液后，观察油分子的移位。如果液体含有生物表面活性剂，由于液滴和疏水表面之间张力减小，液滴伸展或崩溃。液滴稳定性依赖于表面活性剂浓度，它与表面张力和界面张力相关。

结果表格

生物体	乳化作用		乳化作用百分数
	无细胞培养	细胞内	
对照			
实验菌株			

操作流程

在 LB 肉汤培养基中的细菌培养物 37℃ 180r/min 摇瓶培养 24h，培养物在室温下 6000r/min 离心 5min，离心后收集上清液

取 30ml 蒸馏水到玻璃陪替氏培养皿中，在培养皿中心加入 1ml 煎炸油并在陪替氏培养皿中心加 20μl 培养物上清液

仔细观察油的移位到伸展和接下来在水中的扩展

液滴崩溃技术将培养物上清液滴到涂油载玻片表面

仔细观察疏水表面上的水分子排斥现象

当含有生物表面活性剂液体时，由于液滴和疏水表面间的力或表面张力减小，液滴展开或崩溃

实验 6.6　多环芳烃细菌生物治理的光谱光度分析

目的：采用光谱光度测定多环芳烃(PAH)生物治理分析。

导　言

天然水体被高疏水性、毒性和低可用性有机污染物污染已成为环境问题的巨大隐患。由于多环芳烃(PAH)的毒性、致突变和致癌作用，它出现在海洋沉积物和水中持久性有机污染物清单中的前列。有 2 个或 2 个以上苯环的多环芳烃广泛存在于环境中。从污染环境中清除多环芳烃受到人们的极大关注。微生物降解被认为是成功清除自然环境中多环芳烃的重要手段之一。因此，多环芳烃的生物降解有了广泛研究。分子生物学技术可以检测特定基因，但这些基因的存在并不能保证拥有基因的细菌能复制或原位表达该基因。微生物的活性被认为是清除多环芳烃最有影响力和最重要的因素。大量的研究已经指导了微生物的混合和富集，并已分离了几个不同属的细菌。技术的进步产生了许多仪器，如高效液相色谱仪(HPLC)、气相色谱仪(GC)、质谱仪(MS)等，被用来快速且简单降解多环芳烃。然而，简单的紫外-可见(UV-VIS)分光光度法是一个具有高性价比的方法，用于纯化合物的生物降解性研究。当前研究的目的是用分光光度法对多环芳烃的生物降解性进行定量分析。

生物降解是有机污染物的可变生物修复技术。人们早已认识到微生物可以降解各种基质和环境中的污染物。生物治理就是利用微生物代谢多功能降解危险污染物。可行的治理技术要求微生物能够快速适应环境条件和在合理的时间内修复有毒物质。因此，筛选出高效去除多环芳烃能力的微生物，从生物治理角度来看是极其重要的。微生物生物修复研究之前，应该使用常用工具如紫外-可见分光光度计测试它们的修复潜力。

原　理

许多分子吸收紫外光或可见光。溶液的吸光度随光束衰减而增加。吸光度直接与路径长度 b、浓度 c、吸收物种类成正比。

比尔定律规定：

$$A = ebc$$

式中，e 是比例常数，称为吸收率。

不同的分子吸收不同波长的辐射。吸收光谱将显示对应于分子内结构基团的吸收带的数目。吸光度是多次表征化合物的分子特征。每个分子在特定的λ具有最大吸光度，称为λ_{max}。在这方面，多环芳烃通常吸收光在200～400nm范围内，也发出强烈的荧光。紫外-可见光吸收和荧光光谱技术对多环芳烃敏感，检测能力为 0.1～1.0μg/L，因此广泛用于多环芳烃的分析。据报道，有一些多环芳烃在紫外光下吸收最高，包括苯并[α]蒽(288nm)、苯并[α]芘(297nm)、苯并[κ]荧蒽(307nm)、䓛(268nm)和菲(251nm)(Rivera-Figueroa et al.，2004)。

菲是多环芳香烃，由 3 个苯环融合组成。它多见于香烟烟雾，是潜在的刺激剂。纯的菲为白色粉末具蓝色荧光。它几乎不溶于水，但可溶于大多数低极性有机溶剂如甲苯、四氯化碳、醚、氯仿、乙酸和苯。

所需试剂及其作用

LB 肉汤培养基

LB 肉汤培养基是一种营养丰富的培养基，它使许多细菌(包括大肠杆菌)快速生长并获得良好的培养物，它是微生物学研究中最常用的培养基。容易配制、大多数细菌能快速生长、随时可用和成分简单为 LB 肉汤培养基的普及做出了贡献。在正常摇瓶培养条件下，LB 肉汤培养基可以支持大肠杆菌生长到 2～3 OD_{600}。

菲

菲是潜在的多环芳烃，是无色结晶固体也看起来像黄色。环境中的大多数菲来自于煤、油、气和垃圾。菲用于研究的储藏浓度为 10mg/ml。由于它难溶于水，配制储备浓缩液时应该用无水丙酮。

基础盐培养基

低盐培养基是应用最多的微生物生长培养基。低盐培养基的成分为：磷酸二氢钾0.8g、磷酸氢二钾 1.2g、硝酸铵 1.0g、七水硫酸镁 0.2g、三氯化铁 50mg、氯化钙 20mg、硫酸锰 1.0mg、钼酸钠(Na_2MoO_4) 0.2mg，pH 7.2，蒸馏水 1000ml。因此，该缓冲培养基只含有盐和氮，专一性降解多环芳烃的微生物能在该培养基中生长，届时补加菲。加入1.5%的琼脂制备基础盐培养基(BSM)琼脂培养皿。

正己烷

多环芳烃的物理性质包括在水中低溶解度或极少溶解。相反，它们高度溶解于低极性有机溶剂如甲苯、四氯化碳、乙醚、氯仿、乙酸、乙烷和苯。因此，使用正己烷从细菌培养物中提取残留的菲。

操 作 步 骤

细菌的生长

1. 将分离细菌菌落转移到 LB 肉汤培养基中，37℃ 160r/min 连续摇瓶培养过夜。
2. 用 LB 肉汤培养基以 1∶100 稀释上述培养物，37℃ 160r/min 连续摇瓶培养。
3. 让其生长到对数期。在对数期通过 6000r/min 室温离心 10min 收集细胞。
4. 弃上清液，用 1×磷酸盐缓冲液重新悬浮细胞沉淀。
5. 将重悬浮细胞加到基础盐培养基(约 100ml)，调 OD_{595} 为 0.1。
6. 将 1ml 菲储备液转移到含 100ml 基础盐培养基和细菌培养物的 250ml 烧瓶中。
7. 将其放在层流罩中直到丙酮完全蒸发。
8. 烧瓶于 37℃ 160r/min 培养 7d。
9. 按常规时间间隔 24h 用等体积正己烷提取残留菲两次。
10. 提取步骤重复 3 次。

菲的提取和量化

1. 将 100ml 培养物加 100ml 正己烷，旋涡混合 10～20min 以便使残留菲转移至正己烷中。

2. 上述混合物在 4℃以 6000r/min 离心 10min。

3. 分开上层有机相，用水相重复上述步骤。

4. 两个有机相合并后使其干燥。

5. 加新鲜等体积正己烷提取。

6. 用上述提取物进行光谱光度分析。

标准曲线的制作

1. 用正己烷配制菲储备液(5mg/ml)。

2. 从储备液配制 5ml 工作储备液：0.5μg/ml、1μg/ml、5μg/ml、10μg/ml、25μg/ml、50μg/ml 和 100μg/ml。

3. 取最低浓度工作储备液，200～400nm 扫描，获得 λ_{max}。

4. 取储备液在 λ_{max} 的吸光度制作标准曲线，重复 3 次。

5. 从标准曲线中计算菲在培养基中的残留量，找出降解数量。

观　　察

在分光光度计紫外范围扫描后，观察菲的最大吸光度。用公式计算菲被微生物降解的百分数：降解百分数＝R/50×100%。

结 果 表 格

S1 序号	菲浓度/(μg/ml)	菲体积/ml	正己烷体积/ml	OD 的 λ_{max}
1	0.5			
2	1			
3	5			
4	10			
5	25			
6	50			
7	100			
8	残余(*R*)			

注 意 事 项

1. 避免直接接触有机溶剂和菲，因为它们是可燃的。
2. 正己烷与降解培养物适当混合获得最大提取效率。

操 作 流 程

接种细菌培养物到 LB 肉汤培养基，37℃培养过夜

6000r/min 室温离心 10min

在基础盐培养基中调 OD_{595} 为 0.1

100ml 上述培养物＋菲(50mg/L)

37℃ 160r/min 培养

用等体积正己烷提取残余菲

用紫外-可见分光光度计制作菲的标准曲线和残余菲的定量

实验 6.7　筛选金属富集细菌的硫化氢实验

目的：采用硫化氢(H_2S)实验研究细菌的金属富集。

导　　言

生物修复技术是利用微生物或其酶促进环境污染物降解或清除的过程。在这方面，相比其他理化的方法，使用微生物代谢潜力清除环境污染物提供了一个经济且安全的替代方法。细菌和其他微生物展示出大量的新陈代谢依赖和独立吸收、积累有毒金属的过程。活细胞和死细胞及它们的产物被认为是有效的金属富集器，还有很多证据证明基于生物质的清除过程经济上是可行的。然而，直到现在，金属-微生物相互作用许多方面一直没有考虑到生物技术应用和进一步开发，以及重金属释放到环境之前的应用。

微生物包括细菌、蓝藻、藻类、真菌和酵母菌都能够清除环境中重金属和通过各种理化机制，如吸附、代谢、转化或运输清除其他污染物。微生物代谢也负责某些细胞成分合成或负责创建特定的环境条件，促进沉积或析出有毒物质。在这方面，活的和死的微生物生物量负责金属积累及产生来自微生物细胞的衍生物。金属积累的过程特别有趣，因为它们广泛应用于多种工业包括那些关注核能供应的工业。有很多描述微生物自然能力的研究用于毒性重金属离子生物吸附，显示不同程度的内在抗性。

生物蓄积或生物吸附的金属生物修复有巨大的优势，超过其他抗性机制，因为该机制不会导致加工过程中其他后续的有害副产品的形成及污染物本地化。生物富集微生物的另一大优势是，用标准工艺可以从中回收金属，随后重新用于其他物质的合成，从而消除对环境污染的机会。因此，在这里介绍生物吸附 H_2S 测定，筛选金属快速富集细菌的技术。

原　　理

微生物的复杂结构是多途径探索微生物细胞对金属积聚的可靠方法。然而，各种生物吸附机制到目前为止还没有得到研究。金属跨细胞膜运输产生胞内积累依赖于细胞代谢，而在这种技术中生物吸附只能在活细胞内完成。这种机制是与细菌细胞接触有毒物质时正常的防御系统有关。在另一种方法中，在非代谢依赖生物吸附过程中，借助于微生物细胞表面的金属与官能团之间物理化学相互作用而出现金属积累。在这种情况下，所涉及的机制包括物理吸附、离子交换和不依赖细胞代谢的化学吸附。由于微生物的细胞壁大多由多糖、蛋白质和脂类组成，他们拥有许多金属结合的基团，如羧基、巯基、磷酸基和氨基基团。这些类型的代谢独立的生物吸附机制相对快速，但这一过程是高度可逆的。

生物蓄积的另一种方法涉及沉淀，从溶液和细胞表面摄取金属，这个过程依赖于细胞的新陈代谢。在这种情况下，由于有毒金属的存在，微生物产生某些化合物负责促进沉淀过程。在某些情况下，也发现沉淀与细胞代谢无关，被认为是金属与细胞表面的相互作用。金属与硫分子有很高的亲和力且容易形成相应的金属硫化物。金属硫化物产生黑色沉淀，可以明显区分。H_2S 气体含硫分子可以轻易穿透累积汞或其他金属的细菌细胞，并与这些金属离子结合形成金属硫化物。当细菌菌落积累金属和在平板上生长并接触 H_2S 气体时，黑色着色就成为细菌菌落生物富集的阳性筛选方法。或者，在有金属溶液的肉汤培养基上生长的细菌菌落和细胞群可以通过离心进行收获(图 6.12)。收集微量离心管的细胞沉淀，接触 H_2S 气体能否产生黑色沉淀依赖于分离株的性质。

图 6.12　H_2S 气体接触建立的测定分离株金属生物富集实验

所需试剂及其作用

LB 肉汤培养基

LB 肉汤培养基是一种营养丰富的培养基，它使许多细菌(包括大肠杆菌)快速生长并获得良好的培养物，它是微生物学研究中最常用的培养基。容易配制、大多数细菌能快速生长、随时可用和成分简单为 LB 肉汤培养基的普及做出了贡献。在正常摇瓶培养条件下，LB 肉汤培养基可以支持大肠杆菌生长到 2～3 OD_{600}。

H_2S 气体

H_2S 是无色气体，带有臭鸡蛋的特殊气味。在细菌细胞内它具有高渗透力。H_2S 与金属化合物结合，形成的金属硫化物，容易形成黑色沉淀。在普通实验室条件下，硫化亚铁用于在基普气体发生器生成 H_2S 气体与强酸。该反应是：$FeS+2HCl \rightarrow FeCl_2+H_2S$。

氯化汞

氯化汞($HgCl_2$)是水银晶状固体盐，在自然界有高毒。在早期实践中，它用来治疗梅毒，但今天由于它的高毒不再使用，有高级治疗方法中可用。有很多细菌菌株耐汞，耐药机制可以通过相应的盐溶液的间接抗性机制进行研究。它应该添加到对微生物亚致死浓度的培养基中。

磷酸盐缓冲液

磷酸盐缓冲液(PBS)是所有生物学研究中最常用的缓冲液。基于水溶液含有磷酸钠，在一些情况下也使用磷酸钾或氯化钾。它主要用于其等渗性质；对细菌培养无毒。按表 6.2 配制 PBS。

表 6.2　制备磷酸盐缓冲液的成分和浓度

盐	浓度/(mmol/L)	浓度/(g/L)
NaCl	137	8.01
KCl	2.7	0.20
pH 7.4		

操 作 步 骤

1. 准备 5ml LB 肉汤培养基。
2. 加入最小亚抑菌浓度的汞进行生物实验。
3. 从纯培养 24h 后的细菌中划线接种 2～3 个细菌菌落。
4. 试管于 37℃ 180r/min 培养 24h。
5. 培养后，将生长培养物转移到 1.5ml 微量离心管中并在 4℃ 6000r/min 离心 5min。
6. 收集细胞沉淀并弃上清液。
7. 其余培养物加到试管中并重复离心收集细胞沉淀。
8. 用高压灭菌的 PBS 洗涤细胞沉淀 2 次。
9. 加入硫化亚铁和浓盐酸在基普气体发生器中制备 H_2S。
10. 将含有细菌细胞沉淀的试管与 H_2S 气体接触 10min。
11. 观察黑色着色沉淀的发展。

观　　察

仔细观察细胞沉淀从无色到深黑色的颜色变化。黑色的细胞沉淀是由于细菌细胞中富集了汞化合物，在那儿 H_2S 分子与它们结合产生相应的汞硫化物沉淀。汞吸附的水平可以根据着色发展的间隔时间进行估计。

结 果 表 格

分离株	黑色着色与时间的发展										推断
	1	2	3	4	5	6	7	8	9	10	
实验 1											
实验 2											

疑难问题和解决方案

问题	引起原因	可能的解决方案
没有发生黑色着色	用阳性对照检查	如果阳性对照没有出现阳性结果，然后细菌菌株显示阴性结果，证明对汞生物吸附是阴性
	金属在培养基中没有溶解	如果金属在培养基中没有很好地溶解，细菌就不可能从培养基中摄取并富集到细胞内
	H_2S 气体产生强度差	如果 H_2S 气体产生的强度水平不高，它就不会拥有合适的穿透力进入细菌细胞内部而发生黑色着色
出现假阳性结果	洗涤步骤不合适	如果洗涤步骤不合适，就有机会获得生物富集假阳性结果，用 PBS 仔细重复洗涤步骤
	残留培养基沉淀	离心前应该完全清除残留在上清液的培养基。如果培养基没有被清除，残留在培养基中的汞可能与 H_2S 气体结合产生假阳性结果

注：PBS 为磷酸盐缓冲液

注 意 事 项

1. 在操作本实验时始终戴着手套。
2. 当接触 H_2S 气体时用口罩盖住你的脸。
3. 不要让汞盐接触到你的身体部分。
4. 在实验过程中不要吸入汞盐或任何其他试剂，因为可能引起潜在的健康危险。
5. 在严格无菌条件下细胞沉淀接触 H_2S。

操 作 流 程

准备 5ml LB 肉汤培养基

加入最小亚抑菌浓度的汞进行生物实验

从纯培养 24h 后的细菌中划线接种 2～3 个细菌菌落

↓

试管于 37℃ 180r/min 培养 24h

培养后，将生长培养物转移到 1.5ml 微量离心管中并在 4℃ 6000r/min 离心 5min

收集细胞沉淀并弃上清液

其余培养物加到试管中并重复离心收集细胞沉淀

用高压灭菌的 PBS 洗涤细胞沉淀 2 次

加入硫化亚铁和浓盐酸在基普气体发生器中制备 H_2S

将含有细菌细胞沉淀的试管与 H_2S 气体接触 10min

观察黑色着色沉淀的发展

参考文献

Birnboim HC, Doly J. 1979. A rapid alkaline extraction procedure for screening recombinant plasmid DNA. Nucleic Acids Res, 7: 1513-1523

Brock TD. 1997. The value of basic research: discovery of *Thermus aquaticus*'q and other extreme thermophiles. Genetics, 146: 1207-1210

Chomczynski P, Sacchi N. 1987. Single step method of RNA isolation by acid guanidinium thiocyanate-phenol-chloroform extraction. Anal Biochem, 162: 156-159

Espinosa L, Borowsky R. 1998. Evolutionary divergenceof AP-PCR（RAPD）patterns. Mol Biol Evol, 15: 408-414

Healy M, Huong J, Bittner T, Lising M, Frye S, Raza S, Schrock R, Manry J, Renwick A, Nieto R, Woods C,Versalovic J, Lupski JR. 2005. Microbial DNA typingby automated repetitive-sequence-based PCR. J Clin Microbiol, 43: 199-207

Lederberg J, Cavalli-Sforza LL, Lederberg EM. 1952. Sex compatibility in *Escherichia coli*. Genetics, 37: 720-730

Mantri CK, Mohapatra SS, Ramamurthy T, Ghosh R, Colwell RR, Singh DV. 2006. Septaplex PCR assay for rapid identification of *Vibrio cholera* including detectionof virulence and *int SXT* genes. FEMS Microbiol Lett, 265: 208-214

Olive DM, Bean P. 1999. Principles and applications of methods for DNA-based typing of microbial organisms.J Clin Microbiol, 37: 1661-1669

Rivera-Figueroa AM, Ramazan KA, Finlayson-Pitts BJ. 2004. Fluorescence, absorption, and excitation spectra of polycyclic aromatic hydrocarbons as a tool for quantitative analysis. J Chem Educ, 81: 242-245

Saiki R, Gelfand D, Stoffel S, Scharf S, Higuchi R, HornG, Mullis K, Erlich H. 1988. Primer-directed enzymatic amplification of DNA with a thermostable DNA polymerase. Science, 239: 487-491

Versalovic J, Schneider M, De Bruijn FJ, Lupski JR. 1994. Genomic fingerprinting of bacteria using repetitive sequence based polymerase chain reaction. Met Mol Cell Biol, 5: 25-40

Woese CR. 1987. Bacterial evolution. Microbiol Rev, 51: 221-271

Zhu YY, Machleder EM, Chenchik A, Li R, Siebert PD. 2001. Reverse transcriptase template switching: a SMARTTM approach for full-length cDNA library construction. Bio Techniques, 30: 892-897

进一步读物

Arora DK, Das S, Sukumar M. 2013. Analyzing microbes: manual of molecular biology techniques.Springer Protocols Handbooks. Springer Verlag. ISBN: 978-3-642-34409-1

Atlas RM. 1997. Principles of microbiology. Mosby-Year Book, WmC rown Publ, USA

Birge EA. 2000. Bacterial and bacteriophage genetics. Springer-Verlag, USA

Caldwell DR. 2000. Microbial physiology and metabolism. 2nd ed. Star Publ Comm, Belmont Calif

Cappuccino JG, Sherman N. 1999. Microbiology-a laboratory manual. 4th ed. Addison-Wesley Longman, USA

Das S, Dash HR, Mangwani N, Chakraborty J, Kumari S. 2014. Understanding molecular identification approaches for genetic relatedness and phylogenetic relationships of microorganisms. J Microbiol Methods (in press). Doi: 10.1016/j.mimet.[2014-05-13]

Glazer AN, Nikaido H. 2007. Microbial biotechnology:fundamentals of applied microbiology. 2nd ed. Cambridge: Cambridge University Press. ISBN: 13-978-0-521-84210-5

Green MR, Sambrook J. 2012. Molecular cloning: a laboratory manual. 4th ed. Cold Spring Harbor Laboratory Press, Cold Spring Harbor

Hurst GH, Crawford RL, Knudsen GR. 2002. Manualof environmental microbiology. 2nd ed. ASM Press, USA

Prescott LM, Harley JP, Klein DA. 2002. Microbiology. 5th ed. McGraw Hill, USA

Primrose SB, Twyman R, Old RW. 2001. Principles of gene manipulation and genomics. 7th ed. Wiley, USA

Verma AS, Das S, Singh A. 2014. Laboratory manual for biotechnology. S. Chand and Co. Pvt. Ltd, New Delhi. ISBN: 978-93-83746-22-4

Wilson K, Walker J. 2010. Principles and techniques of biochemistry and molecular biology. 7th ed. Cambridge: Cambridge University Press. ISBN: 978-0-521-51635-8